射频识别（RFID）
与单片机接口应用实例

来清民　编著

中国电力出版社
CHINA ELECTRIC POWER PRESS

内 容 提 要

本书阐述了 RFID 的概念、原理、分类和特性，讨论了 RFID 设备构件、中间件和防碰撞技术，介绍了 RFID 的国际标准和相关协议，给出了 RFID 系统的一般设计流程，结合最近几年国内的 RFID 技术的发展和研究成果，给出了 RFID 技术与 MCS-51、PIC、AVR、MSP430 系列单片机的精彩接口设计实例。

本书题材新颖、通俗易懂、图文并茂，将 RFID 理论与实际产品紧密结合，具有很强的实用性，可供加工与制造业的生产自动化、安全认证、商品防伪，图书档案管理，医疗卫生，商业自动化和交通运输控制管理等众多领域，从事物品、仓储和动物识别管理系统，停车场管理系统，火车、汽车等交通监督和收费管理系统设计的工程技术人员使用，也可供相关专业本科生及研究生阅读参考。

图书在版编目（CIP）数据

射频识别（RFID）与单片机接口应用实例 / 来清民编著. —北京：中国电力出版社，2016.8（2018.2重印）
ISBN 978-7-5123-9251-9

Ⅰ. ①射… Ⅱ. ①来… Ⅲ. ①射频–无线电信号–信号识别②单片微型计算机–接口 Ⅳ. ①TN911.23②TP368.147

中国版本图书馆 CIP 数据核字（2016）第 085057 号

中国电力出版社出版、发行

（北京市东城区北京站西街 19 号　100005　http://www.cepp.sgcc.com.cn）

航远印刷有限公司印刷

各地新华书店经售

*

2016 年 8 月第一版　　2018 年 2 月北京第二次印刷
787 毫米×1092 毫米　16 开本　21.25 印张　521 千字
印数 2001—3000 册　定价 **49.00** 元

前　言

　　射频识别（Radio Frequency Identification，RFID）技术，是一种利用射频通信实现的非接触式自动识别技术。RFID 标签具有体积小、容量大、寿命长、可重复使用等特点，可支持快速读写、非可视识别、移动识别、多目标识别、定位及长期跟踪管理。RFID 技术与互联网、通信等技术相结合，可实现全球范围内物品跟踪与信息共享。RFID 技术应用于物流、制造、公共信息服务等行业，可大幅提高管理与运作效率，降低成本。随着相关技术的不断完善和成熟，RFID 产业已经成为一个新兴的高技术产业群，成为国民经济新的增长点。因此，研究 RFID 技术，发展 RFID 产业对提升社会信息化水平、促进经济可持续发展、提高人民生活质量、增强公共安全与国防安全等方面产生深远影响，具有战略性的重大意义。

　　RFID 系统的可靠性主要取决于 RFID 读写器系统的可靠性，因此 RFID 读写器系统是 RFID 系统的核心技术。近年来，RFID 读写器系统发展特别迅速，新的 RFID 读写器系统驱动芯片层出不穷，国内外在 RFID 读写器系统领域的竞争日益激烈，为了让读者能尽快进入 RFID 读写器系统设计领域，本书吸收了近年来 RFID 读写器系统技术的科研精髓和 RFID 读写器系统芯片最新应用的精彩实例，给读者一个全方位的 RFID 读写器系统发展全景。

　　全书共分 7 章，第 1 章简单介绍了 RFID 的概念、技术基础和 RFID 系统的构成及工作原理；第 2 章简要叙述了 RFID 的设备，包括电子标签、电子标签天线、读写器结构、读写器天线、RFID 系统的中间件和 RFID 防碰撞技术；第 3 章介绍了 RFID 的相关标准、技术协议和读写器设计流程；第 4～第 7 章分别介绍了 RFID 与 51 系列单片机、PIC 系列单片机、AVR 系列单片机和 MSP430 系列单片机的接口设计实例。

　　本书立足近年来 RFID 应用领域和应用实际，着重研究 RFID 和单片机在各个领域的应用实例，特别是吸取了近几年来国内外最新 RFID 研究技术和成果，有针对性地介绍了 RFID 和单片机应用开发和设计要点，具有很强的实用性和可借鉴性，使读者能很快进入 RFID 应用设计领域。采用从基础理论到工程实践的叙述方式，由浅入深，由简到繁，各章既自成体系，前后又有所兼顾。应用实例不仅给出硬件设计方案和电路，还详细介绍了软件设计思想和流程。

在本书的编写过程中，得到了很多人的支持和帮助。首先感谢我的爱人，是她一直在默默地支持我将这本书顺利完成。还有我的父母，是他们从小培养我的学习能力和对拥有知识的孜孜追求。

本书在编写过程中还得到我的部分学生和同事的帮助，他们帮助我绘制电路图、整理文字和排版，他们是胡荷娟、张玉英、岳肖肖、来俊鹏、白云、樊肖红、王裔娜、胡亚峰、张冬、白昭、于瑞娟、白洁、来春辉、张艳红、杨延生、琚新刚、张习民，在这里向他们表示衷心感谢。本书在编写过程中参考了国内外一些同仁在 RFID 生产及工程应用等方面的文献及资料，在此对他们的辛勤劳动表示深深谢意。

由于编者水平有限，书中疏漏和不妥之处，恳请读者批评指正。编者的邮箱：lqm_911@163.com。

编　者

2016 年 7 月 1 日

目 录

第 1 章

无线标签 RFID 的基础理论

在现实生活中，各种各样的活动或者事件都会产生这样或者那样的数据，这些数据包括人的、物质的、财务的，也包括采购的、生产的和销售的，这些数据的采集与分析对于我们的生产或者生活决策来讲是十分重要的。在信息系统早期，相当部分数据的处理都是通过人工手工录入，这样，不仅数据量十分庞大，劳动强度大，而且数据误码率较高。随着计算机技术和通信技术的发展，信息数据自动识读、自动输入成为计算机批量处理数据的重要方法和手段，这种高度自动化的信息或者数据采集技术就是自动识别技术。

自动识别技术就是应用一定的识别装置，通过被识别物品和识别装置之间的接近活动，自动地获取被识别物品的相关信息，并提供给后台的计算机处理系统来完成相关后续处理的一种技术。

无线标签技术也称射频识别（Radio Frequency Identification，RFID）技术，是一种非接触式的自动识别技术。

作为自动无线识别和数据获取技术的 RFID，已经使用了多年，应用领域越来越广。今天，带有可读和可写并能防范非授权访问的存储器的智能芯片已经可以在很多集装箱、货盘、产品包装、智能识别 ID 卡、书本或 DVD 中看到。

1.1 RFID 的概念

1.1.1 RFID 的定义和特点

RFID 是一项易于操控，简单实用且特别适合用于自动化控制的灵活性应用技术，其所具备的独特优越性是其他识别技术无法企及的。它既可支持只读工作模式也可支持读写工作模式，且无需接触或瞄准；可自由工作在各种恶劣环境下；可进行高度的数据集成。另外，由于该技术很难被仿冒、侵入，使 RFID 具备了极高的安全防护能力。

RFID 常称为感应式电子晶片或近接卡、感应卡、非接触卡、电子标签、电子条码等。它是一种非接触式的自动识别技术，利用射频信号和空间耦合（电感或电磁耦合）或雷达反射的传输特性，通过射频信号识别目标对象并获取相关数据，识别工作无须人工干预，可工作于各种恶劣环境。RFID 技术可识别高速运动物体并可同时识别多个标签，操作快捷方便。作为条形码的无线版本，RFID 技术具有条形码所不具备的防水、防磁、耐高温、使用寿命长、读取距离大、标签上数据可以加密、存储数据容量更大、存储信息更改自如等优点。

RFID 由耦合元件及芯片组成，每个标签具有唯一的电子编码，附着在物体目标对象上。RFID 内编写的程序可按具体需要进行随时读取和改写。RFID 中的内容也可在被改写的同时被永久锁死来进行保护。通常 RFID 的芯片体积很小，厚度一般不超过 0.35mm，可印制在纸张、塑料、木材、玻璃、纺织品等包装材料上，也可以直接制作在商品标签上。此外，RFID 还具有以下特点。

（1）具有一定的存储容量，存储被识别物品的相关信息。芯片存储容量为 96B，可辨识 1600 万种产品，680 亿个不同序号。

（2）在一定工作环境及技术条件下，能够对 RFID 的存储数据进行读取和写入操作。

（3）维持对识别物品的识别及相关信息的完整。

（4）具有可编程操作，对于永久性数据不能进行修改。

（5）对于有源标签，通过读写器能够显示电池的工作状况。

（6）非接触（No Contact）。间隔 7m（某些超高频设备）即可感应。快速非接触式读取方式。

（7）非对准识别（No Line of Sight）。减少人工手动错误，确保品质，降低成本，提供实时性数据等。

（8）毫秒级读取速度（Milliseconds）。每秒可读取 250 个标签，比条形码辨识快数十倍，无须人工手持条形码机逐个扫描。

（9）多信息同时读取（Simultaneous Read of Multiple Items）。

（10）不易被仿制。RFID 可隐藏于物品内，除大型 IC 制造厂外无法被仿制。

1.1.2　RFID 的发展历史和前景

RFID 技术的发展最早可以追溯至第二次世界大战时期，那时它被用来在空中作战行动中进行敌我识别。RFID 直接继承了雷达的概念，并由此发展出一种生机勃勃的 AIDC 新技术。1948 年哈里·斯托克曼发表的"利用反射功率的通讯"奠定了 RFID 的理论基础。

近年来，随着大规模集成电路、网络通信、信息安全等技术的发展，RFID 技术进入商业化应用阶段。由于具有高速移动物体识别、多目标识别和非接触识别等特点，RFID 技术显示出巨大的发展潜力与应用空间，被认为是 21 世纪的最有发展前途的信息技术之一。

RFID 技术的发展可按 10 年期划分如下：

（1）1941—1950 年。雷达的改进和应用催生了 RFID 技术，1948 年奠定了 RFID 技术的理论基础。

（2）1951—1960 年。早期 RFID 技术的探索阶段，主要处于实验室实验研究。

（3）1961—1970 年。RFID 技术的理论得到了发展，开始了一些应用尝试。

（4）1971—1980 年。RFID 技术与产品研发处于一个大发展时期，各种 RFID 技术测试得到加速。出现了一些最早的 RFID 应用。

（5）1981—1990 年。RFID 技术及产品进入商业应用阶段，各种规模应用开始出现。

（6）1991—2000 年。RFID 技术标准化问题日趋得到重视，RFID 产品得到广泛采用，RFID 产品逐渐成为人们生活中的一部分。

（7）2001 年至今。标准化问题日趋为人们所重视，RFID 产品种类更加丰富，有源电子标签、无源电子标签及半无源电子标签均得到发展，电子标签成本不断降低，规模应用行业扩大。RFID 技术的理论得到丰富和完善。单芯片电子标签、多电子标签识读、无线可读可写、无源电子标签的远距离识别、适应高速移动物体的 RFID 正在成为现实。

RFID 读写器设计与制造的发展趋势是读写器将向多功能、多接口、多制式，并向模块化、小型化、便携式、嵌入式方向发展。同时，多读写器协调与组网技术将成为未来发展方向之一。

RFID 技术与条码、生物识别等自动识别技术，以及与互联网、通信、传感网络等信息技术融合，构筑一个无所不在的网络环境。海量 RFID 信息处理、传输和安全对 RFID 的系统集成和应用技术提出了新的挑战。RFID 系统集成软件将向嵌入式、智能化、可重组方向发展，通过构建 RFID 公共服务体系，将使 RFID 信息资源的组织、管理和利用更为深入和广泛。

1.2　RFID 的系统结构

最基本的 RFID 系统由三部分组成。

（1）电子标签（Tag）简称标签。标签由耦合元件及芯片组成，每个标签具有唯一的电子编码，附着在物体上标识目标对象；图 1–1 展现了电子标签及其内部结构。

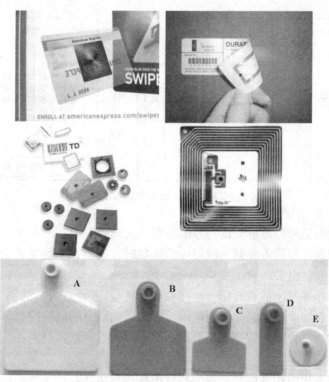

图 1–1　各种电子标签及其内部结构

（2）天线（Antenna）。天线在标签和读取器间传递射频信号。

（3）读写器（Reader）。读写器是读取（有时还可以写入）标签信息的设备，可设计为手持式或固定式。RFID 读写器（阅读器）通过天线与 RFID 电子标签进行无线通信，可以实现对标签识别码和内存数据的读出或写入操作。典型的读写器包含有高频模块（发送器和接收器）、控制单元以及读写器天线，数据库和软件（Database & Software）。各种读写器外形如图 1-2 所示。

图 1-2　各种读写器外形

1.3　RFID 的工作原理

RFID 是一种无接触自动识别技术，其基本原理是利用射频信号实现对静止的或移动中的待识别物品的自动机器识别。

射频识别系统的基本模型如图 1-3 所示，根据射频系统结构，它的工作原理是射频读写器发出电磁波，在周围形成电磁场，电子标签进入磁场后，从电磁场中获得能量，激活标签中的微芯片电路，然后芯片转换电磁波，发送出存储在芯片中的产品信息（无源标签），或者主动发送某一频率的信号（有源标签），读写器读取信息并解码后，送至中央信息系统进行有关数据处理，数据信号接收处理流程总共有以下 6 步。

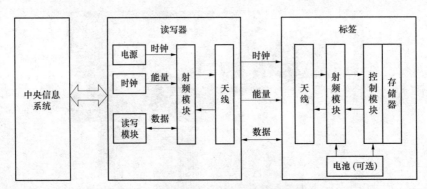

图 1-3　射频识别系统的基本模型框图

（1）无线电载波信号经过射频读写器的发射天线向外发射。

（2）当射频识别标签进入发射天线的作用区域时，射频识别标签就会被激活，经过天线将自身信息的数据发射出去。

（3）射频识别标签发出的载波信号被接收天线接收，并经过天线的调节器传输给读写器。对接收到的信号，射频读写器进行解调解码后再传送到后台的电脑控制器。

（4）该标签的合法性由电脑控制器根据逻辑运算进行判断，针对不同的设定作出相应的处理和控制。

（5）按照电脑发出的指令信号，控制执行机构进行运作。

（6）计算机通信网络通过将各个监控点连接起来，形成总控信息平台，根据实际不同的项目要求可以设计各不相同的相应软件来完成需要达到的功能。

1.4　RFID 的分类

1.4.1　RFID 功能分类

从功能方面来看，RFID 标签分为四种：只读标签、可重写标签、带微处理器标签和配有传感器的标签。

（1）只读标签。只读标签的结构功能最简单，成本最低，包含的信息较少并且不能被更改；其程序及数据编码于制造时便写入，使用者无法更改数据内容。

（2）可重写标签。可重写标签价格最为贵，但它却可以让使用者多次写入。它集成了容量为几十字节到几万字节的闪存，标签内的信息能被更改或重写，只读型和可重写型 RFID 标签都主要应用于物流系统以及生产过程管理系统和行李控制系统中。

（3）带微处理器标签。带微处理器标签依靠内置式只读存储器中存储的操作系统和程序来工作，出于安全的需要，许多标签都同时具备加密电路，现在这类标签主要应用于非接触型 IC 卡上，既用于电子结算、出入管理，也可用做会员卡；有些 RFID 标签集成了传感器，包括温度传感器或压力传感器等，目前这类标签主要用于动物个体识别和轮胎管理。

1.4.2　RFID 的能量分类

按照能量供给方式的不同，RFID 标签分为有源、无源和半无源 3 种。

（1）无源（Passive 被动式）。无源式标签本身并无电源，其电源是来自读写器，由读写器发射一频率使感应器产生能量而将数据回传给读写器。体积比较轻薄短小并且拥有相当长的使用年限。感应的距离较短。

（2）有源（Active 主动式）。有源式标签价格较高，因内建电池，所以体积比无源大。使用年限短。感应距离较长。

（3）半无源（Semi-passive）。半无源标签内有电池，但电池只给标签内的芯片供电，从天线耦合能量进来给通信电路供电。

还有一种双频标签与双频系统。

无线识别系统的工作频率对系统的工作特性影响比较大。从识别距离、穿透能力等特性看，不同的射频频率使得系统之间有着较大的工作能力差异，下面以低频和高频为例，来说明这个差异。

简单来讲，低频具有较强的穿透力，能够穿透水、金属、动物、人的躯体等导体材料。但是在同样功率下，传播的距离很近。高频或超高频具有较远的传播距离，但也很容易被上述导体媒质所吸收。因此，对于可导的这些障碍物，会影响到系统的工作能力。

如何利用低频和高频这两个频段的长处，结合起来设计具有较远识别距离，又具有较强穿透能力的产品，这就发展出混频和双频技术。混频和双频产品能够广泛的运用在动物识别、导体材料干扰的环境及潮湿的环境中。混频和双频产品的工作形式有两种：有源系统和无源系统。

有源双频系统：

工作原理：读头（读写器）将低频的加密数据载波信号经发射天线向外发送；双频标签进入低频的发射天线工作区域后被激活，同时将加密的载有目标识别码的高频加密载波信号经标签内的高频发射模块发射出去；接收天线接收到射频卡发来的载波信号，经读头接收处理后，提取出目标识别码送至计算机，完成预设的系统功能和自动识别，实现目标的自动化管理。有源双频系统原理如图1-4所示。

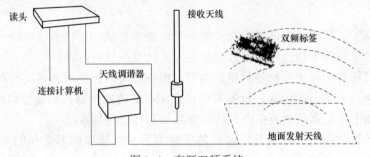

图1-4　有源双频系统

图1-5　门禁无源双频系统

无源双频系统：

iPico公司的专利产品无源双频系统，采用低频和高频两个频段进行工作，将两个频率特性集成到单一的双频标签和双频读头上，构成了双频无源系统。

图1-5为一个门禁无源双频系统及天线。其体积小、系统紧凑、成本低廉，适用于会议签到、门禁控制、人员跟踪、人员管理等环境。人员可以通过佩戴胸卡或放置于衣袋中等形式的标签，无须刷卡系统就可以准确快速识别出标签，而且也具有良好的多目标识别能力。

1.4.3　RFID的频率分类

按照工作频率的不同，RFID标签分为低频（LF）、高频（HF）、超高频（UHF）和微波频段（MW）。

（1）低频率。10kHz～1MHz，以125kHz为主。低频率的感应距离较短，读取速度较慢，穿透能力好。典型的电感耦合型标签，天线多为线圈型。一般这个频段的电子标签都是被动式的，通过电感耦合方式进行能量供应和数据传输。低频的最大优点在于其标签靠近金属或液体的物品上时标签受到的影响较小，同时低频系统非常成熟，读写设备的价格低廉。但缺点是读取距离短、无法同时进行多标签读取（抗冲突）以及信息量较低，一般的存储容量为128～512B。主要应用于门禁系统、动物芯片、汽车防盗器和玩具等。虽然低频系统成熟，读写设备价格低廉，但是由于其谐振频率低，标签需要制作电感值很大的绕线电感，并常常需要封装片外谐振电容，其标签的成本反而比其他频段高。

（2）高频率。1～400MHz，常见的主要规格为13.156MHz这个ISM频段。高频率的感应距离略长，读取速度也较低频率来的快。工作频率高于低频标签，无线电波较长（一般为几米），亦是典型的电感耦合型标签，天线多为线圈型。这个频段的标签还是以被动式为主，通过电感耦合方式进行能量供应和数据传输。这个频段中最大的应用就是我们所熟知的非接触式智能卡。和低频相较，其传输速率较快，通常在 100kbps 以上，且可进行多标签辨识（各个国际标准都有成熟的抗冲突机制）。该频段的系统得益于非接触式智能卡的应用和普及，系统也比较成熟，读写设备的价格较低。产品最丰富，存储容量为 128B～8kB，而且有很高的安全特性，从最简单的写锁定，到流加密，甚至是加密协处理器都有集成。一般应用于身份识别、图书馆管理、产品管理等。安全性要求较高的 RFID 应用，目前该频段是唯一选择。

（3）超高频率：400～1GHz，常见的主要规格有 433MHz、868～950MHz。超高频率的感应距离最长，速度也最快，穿透性差。工作频率远高于低频和高频标签，工作波长较短（分米级或厘米量级），工作方式为电磁反向散射耦合方式。这个频段通过电磁波方式进行能量和信息的传输。主动式和被动式的应用在这个频段都很常见，被动式标签读取距离约 3～10m 传输速率较快，一般也可以达到 100kbps 左右，而且因为天线可采用蚀刻或印刷的方式制造，因此成本相对较低。由于读取距离较远、信息传输速率较快，而且可以同时进行大数量标签的读取与辨识，因此特别适用于物流和供应链管理等领域。但是，这个频段的缺点是在金属与液体的物品上的应用较不理想，同时系统还不成熟，读写设备的价格非常昂贵，应用和维护的成本也很高。此外，该频段的安全性一般，不适合安全性要求高的应用领域。

（4）微波：使用的频段范围为 1GHz 以上，常见的规格有 2.45、5.8GHz。微波频段的特性与应用和超高频段相似，读取距离约为 2m，但是对于环境的敏感性较高。由于其频率高于超高频，标签的尺寸可以做得比超高频更小，但水对该频段信号的衰减较超高频更高，同时工作距离也比超高频更小。一般应用于行李追踪、物品管理、供应链管理等。

从分类上看，因为经过多年的发展，13.56MHz 以下的 RFID 技术已相对成熟，目前业界最关注的是位于中高频段的 RFID 技术，特别是 860～960MHz（UHF 频段）的远距离 RFID 技术发展最快；而 2.45GHz 和 5.8GHz 频段由于产品拥挤，易受干扰，技术相对复杂，其相关的研究和应用仍处于探索的阶段。

1.4.4　按封装形式分类

根据射频系统不同的应用场合及不同的技术性能参数，考虑到标签的成本、环境要求等，可以将射频识别标签封装成不同厚度、不同大小、不同形状的标签。此外，根据标签封装材质的不同，可以将标签制成纸、PP、PET、PVC 等材料形式。例如，在物流管理中最好使用单面的不干胶标签；在门禁系统中最好使用 ISO 卡片形式的标签；在矿井安全管理中最好使用全封闭的塑料标签。下面进行详细介绍。

（1）封装材质。为了保护标签芯片和天线，同时也便于用户使用，射频 RFID 必须利用某种基材进行封装，不同的封装性质的标签针对不同的场合。主要有纸标签、塑料标签和玻璃标签。

1）纸标签。一般都具有自粘功能，用来粘贴在待识别物品上。这种标签比较便宜，一般由面层、芯片线路层、胶层、底层组成。

2）塑料标签。采用特定的工艺将芯片和天线用特定的塑料基材封装成不同的标签形式，如钥匙牌、手表形标签、狗牌、信用卡等形式。常用的塑料基材有 PVC 和 PSP，标签结构包括面层、芯片层和底层。

3）玻璃标签。应用于动物识别与跟踪，将芯片、天线采用一种特殊的固定物质植入一定大小的玻璃容器中，封装成玻璃标签。

（2）封装形状。常见的有信用卡标签（一般厚度不超过 3mm）、圆形标签、钥匙和钥匙扣标签、手表标签、物流线性标签等。

1.4.5 按照作用距离分类

（1）密耦合标签。作用距离小于 1cm 的标签。

（2）近耦合标签。作用距离约为 15cm 的标签。

（3）疏耦合标签。作用距离约为 1m 的标签。

（4）远距离标签。作用距离为 1～10m 甚至更远的标签。

1.4.6 无芯片标签和 SAW 标签

一般意义上的 RFID 都包含有 RFID 天线及标签电路。标签电路经过集成后，降低了 RFID 的生产成本和整体功耗。以 IC 芯片为主要特征的 RFID 不是唯一的 RFID 形式。近年来，随着技术的发展，出现了无芯片标签。

（1）声表面波（SAW）标签。声表面波标签以声表面波器件为核心，克服了 IC 芯片工作时要求直流电源供电的缺陷，同样实现了 RFID 的数据保存功能及无接触空间无限通信的功能。

声表面波标签的工作原理：天线接收到的射频能量信号经 SAW 标签内部的变换器后形成激励 SAW 存储数据条纹的脉冲，SAW 激励神经脉冲经存储数据条纹图形反射后形成数据脉冲，数据脉冲再经过变换器体现为天线负载调制，读写器经过解调反射的负载调制信号提取 SAWRFID 的数据，原理如图 1-6 所示。

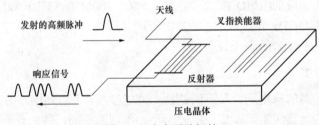

图 1-6　声表面波标签

例如，RFSAW Inc 公司生产的 SAWRFID，采用铌化锂晶体作为声表面波器件的基地材料，适应射频读取的工作频率为 1.7～2.5GHz。每个标签具有不可更改的唯一的标识 UID。

（2）无芯片 RFID。无芯 RFID 标签指的是不含有 IC 芯片的射频识别标签。最具有前景的无芯标签的主要潜在优势在于其最终能以 0.1 美分的花费直接印在产品和包装上，才有可能在诸如包装消费品、邮递物品、药品和书籍等最大的 RFID 应用领域内全面实施，以更灵活可靠的特性取代每年十万亿使用量的条形码。无芯片 RFID 最适宜使用的场合有物品管理（工厂名册、图书馆、洗衣店、药品、消费品、档案、邮件），大容量安全文档、空运包裹等高价值物流。

无芯片 RFID 的特点是超薄、低成本，存储数据量少。典型的实现技术有远程磁学技术（Remote Magnetics）、层状非晶体管电路技术（Laminar Transistorless Circuits）、层状晶体管电路技术等。

1.5 RFID 的应用和发展趋势

1.5.1 RFID 国内外状况

国内外目前关于低频和高频 RFID 的应用研究已经比较成熟，目前主要集中在超高频 RFID（915MHz 和 2.45GHz）的开发和应用上。

从全球的范围来看，美国政府是 RFID 应用的积极推动者，在其推动下美国在 RFID 标准的建立、相关软硬件技术的开发与应用领域均走在世界前列。欧洲 RFID 标准追随美国主导的 EPCglobal 标准。在封闭系统应用方面，欧洲与美国基本处在同一阶段。日本虽然已经提出 UID 标准，但主要得到的是本国厂商的支持，如要成为国际标准还有很长的路要走。RFID 在韩国的重要性得到了加强，政府给予了高度重视，但至今韩国在 RFID 的标准上仍模糊不清。目前，美国、英国、德国、瑞典、瑞士、日本、南非等国家均有较为成熟且先进的 RFID 产品。从全球产业格局来看，目前 RFID 产业主要集中在 RFID 技术应用比较成熟的欧美市场。

美国海军运营 RFID 技术在美国海军资产管控处（ATAC）和国防物流机构（DLA）工厂之间跟踪破损零件，减少了 ATAC 和 DLA 双方的工作负荷，并提高物资数据的精确性和一致性。美国微波及射频方案专业供应公司 M/A—com 推出的新型的传感器主要为基础的 RFID 叉车系统，安装在最新或已有的 RFID 托盘标签读取设备上，在读取托盘标签时使用传感器进行识别，减少了潜在的误差，适应于配销及制造等行业。美国德克萨斯州 El Paso 县的 911 中心，为当地 70 多万居民服务，那里的工作人员每月处理 45 000 多个紧急呼叫。美国亚特兰大大区的医疗保健供应商 Grady Health System 在一年前安装了实时定位系统（RTLS），使该医院的 16 个手术室的使用率提高了 23%。该定位系统由 CenTrak 和 PeriOptimum 提供，可将每个病人在手术过程中的情况告知 Grady Health System 的手术室——病人何时进入的手术室、手术何时完成以及病人术后恢复需要多长时间。医院使用该信息向工作人员和家属提供有关病人情况的更新，并通过这些信息找出瓶颈以改善手术室自身的手术流程。

日本利用 RFID 技术，很早就实现快速路不停车收费，对解决交通阻塞起到了很好的作用。日本大型企业集团 TOPPAN，在其下属的食品生产加工厂三年前就开始利用 RFID 进行从原料管理、生产过程到出厂产品等全面的管理，经过三年的实践，已经为该厂带来的巨大的效益。日本农业水产省利用 RFID 技术，进行了综合型食品跟踪系统开发和验证。通过使用 RFID 技术，对多种产品从生产到消费的多种流通渠道内进行了食品跟踪系统的验证试验。

韩国政府在釜山建立的 RFID 系统，用于在这个亚洲最大的港口之一追踪货物。该项目采用 Savi 公司的一些有源的 RFID，在集装箱沿着供应链移动的时候，标签将收集从方位和安全状况到集装箱内照明，温度和湿度的各种信息。这些信息将被实时收集，并上传到一个可以通过互联网访问的监视网络进行货物的监控管理。韩国 RFID 应用停车管理系统。例如，韩国主要百货店已于 2009 年年底将 RFID 技术应用于停车管理系统中，为百货店的 VIP 顾客提供"智能型停车服务"。启用这个系统后，在 VIP 顾客的车辆进入停车场时，商场就能获得相关信息，不仅能迅速为顾客提供空的停车位，而且在品牌柜台指南方面提供与众不同的高品质服务。

RFID 在国内各个行业应用也蓬勃发展，早在 2006 年中华人民共和国科学技术部等十五部委就制定《中国射频识别（RFID）技术政策白皮书》，指出中国发展 RFID 技术的总体目标为：通过技术攻关，突破 RFID 一系列共性关键技术、产业化关键技术和应用关键技术，培养一支与技术研究和产业发展相适应的人才队伍，建立中国 RFID 技术自主创新体系，取得核心技术的自主知识产权；以自主研发技术为基础，实施竞争前联合战略，通过组织产业联盟、产业基地等企业创新集群，形成联合、协同、掌握自主知识产权技术的产业链，实现自主研制产品占市场主要份额；通过实施示范工程，创新应用模式，带动 RFID 技术在行业的广泛应用，逐步形成大规模、辐射相关领域的公共应用；通过研究与制定相关的国家标准，形成中国 RFID 标准体系。

特别是 2010 年我国物联网发展被正式列入国家发展战略后，中国 RFID 及物联网产业迎来了难得的发展机遇。2011 年 4 月，工业和信息化部、财政部设立物联网专项资金，推动产业快速发展。

2011 年中国 RFID 产业的市场规模达到了 179.7 亿元，比 2010 年增长了 47.94%。2011 年中国 RFID 产业链各环节如射频芯片、标签封装产品与设备、软件/中间件、系统集成都呈现出高速增长的势头。2012 年我国 RFID 市场规模达到 236.6 亿元，位居世界第三。

2012 年 2 月，工信部正式发布《物联网"十二五"发展规划》，指明产业未来发展道路。在政府大力推动物联网产业发展的背景下，国家的一系列促进政策成为中国 RFID 产业发展的强大动力来源。各部委合力推动 RFID 应用示范工程，智能电网、智能交通、金融服务、物流仓储、医疗健康、食品安全等 RFID 相关重点应用项目数量明显增加，范围迅速扩大；商品防伪、资产管理、工业管理等企业市场需求开始升温。

1.5.2　RFID 的应用分析

目前定义 RFID 产品的工作频率有低频、高频和超高频的频率范围内的符合不同标准的不同的产品，而且不同频段的 RFID 产品会有不同的特性。其中感应器有无源和有源两种方式，下面详细介绍无源的感应器在不同工作频率产品的特性以及主要的应用。

1. 低频（125～134kHz）

其实 RFID 技术首先在低频得到广泛的应用和推广。该频率主要是通过电感耦合的方式进行工作，也就是在读写器线圈和感应器线圈间存在着变压器耦合作用。通过读写器交变场的作用在感应器天线中感应的电压被整流，可作供电电压使用。磁场区域能够很好的被定义，但是场强下降的太快。

低频 RFID 的特性如下：

（1）工作在低频的感应器的一般工作频率为 120～134kHz，TI 的工作频率为 134.2kHz。该频段的波长大约为 2500m。

（2）除了金属材料影响外，一般低频能够穿过任意材料的物品而不降低它的读取距离。

（3）工作在低频的读写器在全球没有任何特殊的许可限制。

（4）低频产品有不同的封装形式。好的封装形式就是价格太贵，但是有 10 年以上的使用寿命。

（5）虽然该频率的磁场区域下降很快，但是能够产生相对均匀的读写区域。

（6）相对于其他频段的 RFID 产品，该频段数据传输速率比较慢。

（7）感应器的价格相对于其他频段来说较贵。

低频 RFID 的主要应用如下：

（1）畜牧业的管理系统。

（2）汽车防盗和无钥匙开门系统的应用。

（3）马拉松赛跑系统的应用。

（4）自动停车场收费和车辆管理系统。

（5）自动加油系统的应用。

（6）酒店门锁系统的应用。

（7）门禁和安全管理系统。

低频 RFID 符合的国际标准如下：

（1）ISO 11784 RFID 畜牧业的应用—编码结构。

（2）ISO 11785 RFID 畜牧业的应用—技术理论。

（3）ISO 14223–1 RFID 畜牧业的应用—空气接口。

（4）ISO 14223–2 RFID 畜牧业的应用—协议定义。

（5）ISO 18000–2 定义低频的物理层、防冲撞和通信协议。

（6）DIN 30745 主要是欧洲对垃圾管理应用定义的标准。

2. 高频（工作频率为 13.56MHz）

在该频率的感应器不再需要线圈进行绕制，可以通过腐蚀或印刷的方式制作天线。感应器一般通过负载调制的方式进行工作。也就是通过感应器上的负载电阻的接通和断开使读写器天线上的电压发生变化，实现用远距离感应器对天线电压进行振幅调制。如果通过数据控制负载电压的接通和断开，那么这些数据就能够从感应器传输到读写器。

高频 RFID 的特性如下：

（1）工作频率为 13.56MHz，该频率的波长约为 22m。

（2）除了金属材料外，该频率的波长可以穿过大多数的材料，但是往往会降低读取距离。感应器需要离开金属一段距离。

（3）该频段在全球都得到认可并没有特殊的限制。

（4）感应器一般以电子标签的形式为主。

（5）虽然该频率的磁场区域下降很快，但是能够产生相对均匀的读写区域。

（6）该系统具有防冲撞特性，可以同时读取多个电子标签。

（7）可以把某些数据信息写入标签中。

（8）数据传输速率比低频要快，价格不是很贵。

高频 RFID 的主要应用如下：

（1）图书管理系统的应用。

（2）瓦斯钢瓶的管理应用。

（3）服装生产线和物流系统的管理和应用。

（4）三表预收费系统。

（5）酒店门锁的管理和应用。

（6）大型会议人员通道系统。

（7）固定资产的管理系统。

（8）医药物流系统的管理和应用。

（9）智能货架的管理。高频 RFID 的符合的国际标准如下：

1）ISO/IEC 14443 近耦合 IC 卡，最大的读取距离为 10cm。

2）ISO/IEC 15693 疏耦合 IC 卡，最大的读取距离为 1m。

3）ISO/IEC 18000-3 该标准定义了 13.56MHz 系统的物理层，防冲撞算法和通信协议。

4）13.56MHz ISM Band Class 1 定义 13.56MHz 符合 EPC 的接口定义。

3．超高频（工作频率为 860～960MHz）

超高频系统通过电场来传输能量。电场的能量下降得不是很快，但是读取的区域不能很好进行定义。该频段读取距离比较远，无源可达 10m 左右。主要是通过电容耦合的方式进行实现。超高频 RFID 的特性如下：

（1）在该频段，全球的定义不是很统一——欧洲和部分亚洲定义的频率为 868MHz，北美定义的频段为 902～905MHz，在日本建议的频段为 950～956MHz。该频段的波长大概为 30cm。

（2）目前，该频段功率输出没有统一的定义（美国定义为 4W，欧洲定义为 500mW）。可能欧洲限制会上升到 2W。

（3）超高频频段的电波不能通过许多材料，特别是水，灰尘，雾等悬浮颗粒物质。相对于高频的电子标签来说，该频段的电子标签不需要和金属分开。

（4）电子标签的天线一般是长条和标签状。天线有线性和圆极化两种设计，满足不同应用的需求。

（5）该频段有好的读取距离，但是对读取区域很难进行定义。

（6）有很高的数据传输速率，在很短的时间可以读取大量的电子标签。

超高频 RFID 的主要应用如下：

（1）供应链上的管理和应用。

（2）生产线自动化的管理和应用。

（3）航空包裹的管理和应用。

（4）集装箱的管理和应用。

（5）铁路包裹的管理和应用。

（6）后勤管理系统的应用。

1.5.3　RFID 的发展趋势

RFID 芯片所需的功耗更低，无源标签、半无源标签技术更趋成熟。

（1）作用距离更远：随着低功耗 IC 技术的发展，所需功耗可以降到 5μW 甚至更低，使得无源系统的作用距离达到几十米以上。

（2）无线可读写性能更加完善：使其误码率和抗干扰性趋于可以接受的程度。

（3）适合高速移动物体识别。RFID 和读写器之间的通信速率会大大提高。

（4）快速多标签读写功能：采用适应大量物品识别环境下的系统通信协议，实现快速的多标签读/写功能。

（5）一致性能更好：随着加工工艺的提高，成品率和一致性将得到提高。

（6）在强的电场强度下的自保功能更加完善：强的能量场中，RFID 接收到的电磁能量很强，产生高电压，为此需要加强自保功能，保护 RFID 芯片不受损害。

（7）智能型更强、更为完善的加密：保护数据未经授权而获取。

（8）带有传感器功能的标签。

（9）带有其他附属功能的标签：附加蜂鸣器或光指示。

（10）具有杀死功能的 RFID：到达寿命或需要终止应用时标签自行销毁。

（11）新的生产工艺：新的天线印刷技术来降低 RFID 的生成成本。

（12）体积更小：目前日立公司设计开发的带有内置天线的芯片厚度约为 0.1mm。

（13）成本更低。

1.6 RFID 能量传播的电磁理论

无线射频识别技术（Radio Frequency Identification）是一种非接触的自动识别技术，其基本原理是利用射频信号和空间耦合（电感或电磁耦合）传输特性，实现对被识别物体的自动识别。但是，无源和免接触是非接触式 IC 卡相对于接触式 IC 卡的两大特点。无源是指卡片上没有电源，免接触是指对卡片的读写操作不必和读写器接触。非接触式智能卡也是 IC 卡，而卡上的 IC 即集成电路工作时肯定是需要电源的，卡片自身没有电源而又不和读写器接触，那么电源从哪里来的呢？

其实回答这个问题非常简单，那就是电磁感应。读写器产生一个电磁场，卡片上的天线是一个 LC 振荡电路，且这个振荡电路的共振频率和读写器电磁场的频率一致。当卡片进入读写器的射频场，卡上的振荡电路起振，电路振荡意味着有电子的流动，有电子的流动就可以用二极管让电子积累，电子的积累就会形成电压，有了电压智能卡就能工作了。

要掌握 RFID 技术，就必须掌握相关的电磁理论，下面简要介绍这些理论。

1.6.1 电磁理论

1. 电磁波的产生

电磁波是电磁场的一种运动形态。电与磁可说是一体两面，变化的电场会产生磁场（即电流会产生磁场），变化的磁场则会产生电场。变化的电场和变化的磁场构成了一个不可分离的统一的场，这就是电磁场，而变化的电磁场在空间的传播形成了电磁波，电磁波的变动就如同微风轻拂水面产生水波一般，因此被称为电磁波，也常称为电波。

2. 电磁波具有能量

电磁波是由同相振荡且互相垂直的电场与磁场在空间中以波的形式移动，其传播方向垂直于电场与磁场构成的平面，有效的传递能量和动量。电磁辐射可以按照频率分类，从低频率到高频率，包括无线电波、微波、红外线、可见光、紫外线、X 射线和伽马射线等。人眼可接收到的电磁辐射，波长大约在 380～760nm，称为可见光。只要是本身温度大于绝对零度的物体，都可以发射电磁辐射，而世界上并不存在温度等于或低于绝对零度的物体。电磁波向空中发射或泄漏的现象，叫电磁辐射。

电磁波，又称电磁辐射，是由同相振荡且互相垂直的电场与磁场在空间中以波的形式传递能量和动量，首先电磁波是物质存在的一种特殊形式；其次电磁波具有能量，电磁波具有的能量跟频率有关，频率越高，能量越高。

3. 线圈的自感和互感

读写器与电子标签的线圈形式的天线相当于电感，电感包括自感和互感。读写器线圈、电子标签线圈分别都有自感，而且它们之间也形成互感。线圈的电感与通过线圈的磁通量有关，下面将介绍通过线圈的磁通量，并计算线圈的自感和互感。

（1）磁通量。磁场是存在于磁体、运动电荷周围的一种物质，为了表征磁场分布情况，引入磁通概念，它是电磁学中的一个重要物理量，感应电动势、电感等的计算都与回路包围的磁通有关。磁感应强度 B 通过曲面 S 的通量称为磁通，磁通用 Φ 表示，则

$$\Phi = \oint_s B \cdot dS \tag{1-1}$$

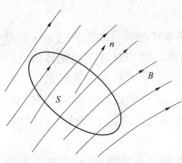

图 1-7　通过一个闭合回路的磁通

式（1-1）中，dS 的方向是面的法线方向 n，磁通的单位是 Wb。通过某一平面的磁通的大小，可以用通过这个平面的磁感线的条数的多少来形象地说明。在同一磁场中，磁感应强度越大的地方，磁感线越密。因此，B 越大，S 越大，磁通就越大，意味着穿过这个面的磁感线条数越多。磁通如图 1-7 所示。

在 RFID 中，读写器与电子标签的线圈通常都有很多圈，假设通过一匝线圈的磁通为 Φ，线圈的匝数为 N，则通过 N 匝线圈的总磁通

$$\Psi = N\Phi \tag{1-2}$$

（2）线圈的电感。自感现象是一种特殊的电磁感应现象，是由于导体本身电流发生变化而产生的电磁感应现象。当线圈本身的电流变化时，通过线圈的总磁通与电流的比值，称为线圈的自感，即线圈的电感 L。在 RFID 中，读写器的线圈与电子标签的线圈都有电感。线圈的电感

$$L = \frac{\Psi}{I} \tag{1-3}$$

在计算线圈的电感时，线圈产生的磁通如图 1-8 所示。

电感是线圈的一种电参量，线圈的电感仅与线圈的结构、尺寸和材料有关。如果读写器或电子标签线圈的匝数为 N，线圈为圆形，线圈的半径为 R，线圈导线的直径为 d，d 远小于 R，则这种线圈的电感近似可以表示为

$$L = \mu_0 N^2 R \ln\left(\frac{2R}{d}\right) \tag{1-4}$$

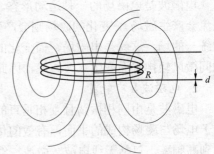

图 1-8　在计算线圈的电感时线圈产生的磁通

（3）线圈间的互感。由一个线圈中的电流发生变化而使其他线圈产生感应电动势的现象叫互感现象。当第一个线圈上的电流产生磁场，并且该磁场通过第二个线圈时，通过第二个线圈的总磁通与第一个线圈上电流的比值，称为两个线圈间的互感，互感用 M 表示。在 RFID

中，读写器的线圈与电子标签的线圈之间有互感。互感定义

$$M_{12} = \frac{\Psi_{12}}{I_1} \tag{1-5}$$

在计算线圈的互感时，线圈产生的磁通如图 1-9 所示。

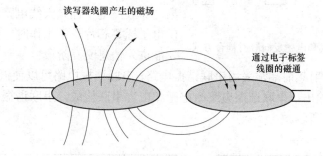

读写器线圈产生的磁场

通过电子标签
线圈的磁通

图 1-9　在计算线圈的互感时线圈产生的磁通

线圈之间的互感也是一种电参量，线圈之间的互感仅与两个线圈的结构、尺寸、相对位置和材料有关。如果读写器线圈的匝数为 N_1，电子标签线圈的匝数为 N_2，线圈都为圆形，线圈的半径分别为 R_1 和 R_2，两个线圈圆心之间的距离为 d，两个线圈平行放置，其中一个线圈的半径远小于 d 时，则两个线圈之间的互感可近似表示为

$$M_{12} = \frac{\mu_0 \pi N_1 N_2 R_1^2 R_2^2}{2(R_1^2 + d^2)^{3/2}} \tag{1-6}$$

读写器与电子标签线圈之间的互感如图 1-10
所示。

1.6.2　电子标签到读写器之间的能量传递方式

从电子标签到读写器之间的通信和能量感应
方式来看，RFID 系统一般可以分为电感耦合（磁
耦合）系统和电磁反向散射耦合（电磁场耦合）系
统。电感耦合系统是通过空间高频交变磁场实现耦
合，依据的是电磁感应定律；电磁反向散射耦合，

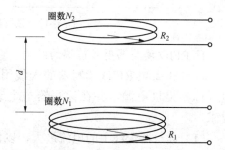

圈数 N_2

R_2

d

圈数 N_1

R_1

图 1-10　读写器与电子标签之间的互感示意图

即雷达原理模型，发射出去的电磁波碰到目标后反射，同时携带回目标信息，依据的是电磁
波的空间传播规律。

电感耦合方式一般适合于中、低频率工作的近距离 RFID 系统；电磁反向散射耦合方式
一般适合于高频、微波工作频率的远距离 RFID 系统。

1.6.3　电感耦合方式 RFID 读写器的射频前端

电感耦合的射频载波频率为 13.56MHz 和小于 135kHz 的频段，电子标签和读写器之间的
工作距离小于 1m，典型的作用距离为 10~20cm。

能量供给依靠读写器天线电路、电子标签天线电路和读写器与电子标签之间的电感耦合。
如图 1-11 所示。

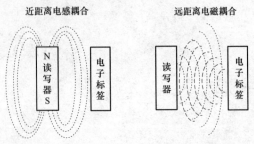

图 1-11　电感耦合方式和电磁反向散射耦合方式

法拉第定律指出，一个时变磁场通过一个闭合导体回路时，在其上会产生感应电压，并在回路中产生电流。

当电子标签进入读写器产生的交变磁场时，电子标签的电感线圈上就会产生感应电压，当距离足够近，电子标签天线电路所截获的能量可以供电子标签芯片正常工作时，读写器和电子标签才能进入信息交互阶段。

RFID 读写器的射频前端常采用串联谐振电路，串联谐振电路可以使低频和高频 RFID 读写器有较好的能量输出。串联谐振电路由电感和电容串联构成，串联谐振电路在某一个频率上谐振，如图 1-12 所示。

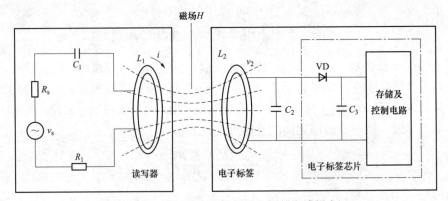

图 1-12　读写器和电子标签之间的电感耦合

1. RFID 读写器射频前端的结构

低频和高频 RFID 读写器的天线用于产生磁场，该磁场通过电子标签天线产生电流给电子标签提供电源，并在读写器与电子标签之间传递信息。对读写器天线的构造有如下要求。

（1）读写器天线上的电流最大，以使读写器线圈产生最大的磁通。

（2）功率匹配，以最大程度输出读写器的能量。

（3）足够的带宽以使读写器无失真输出。

根据以上要求，读写器天线的电路应该是串联谐振电路。谐振时，串联谐振电路可以获得最大的电流，使读写器线圈上的电流最大；谐振时，可以最大程度地输出读写器的能量；谐振时，可以满足读写器信号无失真输出，这时只需要根据带宽要求调整谐振电路的品质因数。

RFID 读写器射频前端天线电路的结构如图 1-13 所示。

图 1-13 中，电感 L 由线圈天线构成，电容 C 与电感 L 串联，构成串联谐振电路。实际应用时，电感 L 和电容 C 有损耗（主要是电感的损耗），串联谐振电路相当于电感 L、电容 C 和电阻 R 3 个元件串联而成。

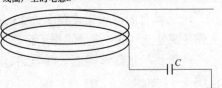

图 1-13　读写器射频前端天线电路的结构

2. 串联谐振电路

（1）电路组成。由电感线圈 L 和电容器 C 组成单个谐振回路，称为单谐振回路。信号源与电容和电感串接，就构成串联谐振回路，如图 1-14 所示。图中，R_1 是电感线圈 L 损耗的等效电阻，R_S 是信号源 $\dot{V}_S$ 的内阻，回路总电阻值 $R = R_1 + R_S + R_L$。

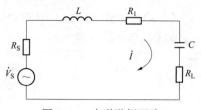

图 1-14　串联谐振回路

（2）谐振及谐振条件。若外加电压为 $\dot{V}_S$ 应用复数计算法得回路电流

$$\dot{I} = \frac{\dot{V}_S}{Z} = \frac{\dot{V}_S}{R + jX} = \frac{\dot{V}_S}{R + j\left(\omega L - \dfrac{1}{\omega C}\right)} \tag{1-7}$$

式中：Z 为阻抗，$Z = |Z|e^{j\varphi}$；X 为电抗。

阻抗的模

$$|Z| = \sqrt{R^2 + X^2} = \sqrt{R^2 + X^2} = \sqrt{R + \left(\omega L - \frac{1}{\omega C}\right)^2} \tag{1-8}$$

相角

$$\varphi = \arctan\left(\frac{X}{R}\right) = \arctan\left(\frac{\omega L - \dfrac{1}{\omega C}}{R}\right) \tag{1-9}$$

在某一特定角频率 ω_0 时，若回路电抗 X 满足

$$X = \omega L - \frac{1}{\omega C} = 0 \tag{1-10}$$

则电流 I 为最大值，回路发生谐振。因此，式（1-10）称为串联回路的谐振条件。

由此可以导出回路产生串联谐振的角频率和频率分别为

$$\omega_0 = \frac{1}{\sqrt{LC}} \qquad f_0 = \frac{1}{2\pi\sqrt{LC}} \tag{1-11}$$

式中：f_0 为谐振频率。

由式（1-10）和式（1-11）可推得

$$\omega_0 L = \frac{1}{\omega_0 C} = \sqrt{\frac{L}{C}} = \rho \tag{1-12}$$

式中：ρ 为谐振回路的特性阻抗。

（3）谐振特性。串联谐振回路具有如下特性。

谐振时，回路电抗 $X=0$，阻抗 $Z=R$ 为最小值，且为纯阻。

谐振时，回路电流最大，即 $\dot{I} = \dot{V}_S/R$，且 $\dot{I}$ 与 $\dot{V}_S$ 同相。电感与电容两端电压的模值相等，且等于外加电压的 Q 倍。谐振时电感 L 两端的电压为

$$\dot{V}_{L0} = \dot{I}j\omega_0 L = \frac{\dot{V}_S}{R}j\omega_0 L = j\frac{\omega_0 L}{R}\dot{V}_S = jQ\dot{V}_S \tag{1-13}$$

电容 C 两端的电压为

$$\dot{V}_{C0} = \dot{I}\frac{1}{j\omega_0 C} = -j\frac{\dot{V}_S}{R}\frac{1}{\omega_0 CR}\dot{V}_S = -jQ\dot{V}_S \tag{1-14}$$

式（1-13）和式（1-14）中的 Q 称为回路的品质因数，是谐振时的回路感抗值（或容抗值）与回路电阻 R 的比值，即

$$Q = \frac{\omega_0 L}{R} = \frac{1}{\omega_0 CR} = \frac{1}{R}\sqrt{\frac{L}{C}} = \frac{1}{R}\rho \tag{1-15}$$

式中：ρ 为谐振回路的特性阻抗。

通常，回路的 Q 值可达数十到近百，谐振时电感线圈和电容两端的电压可比信号源电压大数十到百倍，这是串联谐振时所特有的现象，所以串联谐振又称为电压谐振。对于串联谐振回路，在选择电路器件时，必须考虑器件的耐压问题。但这种高电压对人并不存在伤害的问题，因为人触及后，谐振条件会被破坏，电流很快就会下降。

（4）能量关系。设谐振时瞬时电流的幅值为 I_{0m}，则瞬时电流 i 为

$$i = I_{0m}\sin(\omega t)$$

电感 L 上存储的瞬时能量（磁能）为

$$w_L = \frac{1}{2}Li^2 = \frac{1}{2}LI_{0m}^2\sin^2(\omega t) \tag{1-16}$$

电容 C 上存储的瞬时能量（电能）为

$$w_C = \frac{1}{2}Cv_C^2 = \frac{1}{2}CQ^2V_{sm}^2\cos^2(\omega t) = \frac{1}{2}C\frac{L}{CR^2}I_{0m}^2R^2\cos^2(\omega t)$$
$$= \frac{1}{2}LI_{0m}^2\cos^2(\omega t) \tag{1-17}$$

式中：V_{sm} 为源电压的幅值。电感 L 和电容 C 上存储的能量和为

$$w = w_L + w_C = \frac{1}{2}LI_{0m}^2 \tag{1-18}$$

由式（1-18）可见，w 是一个不随时间变化的常数。这说明回路中存储的能量保持不变，只在线圈和电容器间相互转换。

下面在考虑谐振时电阻所消耗的能量，电阻 R 上消耗的平均功率为

$$P = \frac{1}{2}RI_{0m}^2 \tag{1-19}$$

在每一周期 T（$T=1/f_0$，f_0 为谐振频率）的时间内，电阻 R 上消耗的能量为

$$w_R = PT = \frac{1}{2}RI_{0m}^2\frac{1}{f_0} \tag{1-20}$$

回路中储存的能量 $w_L + w_C$ 与每周期消耗的能量 w_R 之比为

$$\frac{w_L + w_C}{w_R} = \frac{\frac{1}{2}LI_{0m}^2}{\frac{1}{2}R\frac{I_{0m}^2}{f_0}} = \frac{f_0 L}{R} = \frac{1}{2\pi}\frac{\omega_0 L}{R} = \frac{Q}{2\pi} \tag{1-21}$$

所以，从能量的角度看，品质因数 Q 可表示为

$$Q = 2\pi - \frac{W_T}{W_R} \qquad (1\text{--}22)$$

式中：W_T 为回路储存的能量，$W_T = W_L + W_C$；W_R 为每周期消耗的能量。

（5）谐振曲线和通频带。谐振曲线：回路中电流幅值与外加电压频率之间的关系曲线，称为谐振曲线。任意频率下的回路电流与谐振时的回路电流之比为

$$\frac{\dot{I}}{\dot{I}_0} = \frac{R}{R + j\left(\omega L - \dfrac{1}{\omega C}\right)} = \frac{1}{1 + j\dfrac{\omega_0 L}{R}\left(\dfrac{\omega}{\omega_0} - \dfrac{\omega_0}{\omega}\right)} = \frac{1}{1 + jQ\left(\dfrac{\omega}{\omega_0} - \dfrac{\omega_0}{\omega}\right)} \qquad (1\text{--}23)$$

取其模值，得

$$\frac{I_m}{I_{0m}} = \frac{1}{\sqrt{1 + Q^2\left(\dfrac{\omega}{\omega_0} - \dfrac{\omega_0}{\omega}\right)}} \approx \frac{1}{\sqrt{1 + \left(Q\dfrac{2\Delta\omega}{\omega_0}\right)^2}} = \frac{1}{\sqrt{1 + \xi^2}} \qquad (1\text{--}24)$$

式中：$\Delta\omega = \omega - \omega_0$ 表示偏离谐振的程度，称为失谐量。$\omega/\omega_0 - \omega_0/\omega \approx 2\Delta\omega/\omega_0$ 仅当 ω 在 ω_0 附近（即为小失谐量的情况）时成立，而 $\xi = Q(2\Delta\omega/\omega_0)$ 具有失谐量的定义，称为广义失谐。

根据式（1–24）可画出谐振曲线，如图 1–15 所示。由图可见，回路 Q 值越高，谐振曲线越尖锐，回路的选择性越好。

通频带：谐振回路的通频带通常用半功率点的两个边界频率之间的间隔表示，半功率点的电流比 I_m/I_{0m} 为 0.707，如图 1–16 所示。

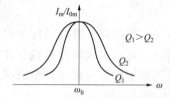

图 1–15　串联谐振回路的谐振曲线

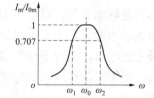

图 1–16　串联谐振回路的通频带

由于 ω_2 和 ω_1 处 $\xi = \pm 1$，且它们在 ω_0 附近时，所以可推得通频带

$$BW = \frac{\omega_2 - \omega_1}{2\pi} = \frac{2(\omega_2 - \omega_0)}{2\pi} = \frac{2\Delta\omega_{0.7}}{2\pi} = \frac{\omega_0}{2\pi Q} = \frac{f_0}{Q} \qquad (1\text{--}25)$$

由此可见，Q 值越高，通频带越窄（选择性越强）。在 RFID 技术中，为保证通信带宽，在电路设计时应综合考虑 Q 值的大小。

（6）对 Q 值的理解。电感的品质因数。在绕制或选用电感时，需要测试电感的品质因数 Q_L，以满足电路设计要求。通常可以用测试仪器 Q 表来测量，测量时所用频率应尽量接近该电感在实际电路中的工作频率。在修正了测量仪器源内阻影响后可得到所用电感的品质因数 Q_L 和电感量。设电感 L 的损耗电阻值为 R_1，则

$$Q_L = \frac{\omega L}{R_1} \qquad (1\text{--}26)$$

在测量电感量 L 和品质因数 Q_L 时，阻抗分析仪是一种频段更宽、精度更高的测量仪器，但其价格较贵。

回路的 Q 值：在回路 Q 值的计算中，需要考虑源内阻 R_S 和负载电阻 R_L 的作用。串联谐振回路要工作，必须有源来激励，考虑源内阻 R_S 和负载电阻 R_L 后，整个回路的阻值 R 为（由于电容器 C 的损耗很低，可以忽略其影响）

$$R = R_1 + R_S + R_L \tag{1-27}$$

因此，此时整个回路的有载品质因数

$$Q = \frac{\omega L}{R} = \frac{\omega L}{R_1 + R_S + R_L} \tag{1-28}$$

在前面的讨论中，已将 R_S 和 R_L 包含在回路总电阻 R 当中。

1.6.4 RFID 电子标签的射频前端

RFID 电子标签的射频前端常采用并联谐振电路，并联谐振电路可以使低频和高频 RFID 电子标签与读写器耦合的能量最大。并联谐振电路由电感和电容并联构成，并联谐振电路在某一个频率上谐振。

1. RFID 电子标签射频前端的结构

低频和高频 RFID 电子标签的天线用于耦合读写器的磁通，该磁通向电子标签提供电源，并在读写器与电子标签之间传递信息。对电子标签天线的构造有以下要求。

（1）电子标签天线上感应的电压最大，以使电子标签线圈输出最大的电压。

（2）功率匹配，最大程度地耦合来自读写器的能量。

（3）足够的带宽，以使电子标签接收的信号无失真。

根据以上要求，电子标签天线的电路应该是并联谐振电路。谐振时，并联谐振电路可以获得最大的电压，是电子标签线圈上输出的电压最大；谐振时，可以最大程度地耦合读写器的能量；谐振时，可以满足电子标签接收的信号无失真，只需要根据带宽要求调整谐振电路的品质因数。

RFID 电子标签射频前端天线电路的结构如图 1-17 所示。

图 1-17 中，电感 L 由线圈天线构成，电容 C 与电感 L 并联，构成并联谐振电路。实际应用时，电感 L 和电容 C 有损耗（主要是电感的损耗），并

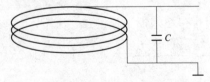

线圈产生的电感L

图 1-17　电子标签射频前端天线电路的结构

联谐振电路相当于电感 L、电容 C 和电阻 R 3 个元件并联而成。

2. 并联谐振电路

（1）电路组成。串联谐振回路适用于恒压源，即信号源内阻很小的情况。如果信号源的内阻大，应采用并联谐振回路。

并联谐振回路如图 1-18 所示，电感线圈、电容器和外加信号源并联构成振荡回路。在研究并联谐振回路时，采用恒流源（信号源内阻很大）分析比较方便。

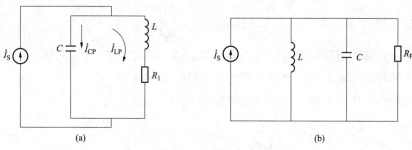

图 1–18　并联谐振回路

（a）损耗电阻和电感串联；（b）损耗电阻和回路并联

在实际应用中，通常都满足 $j\omega L \gg R_1$ 的条件，因此图 1–18（a）中并联回路两端间的阻抗为

$$Z = \frac{(R_1 + j\omega L)\dfrac{1}{j\omega C}}{(R_1 + j\omega L) + \dfrac{1}{j\omega C}} \approx \frac{\dfrac{L}{C}}{R_1 + j\left(\omega L - \dfrac{1}{\omega C}\right)} = \frac{1}{\dfrac{CR_1}{L} + j\left(\omega C - \dfrac{1}{\omega L}\right)} \qquad (1\text{–}29)$$

由式（1–29）可得另一种形式的并联谐振回路，如图 1–18（b）所示。因为导纳 Y 可表示为

$$Y = g + jb = \frac{1}{Z}$$

所以有

$$Y = g + jb = \frac{CR_1}{L} + j\left(\omega C - \frac{1}{\omega L}\right) \qquad (1\text{–}30)$$

式中：g 为电导，$g = CR_1/L = 1/R_P$；R_P 为对应于 g 的并联电阻值；b 为电纳，$b = \omega C - 1/(\omega L)$。

当并联谐振回路的电纳 $b=0$ 时，回路两端电压 $\dot{V}_P = \dot{I}_S L/(CR_1)$，并且 $\dot{V}_P$ 和 $\dot{I}_S$ 同相，此时称并联谐振回路对外加信号频率源发生并联谐振。

由 $b=0$，可以推得并联谐振条件为

$$\omega_P = \frac{1}{\sqrt{LC}} \text{ 和 } f_P = \frac{1}{2\pi\sqrt{LC}} \qquad (1\text{–}31)$$

式中：ω_P 为并联谐振回路谐振角频率；f_P 为并联谐振回路谐振频率。

（2）谐振特性。并联谐振回路谐振时的谐振电阻 R_P 为纯阻性。并联谐振回路谐振时的谐振电阻 R_P 为

$$R_P = \frac{L}{CR_1} = \frac{\omega_P^2 L^2}{R_1} \qquad (1\text{–}32)$$

同样，在并联谐振时，把回路的感抗值（或容抗值）与电阻的比值称为并联谐振回路的品质因数 Q_P，则

$$Q_P = \frac{\omega_P L}{R_1} = \frac{1}{\omega_P R_1 C} = \frac{1}{R_1}\sqrt{\frac{L}{C}} = \frac{1}{R_1}\rho \qquad (1\text{–}33)$$

式中，$\rho = \sqrt{L/C}$ 称为特性阻抗。将 Q_p 代入式（1–32），可得

$$R_P = Q_P \omega_P L = Q_P \frac{1}{\omega_P C} \tag{1–34}$$

在谐振时，并联谐振回路的谐振电阻等于感抗值（或容抗值）的 Q_P 倍，且具有纯阻性。谐振时电感和电容中电流的幅值为外加电流源 $\dot{I}_S$ 的 Q_P 倍。

当并联谐振时，电容支路、电感支路的电流 $\dot{I}_{CP}$ 和 $\dot{I}_{LP}$ 分别为

$$\dot{I}_{CP} = \frac{\dot{V}_P}{1/(j\omega_P C)} = j\omega_P C \dot{V}_P = j\omega_P C R_P \dot{I}_S$$

$$= j\omega_P C Q_P \frac{1}{\omega_P C} \dot{I}_S = jQ_P \dot{I}_S \tag{1–35}$$

式中，$\dot{V}_P$ 为谐振回路两端电压，同样可求得 $\dot{I}_{LP}$ 为

$$\dot{I}_{LP} = -jQ_P \dot{I}_S \tag{1–36}$$

从式（1–35）和式（1–36）可见，当并联谐振时，电感、电容支路的电流为信号源电流 $\dot{I}_S$ 的 Q_P 倍，所以并联谐振又称为电流谐振。

（3）谐振曲线和通频带。类似于串联谐振回路的分析方法，并由式（1–33）、式（1–35）和式（1–36）可以求出并联谐振回路的电压为

$$\dot{V} = \dot{I}_S Z = \frac{\dot{I}_S}{\frac{1}{R_P} + j\left(\omega C - \frac{1}{\omega L}\right)} = \frac{\dot{I}_S R_P}{1 + jQ_P\left(\frac{\omega}{\omega_P} - \frac{\omega_P}{\omega}\right)} \tag{1–37}$$

并联谐振回路谐振时的回路端电压 $\dot{V}_P = \dot{I}_S R_P$，所以

$$\frac{\dot{V}}{\dot{V}_P} = \frac{1}{1 + jQ_P\left(\frac{\omega}{\omega_P} - \frac{\omega_P}{\omega}\right)} \tag{1–38}$$

由式（1–38）可导出并联谐振回路的谐振曲线（幅频特性曲线）和相频特性曲线的表达式为

$$\frac{V_m}{V_{Pm}} = \frac{1}{\sqrt{1 + \left[Q_P\left(\frac{\omega}{\omega_P} - \frac{\omega_P}{\omega}\right)\right]^2}} \tag{1–39}$$

$$\varphi = -\arctan\left[Q_P\left(\frac{\omega}{\omega_P} - \frac{\omega_P}{\omega}\right)\right] \tag{1–40}$$

并联谐振回路和串联谐振回路的谐振曲线的形状是相同的，但其纵坐标是 V_m/V_{Pm}，读者可自行画出其谐振曲线。

和串联谐振回路相同，并联谐振回路的通频带带宽 BW 为

$$BW = 2\frac{\Delta\omega_{0.7}}{2\pi} = 2\Delta f_{0.7} = \frac{f_P}{Q_P} \tag{1–41}$$

式中：f_P 为并联谐振频率；$2\Delta f_{0.7}$ 为谐振曲线两半功率点的频差；Q_P 为并联谐振回路的品质

因数。

（4）加入负载后的并联谐振回路。考虑源内阻 R_S 和负载电阻 R_L 后，并联谐振回路的等效电路如图 1-19 所示。

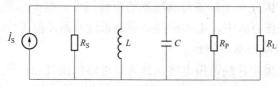

图 1-19　考虑 R_S 和 R_L 后的并联谐振回路

此时可推得整个回路的品质因数 Q 为

$$Q = \frac{Q_P}{1 + \dfrac{R_P}{R_S} + \dfrac{R_P}{R_L}}$$

（1-42）

和串联谐振回路一样，负载电阻 R_L 与源内阻 R_S 的接入，也会使并联谐振回路的品质因数 Q_P 下降。

1.6.5　RFID 读写器与标签之间的电感耦合

读写器与电子标签之间有电感耦合，读写器通过电感耦合给电子标签提供能量，电感耦合符合法拉第电磁感应定律。RFID 电感耦合系统的电子标签主要是无源的，对无源电子标签来说，交变电压从电感耦合中获得后，需要采用整流器把交变电压转换为直流，然后对电压进行滤波，以便给电子标签数据载体供电。在 RFID 系统中，电子标签向读写器的信息传输采用负载调制技术，负载调制技术主要有电阻负载调制和电容负载调制两种方式。

1. 电子标签的感应电压

当电子标签进入读写器产生的磁场区域后，电子标签的线圈上就会产生感应电压，当电子标签与读写器的距离足够近时，电子标签获得的能量可以使电子标签开始工作。

法拉第通过大量实验发现了电磁感应定律。在磁场中有一个任意闭合导体回路，当穿过回路的磁通量 Ψ 改变时，回路中将出现电流，表明回路中出现了感应电动势。法拉第总结出感应电动势与磁通量 Ψ 的关系

$$\varepsilon = -\frac{\mathrm{d}\Psi}{\mathrm{d}t}$$

也即当通过电子标签线圈的磁通随时间发生变化时，电子标签上感应有电压。电子标签线圈上感应电压的示意图如图 1-20 所示。

如果读写器线圈的圈数为 N_1，电子标签线圈的圈数为 N_2，线圈都为圆形，线圈的半径分别为 R_1 和 R_2，两个线圈圆心之间的距离为 d，两个线圈平行放置，电子标签线圈上感应的电压为

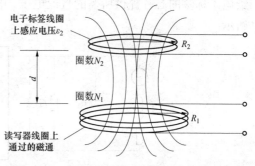

图 1-20　电子标签线圈上感应电压的示意图

$$\varepsilon_2 = -\frac{\mathrm{d}\Psi}{\mathrm{d}t} = -\frac{\mu_0 \pi N_1 N_2 R_1^2 R_2^2}{2(R_1^2 + d^2)^{3/2}} \frac{\mathrm{d}i_1}{\mathrm{d}t} = -M \frac{\mathrm{d}i_1}{\mathrm{d}t}$$

（1-43）

式（1–43）中的 M 即为式（1–6）中的互感。

由式（1–43）可以看出，电子标签上感应的电压与互感 M 成正比，即与两个线圈的结构、尺寸、相对位置和材料有关。由式（1–43）还可以看出，电子标签上感应的电压与两个线圈距离的 3 次方成反比，因此电子标签与读写器的距离越小，电子标签上耦合的电压越大，也就是说，在电感耦合工作方式中，电子标签必须靠近读写器才能工作。

2. 电子标签谐振回路的电压输出

电子标签射频前端采用并联谐振电路，其等效电路如图 1–21 所示，其中：ε_2 为线圈的感应电压；L_2 为线圈的电感；R_2 为线圈的损耗电阻；C_2 为谐振电容；R_L 为负载电阻。

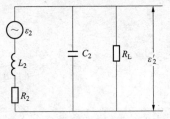

图 1–21 电子标签并联谐振的等效电路

图 1–21 中负载电阻上产生的电压为 ε_2'，当电压 ε_2' 达到一定值之后，通过整流电路可以产生电子标签芯片工作的直流电压。电压 ε_2' 的频率等于读写器 ε_1' 的工作频率，也等于电子标签电感 L_2 和电容 C_2 的谐振频率，所以有

$$\varepsilon_2' = \varepsilon_2 Q = -M \frac{\mathrm{d}i_1}{\mathrm{d}t} Q$$

其中

$$i_1 = I_{1m} \sin \omega t$$

于是得到

$$\varepsilon_2' = -2\pi f N_2 S Q B_Z \tag{1–44}$$

式中

$$S = \pi R_2^2$$

$$B_Z = \frac{\mu_0 N_1 R_1^2}{2(R_1^2 + d^2)^{3/2}} I_{1m} \cos \omega t$$

3. 电子标签的直流电压

电子标签通过与读写器电感耦合，产生交变电压，该交变电压通过整流、滤波和稳压后，给电子标签的芯片提供所需的直流电压。电子标签交变电压转换为直流电压的过程如图 1–22 所示。

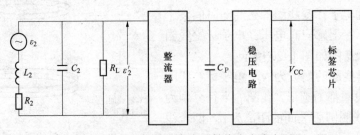

图 1–22 电子标签交变电压转换为直流电压

整流和滤波：电子标签可以采用全波整流电路，线圈耦合得到的交变电压通过整流后，再经过滤波电容 C_P 滤掉高频成分，可以获得直流电压。这时，滤波电容 C_P 又可以作为储能

元件。

稳压电路：由于电子标签与读写器的距离在不断变化，使得电子标签获得的交变电压也在不断变化，导致电子标签整流和滤波以后，直流电压不是很稳定，因此需要稳压电路。

1.6.6　反向散射耦合 RFID 系统

雷达技术为 RFID 的反向散射耦合方式提供了理论和应用基础。当电磁波遇到空间目标时，其能量的一部分被目标吸收，另一部分以不同的强度散射到各个方向。在散射的能量中，一小部分反射回发射天线，并被天线接收（因此发射天线也是接收天线），对接收信号进行放大和处理，即可获得目标的有关信息。反向散射耦合示意图和电磁关系如图 1–23 所示。

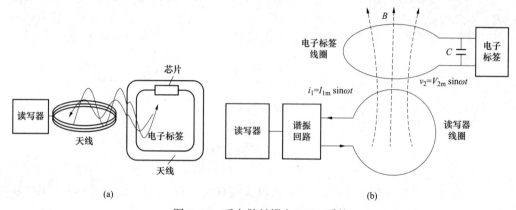

(a)　　　　　　　　　　　　　　　　　　　(b)

图 1–23　反向散射耦合 RFID 系统

（a）反向散射耦合示意图；（b）反向散射耦合关系图

1. RFID 反向散射耦合方式

一个目标反射电磁波的频率由反射横截面来确定。反射横截面的大小与一系列的参数有关，如目标的大小、形状和材料，电磁波的波长和极化方向等。由于目标的反射性能通常随频率的升高而增强，所以电磁反向散射耦合方式一般适用于高频、微波工作的远距离射频识别系统。典型的工作频率有 433MHz、915MHz、2.45GHz 和 5.8GHz，识别作用距离大于 1m，典型作用距离为 3~10m。

2. RFID 反向散射耦合方式原理

读写器、电子标签和天线构成一个收发通信系统。系统结构如图 1–24 所示。

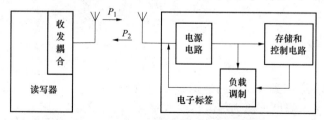

图 1–24　RFID 反向散射耦合方式原理框图

（1）电子标签的能量供给。无源电子标签的能量由读写器提供，读写器天线发射的功率 P_1 经自由空间衰减后到达电子标签，经电子标签中的整流电路后形成应答器的工作电压。

在 UHF 和 SHF 频率范围，有关电磁兼容的国际标准对读写器所能发射的最大功率有严格的限制，因此在有些应用中，电子标签采用完全无源方式会有一定困难。为解决电子标签的供电问题，可在电子标签上安装附加电池。为防止电池不必要的消耗，电子标签平时处于低功耗模式，当电子标签进入读写器的作用范围时，电子标签由获得的射频功率激活，进入工作状态。

在距离读写器 R 处的电子标签的功率密度为

$$S = \frac{P_{Tx} G_{Tx}}{4\pi R^2} - \frac{P_{EIR}}{4\pi R^2}$$

式中：P_{Tx} 为读写器的发射功率；G_{Tx} 为发射器的天线增益；R 为电子标签到读写器之间的距离；P_{EIR} 为天线发射功率。

在电子标签和发射天线最佳对准和正确极化时，电子标签可吸收的最大功率

$$P_{Tag} = A_e S = \frac{\lambda^2}{4\pi} G_{Tag} S = P_{EIR} G_{Tag} \left(\frac{\lambda}{4\pi R}\right)^2$$

式中：λ 为入射波波长；G_{Tag} 为电子标签的天线增益；S 为入射波的功率密度。

电子标签到读写器的能量传输

$$P_{Rx} = S_{Back} A_W = \frac{P_{Tx} G_{Tx} G_{Rx} \lambda^2 \sigma}{(4\pi)^3 R^4}$$

式中：S_{Back} 为返回读写器功率密度；A_W 为接收天线有效面积；P_{Tx} 为读写器的发射功率；G_{Tx} 为发射器天线增益。

（2）电子标签至读写器的数据传输。由读写器传到电子标签的功率的一部分被天线反射，反射功率 P_2 经自由空间后返回读写器，被读写器天线接收。接收信号经收发耦合电路传输到读写器的接收通道，被放大后经处理电路获得有用信息。

电子标签天线的反射性能受连接到天线的负载变化的影响，因此，可采用相同的负载调制方法实现反射的调制。其表现为反射功率 P_2 是振幅调制信号，它包含了存储在应答器中的识别数据信息。

（3）读写器至电子标签的数据传输。读写器至电子标签的命令及数据传输，应根据 RFID 的有关标准进行编码和调制，或者按所选用电子标签的要求进行设计。

1.7 RFID 数据信号的编码和调制

1.7.1 数据通信的基本概念

1. 数据

数据可定义为表意的实体，分为模拟数据和数字数据。模拟数据在某些时间间隔上取连续的值，例如，语音、温度、压力等。

数字数据取离散值，为人们所熟悉的例子是文本或字符串。在射频识别电子标签中存放的数据是数字数据。

2. 信号

模拟信号在时域表现为连续的变化，在频域其频谱是离散的。模拟信号用来表示模拟数

据。数字信号是一种电压脉冲序列，数据取离散值，通常可用信号的两个稳态电平来表示，一个表示二进制的"0"，另一个表示二进制的"1"。

3. 传输介质

传输介质是数据传输系统里发送器和接收器之间的物理通路。

4. 通信系统

由完成传递消息这一过程的全部设备和传输媒介所构成。

5. 信道

信号传输的通道。狭义信道仅指传输媒质。广义信道除传输媒质外，还包括有关的转换设备，如发送设备、接收设备、馈线与天线、调制器、解调器等。

按照信道中传输的是模拟信号还是数字信号，将通信系统分为模拟通信系统、数字通信系统。

6. 通信系统模型

对于 RFID 系统来说，读写器与 RFID 之间的通信主要包括三个主要功能模块：读写器中的数字信号（基带信号、信号编码、信号处理）和解调器（载波回路）、传输介质（信道）及 RFID（接收器）中的解调器（载波回路）和信号译码（信号处理）。通信系统模型如图 1-25 所示。

图 1-25　通信系统模型框图

7. 信道的容量

对在给定条件，给定通信路径或信道上的数据传输速率称为信道容量。则

$$数据传输速率 = 码元传输速率 \times \log_2 M$$

信道的最大容量 C 为

$$C = 2BW \log_2 M$$

带宽受限且有高斯白噪声干扰的信道最大容量

$$C = BW \log_2 (1 + S/N)$$

8. 数据编码（信源编码和信道编码）

信源编码是对信源信息进行加工处理，模拟数据要经过采样、量化和编码变换为数字数据，为降低所需要传输的数据量，在信源编码中还采用了数据压缩技术。

信道编码是将数字数据编码成适合于在数字信道上传输的数字信号，并具有所需的抵抗差错的能力，即通过相应的编码方法使接收端能具有检错或纠错能力。

9. 调制

调制是按照调制信号（基带信号）的变化规律去改变载波某些参数的过程。分为模拟调制和数字调制两种方式。

1.7.2　数字基带信号及其波形

在实际的基带传输系统中，不是所有的原始基带数字信号都能够在信道中传输。例如，原始基带信号含有丰富的直流和低频的成分、不便提取同步信息、易形成码间串扰。因此需要将信码信号变换为适应于信道传输特性的传输码，进行码型变换。

1. 数字基带信号的基本概念

数字基带信号可以来自计算机、电传机等终端数据的各种数字代码，也可以来自模拟信号经数字化处理后的脉冲编码（PCM）信号等，是未经载波信号调制而直接传输的信号，所占据的频谱从零频或很低频开始。

2. 几种数字基带信号的基本波形

（1）单极性波形。这是一种最简单的基带信号波形，用正电平和零电平分别表示对应二进制"1"和"0"，极性单一，易于用 TTL 和 CMOS 电路产生。缺点是有直流分量，要求传输线路具有直流传输能力，因而不适用有交流耦合的远距离传输，只适用于计算机内部或者极近距离的传输，信号波形图如图 1-26 所示。

（2）双极性波形。这种波形用正、负电平的脉冲分别表示二进制代码"1"和"0"，其正负电平的幅度相等、极性相反，当"1"和"0"等概率出现时无直流分量，有利于在信道中传输，并且在接收端恢复信号的判决电平为零，因而不受信道特性的变化的影响，抗干扰能力也较强，信号波形图如图 1-27 所示。

图 1-26　单极性波形　　　　　　　　图 1-27　双极性波形

（3）单极性归零波形。这种波形是指它的有电脉冲宽度 τ 小于码元 T_S，即信号电压在一个码元终止时刻前总要回到零电平，通常归零波使用半占空码，即占空比（τ/T_S）为 50%，从单极性波可以直接提取定时信息，是其他码型提取位同步信息时常采用的一种过渡波形。如图 1-28 所示。

（4）双极性归零波形。这种波形兼有双极性和归零波形的特点，由于其相邻脉冲之间存在零电位的间隔，使得接收端很容易识别出每个码元的起止时间，从而使收发双方能保持位的同步。波形如图 1-29 所示。

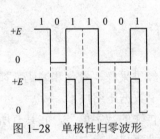

图 1-28　单极性归零波形

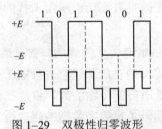

图 1-29　双极性归零波形

图 1-30　差分波形

（5）差分波形。这种波形是用相邻码元的电平的跳变和不变来表示消息代码，而与码元本身的点位或极性无关，电平跳变表示"1"，电平的不变表示"0"，当然这种规定也可以反过来，也称为相对码波形，而相应地称前面的单极性或双极性波形为绝对码波形，这种波形传输代码可以消除设备初始状态的影响。波形如图 1-30 所示。

（6）多电平波形。上述波形的电平取值只有两种，即一个二进制码对应一个脉冲，为了提高频带利用率，可以采用多电平波形或多值波形。其编码规则是，用多个二进制码表示一个脉冲。在波特率相同（传输带宽相同）的条件下，比特率提高了，因此多电平波形在频带受限的高速数据传输系统中得到了广泛的应用。

表示信息码元的单个脉冲的波形并非一定是矩形的，根据实际情况，还可以是高斯脉冲、升余弦脉冲等其他形式。

1.7.3　RFID 中常用的编码方式及编解码器

1. 曼彻斯特（Manchester）码

（1）曼彻斯特码的编码规则。曼彻斯特码是一种用跳变沿传输信息的编码。与用电平传输信息的二进制码相比，具有以下优点：① 波形在每一位元中间都有跳变，因此具有丰富的定时信息，便于接收端接收定时信息；② 曼彻斯特码在每一位中都有电平转变，传输时无直流分量，可降低系统的功耗。因此，曼彻斯特编码方式非常适用于 RFID 系统这种采用副载波的负载调制方式。

曼彻斯特（Manchester）码，用一个周期的正负对称方波表示"0"，而用其反相波形表示"1"，其编码规则如下。

1）"1"用"10"表示，"0"用"01"表示，如图 1-31 所示。

2）是一种双极性不归零波形，只有极性相反的两个电平。

3）每个码元中心都有电平跳变，含有丰富的定时信息，且没有直流分量，编码过程也简单。

4）缺点是占用带宽加宽，使频率利用率降低。

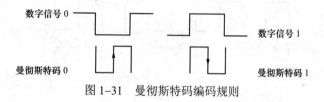

图 1-31　曼彻斯特码编码规则

（2）曼彻斯特码编码器设计。图 1-32 是不归零码 NRZ 和曼彻斯特码波形图比较。从图中看出编码方式，在曼彻斯特码中，1 码是前半（50%）位为高，后半（50%）位为低；0 码是前半（50%）位为低，后半（50%）位为高；NRZ 码和数据时钟进行异或便可得到曼彻斯特码，同样，曼彻斯特码与数据时钟异或后，便可得到数据的 NRZ 码。

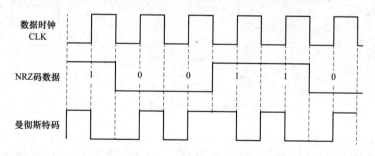

图 1-32　曼彻斯特码与 NRZ 码波形比较

虽然可以简单地采用 NRZ 码与数据时钟异或的方法来获得曼彻斯特码，但是简单的异或方法具有缺陷，如图 1-33 所示。由于上升沿和下降沿的不理想，在输出中会产生尖峰脉冲 P，因此需要改进；改进后的电路如图 1-34 所示，该电路的特点是采用了一个 D 触发器，从而消除了尖峰脉冲的影响。从图 1-34 可以看出，需要一个数据时钟的 2 倍频信号 2CLK。2CLK 可以从载波分频获得。

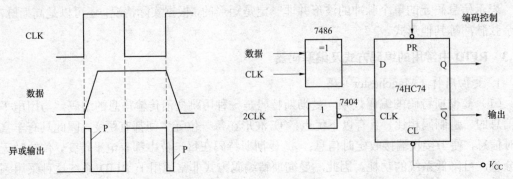

图 1-33　采用异或方法产生曼彻斯特码的缺陷　　　　图 1-34　改进编码器电路

曼彻斯特码编码器时序波形图如图 1-35 所示。起始位为 1，数据为 00 的时序波形如图 1-35 所示，D 触发器采用上升沿触发，由于 2CLK 被倒相，是其下降沿对 D 端采样，避开了可能会遇到的尖峰 P，所以消除了尖峰 P 的影响。

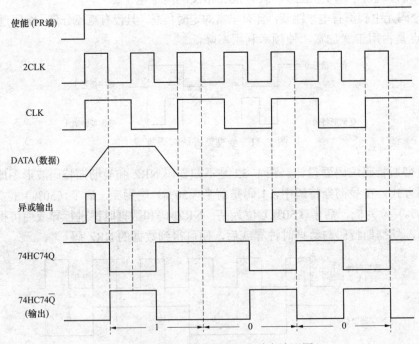

图 1-35　曼彻斯特码编码器时序波形图

（3）曼彻斯特解码器。曼彻斯特码与数据时钟异或便可恢复出 NRZ 码数据信号。曼彻斯特解码工作是读写器的任务，读写器中都有 MCU，其解码工作可由 MCU 的软件程序实现，在此引入起始位、信息位流、结束位：起始位采用 1 码、结束位采用无跳变低电平，信息位流的 1 用 NRZ 的 10 码，信息位流的 0 用 NRZ 的 01 表示。

需要说明的是，在电子标签和读写器里可以用软件实现曼彻斯特编解码功能。

（4）RFID 中曼彻斯特码处理过程分析。符合 ISO/IEC 15693 标准的 RFID 系统，其电子标签和读写器之间的载波频率为 13.56MHz。读写器通过脉冲位置编码的方式将数据发送到电子标签，而电子标签又通过曼彻斯特编码的方式将数据发送到读写器。

RFID 系统遵循"读写器先说"的原则，读写器发送请求信号给电子标签，电子标签的数字部分对请求信号进行相应的处理，并发出回复信息给读写器。

电子标签的数字部分框架如图 1–36 所示。PPM 解码模块接收模拟部分发送过来的信号，将脉冲位置编码方式的数据解码成电子标签数字部分可识别的二进制数据，并将此二进制数据发送到 CRC 校验模块和状态机模块。CRC 校验模块确认信号传输无误后，状态机对请求信号进行处理并发出回复信号给 CRC 编码模块产生 CRC 校验码，最后由曼彻斯特编码模块将回复信号以及 CRC 校验码一并以特定的脉冲形式发送给模拟部分进行处理。

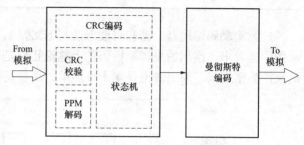

图 1–36　电子标签数字部分框架

为了防止信息受干扰或相互碰撞，防止对某些信号特性的蓄意改变，曼彻斯特编码要对标签回复的信息提供某种程度的保护。可见，曼彻斯特编码模块对整个数字部分起着非常重要的作用。如果编码不正确或者抗干扰能力不强，读写器无法接收到正确的回复信号，从而导致电子标签与读写器的通信失败。各个子模块的功能描述如下。

1）PPM 解码：对解调后的数据进行解码，得到从读写器发送过来的帧数据。

2）CRC 模块：对收到的数据进行 CRC 校验，出错时电子标签不做响应；在发送数据时用来产生 CRC 校验码。

3）状态机：控制整个电子标签系统的所有操作。对接收的指令和数据进行处理，控制电子标签的状态，根据指令要求对 EEPROM 进行读写。

4）曼彻斯特编码模块：对要发送的比特流进行曼彻斯特编码。

从 RF 模块过来的解调后的数据首先经过 PPM 解码，解码后得到帧数据，前两个字节是 Flag 和 CMD，存入相应的专用寄存器中，其他的数据在通用移位寄存器中进行存储，存储的同时把数据送到 CRC 模块进行校验。如果 CRC 错误，电子标签不做任何响应；没有发现错误的话电子标签读取帧数据来进行相应的操作。

电子标签要发送响应时，首先把要发送的数据写入通用移位寄存器，当计时器完成计时准许发送，数据串行进入数据发送模块，并同时送到 CRC 模块进行 CRC 计算，在数据发送模块为数据加上 SOF、CRC 和 EOF，最后通过对比特流进行曼彻斯特编码和第一次调制后，送入 RF 模块进行第二次调制和发送。

2. 密勒（Miller）码

（1）密勒码编码规则。密勒码也称延迟调制码，是一种变形双向码。其编码规则：对原始符号"1"码元起始不跃变，中心点出现跃变来表示，即用 10 或 01 表示。对原始符号"0"则分成单个"0"还是连续"0"予以不同处理；单个"0"时，保持 0 前的电平不变，即在码元边界处电平不跃变，在码元中间点电平也不跃变；对于连续"0"，则使连续两个"0"的边界处发生电平跃变。密勒码编码规则如表 1–1 所示。

表 1-1 密勒码编码规则

bit（*i*-1）	bit *i*	密勒码编码规则
×	1	bit *i* 的起始位置不变化，中间位置跳变密勒码编码规则
0	0	bit *i* 的起始位置跳变，中间位置不跳变
1	0	bit *i* 的起始位置不跳变，中间位置不跳变

（2）密勒码编码器。密勒码波形及与 NRZ 码、曼彻斯特码的波形关系如图 1-37 所示，从图中能看出，倒相的曼彻斯特码的上跳沿正好是密勒码波形中的跳变沿，因此由曼彻斯特码来产生密勒码，编码器电路就十分简单。用曼彻斯特码产生密勒码的电路如图 1-38 所示。

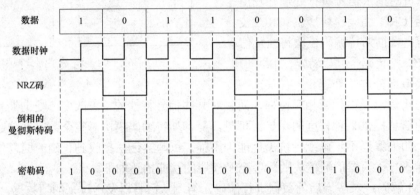

图 1-37 密勒码波形及与 NRZ 码、曼彻斯特码的波形关系

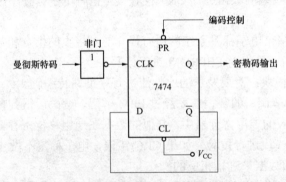

图 1-38 用曼彻斯特码产生密勒码的电路

密勒码的传输格式有三部分，第一部分是起始位为 1，第二部分是数据位流包括传送数据和它的校验码，第三部分是结束位为 0。

（3）用软件实现密勒码编码和解码。从密勒码的编码规则可以看出，NRZ 码可以转换为两位 NRZ 码表示的密勒码值，其转换关系如表 1-2 所示。

表 1-2 NRZ 码转换为两位 NRZ 码表示的密勒码值

密勒码	两位表示法的二进制数
1	10 或者 11
0	11 或者 00

密勒码的软件编程流程图如图 1-39 所示，在存储式电子标签中，可将数据的 NRZ 码转换为用两位 NRZ 码表示的密勒码，存放于存储器中，但存储器的容量需要增加一倍，数据时钟频率也需要提高一倍。

解码功能由读写器完成，读写器中都有 MCU，因此采用软件编码方法最为方便。软件解码时：首先应判断起始位，在读出电平由高到低的跳变沿时，便获取了起始位；然后对以 2 倍数据时钟频率读入的位值进行每两位一次转换，01 和 10 都转换为 1，00 和 11 都转换为 0。这样便获得了数据的 NRZ 码。还需要说明的是：密勒码的停止位的电位是随其前位的不同而不同的，既可以为 00，也可以为 11，因此在判别时为保证正确，应预知传输的位数或传输以字节为单位。此外，为保证起始位的一致，停止位后应有规定位数的间隙。

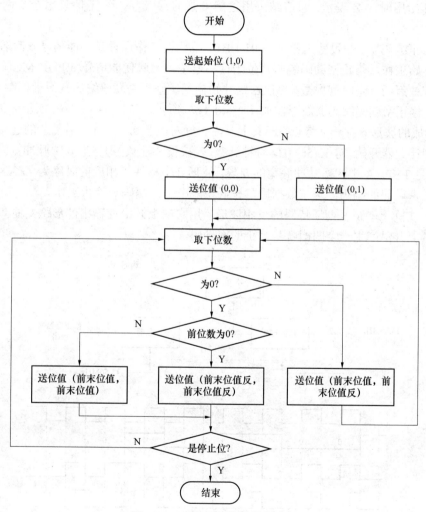

图 1-39　密勒码的软件编程流程

3. 修正密勒码

在 RFID 的 ISO/IEC 14443 标准（近耦合非接触式 IC 卡标准）中规定：载波频率为 13.56MHz；数据传输速率为 106kbps；在从读写器向应答器的数据传输中，ISO/IEC 14443 标准的 TYPE A 中采用修正密勒码方式对载波进行调制。

（1）修正密勒码编码规则。TYPE A 中定义如下三种时序：

1）时序 X。在 64/f_c 处，产生一个脉冲（凹槽）。

2）时序 Y。在整个位期间（128/f_c）不发生调制。

3）时序 Z。在位期间的开始产生一个脉冲。

在上述时序说明中，f_c 为载波频率 13.56MHz，脉冲的底宽为 0.5～3.0μs，90%幅值宽度不大于 4.5μs。这 3 种时序用于对帧编码，即修正的密勒码。

修正密勒码的编码规则如下：逻辑 1 为时序 X；逻辑 0 为时序 Y。

但下述两种情况除外：第一，若相邻有两个或更多的 0，则从第二个 0 开始采用时序 Z；第二，直接与起始位相连的所有 0，用时序 Z 表示。

通信开始用时序 Z 表示；通信结束用逻辑 0 加时序 Y 表示；无信息用至少两个时序 Y 表示。

（2）修正编码器。假设输出数据为 01 1010，编码器工作原理是使能信号 e 激活编码器电路，使其开始工作，修正密勒码编码器位于读写器中，因此使能信号 e 可由 MCU 产生，并保证在其有效后的一定时间内数据 NRZ 码开始输入。修正密勒码编码器原理框图如图 1-40（a）所示，修正密勒码编码器波形图如图 1-40（b）所示。从图 1-40（b）所示波形中，a 和 b 异或后形成的波形 c 有一个特点，即其上升沿正好对应于 X、Z 时序所需要的起始位置，用波形 c 控制计数器开始，对 13.56MHz 时钟计数，若按模 8 计数，则波形 d 中脉冲宽为 8/13.56=0.59μs，满足 TYPE A 中凹槽脉冲底宽的要求。波形 d 中标注了相应的时序为 ZZXXYXYZY，完成了修正密勒码的编码，送完数据后，拉低使能电平，编码器停止工作。

波形 c 实际上就是曼彻斯特码的反相波形。用它的上升沿使输出波形跳变便产生了密勒码，而用其上升沿产生一个凹槽就是修正的密勒码。

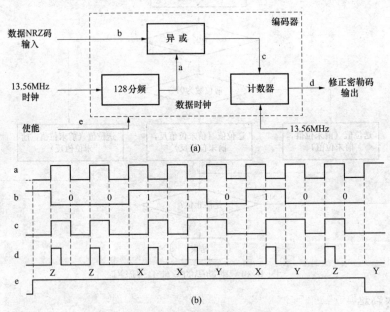

图 1-40　修正密勒码编码器和波形图

（a）修正密勒码编码器原理；（b）波形图示例

（3）修正密勒码解码器。由解码器得到的修正密勒码是应答器模拟电路解调以后得到的载波包络。由于载波受数据信号的调制，凹槽出现时没有 13.56MHz 载波，因此对电子标签中的 13.56MHz 载波要做相应的处理，以得到正常的 128 分频的数据时钟。修正密勒码解码器原理框图如图 1–41 所示。修正密勒码解码时序波形图如图 1–42 所示。

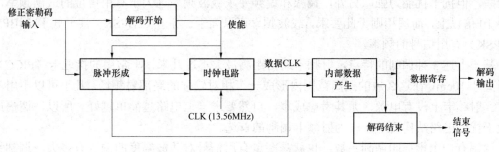

图 1–41　修正密勒码解码器原理框图

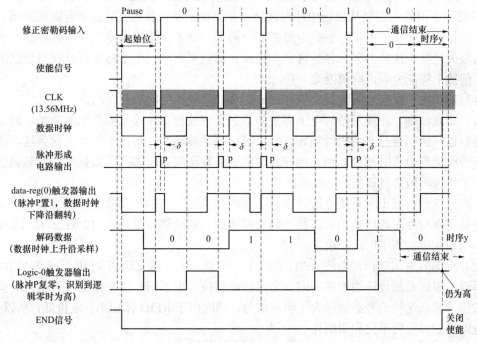

图 1–42　解码时序波形图示例

1.7.4　RFID 信号的调制

1. RFID 信号调制的作用和调制方式选择

读写器和电子标签（非接触卡）进行信息交流的方式是通过无线电传输。无线电传输很少有直接发送信号的，一般都是选定某一频率的载波，也就是正弦波，发送方把有用信号调制在载波上，接收方解调收到的信号，把载波去掉得到有用信号。无论电视、广播、手机通信还是射频卡，其基于无线电通信的原理都是一样的。

调制过程的本质是基带信号转化为适合传输的频带信号。频带是有限的资源，实现信号多路分用，提高信道利用率。增强抗干扰能力，实现带宽与信噪比之间的互换（损失带宽，提高信噪比）。

载波（正弦波）有三要素，幅值、频率和相位，相应的有用信号对载波的调制也有 3 种：调幅、调频和调相。调幅是改变载波的幅度记录有用信号，调频是改变载波的频率记录有用信号，调相是改变载波的相位记录有用信号。调幅电路简单，容易受干扰，调频和调相结构复杂些，但抗干扰能力强，另外，调幅和调频要求载波频率远大于有用信号的最高频率，通常要 10 倍以上，而调相则无此要求，载波频率可以高于、等于（2BPSK）甚至低于（4BPSK，16BPSK）有用信号的频率。

基于上述 3 种调制的特点，射频卡通信距离最大不过几米，平常用的接近卡（PICC）最大距离才 10cm，在这么短的距离范围内形成一个相对较强的局部射频场，几乎可以不用考虑干扰。射频卡上没有电源，尤其考虑成本，自然要求卡上电路越简单越好。所以，调幅虽然易受干扰但电路结构简单，成为射频卡调制的首选。

调幅有一个指标叫调制系数，也就是衡量有用信号对载波幅度的调制有多大。调制系数为 0，相当于没有调制，调制系数为 1，则相当于把载波的幅度调为 0，一般调制系数都在 0.1～0.9。显然由于射频卡需要从磁场中获得能量，如果调制系数接近 1，意味着磁场关闭了，时间短了还行，时间长了电子标签的电源必然会消失，电子标签的基本工作条件都没有了，但调制系数大，抗干扰能力强，容易解调。相反，调制系数小，电子标签可以获得稳定的能量供应，但抗干扰能力弱，解调困难一些。

读写器和电子标签之间数据交换方式分为负载调制和反向散射调制。

（1）负载调制。在读写器与电子标签的信息交流过程中，读写器产生射频场，向电子标签发送数据时调制自己产生的射频场。但电子标签是被动的，不仅不能产生射频场，还要从读写器的射频场中获取能量，那又如何通过调制射频场向读写器回送数据呢？射频识别技术中采用了一种叫做负载调制的方法。

近距离低频射频识别系统是通过准静态场的耦合来实现的。此状况下读写器和电子标签之间能量交换与变压器结构类似，称之为负载调制。这种调制方式在 125kHz 和 13.56MHz 射频识别系统中得到了广泛应用。

（2）反向散射调制。在微波 RFID 系统中，信息从读写器发送到 RFID，或从 RFID 发送到读写器，根据系统设计的原理不同，采用的调制技术也不同。读写器必须为 RFID 提供一种能量信号而且这种信号必须远大于噪声信号，同时由于 RFID 体积小，造价低，所以 RFID 上的电路必须尽量简单化和实用化。

而在典型的远场，如 915MHz 和 2.4GHz 射频识别系统中，读写器和电子标签之间的距离有几米，而载波波长仅有几到十几厘米。读写器和电子标签之间的能量传递方式为反向散射调制。

反向散射调制技术是指无源 RFID 电子标签将数据发送回读写器所采用的通信方式。电子标签返回数据的方式是控制天线的阻抗。控制电子标签天线阻抗的方法有多种，都是基于一种称为"阻抗开关"的方法。实际采用的几种阻抗开关有变容二极管、逻辑门、高速开关等。

2. RFID 系统的 ASK 调制

RFID 系统通常采用数字调制方式传送信息，用数字调制信号（包括数字基带信号和已调脉冲）对高频载波进行调制。已调脉冲包括 NRZ 码的 FSK、PSK 调制波和副载波调制信号，数字基带信号包括曼彻斯特码、密勒码、修正密勒码信号等，这些信号包含了要传送的信息。副载波调制是电子标签向读写器发送数据的方法。在通常的 RFID 通信中，读写器是主动方，产生射频场，把要发送给标签的数据直接调制在射频场载波上；而标签是被动方，不产生射频场，电子标签回送数据的时候把自己当作一个线圈，回送的数据用打开和关断线圈表示，根据电磁感应原理，磁场中闭合的线圈会减小磁场振幅，打开的线圈对磁场幅度没有影响。读写器感知到这种磁场幅度的变化，从而接收到电子标签回送的数据信息。开关线圈相当于在磁场中开关一个磁场的负载，这种调制方法就称为负载调制。

数字调制方式有幅移键控（ASK）、频移键控（FSK）和相移键控（PSK）。RFID 系统中采用较多的是 ASK 调制方式。

ASK 调制的时域波形如图 1–43 所示，但不同的是，图中的包络是周期脉冲波，而 ASK 调制的包络波形是数字基带信号和已调脉冲。

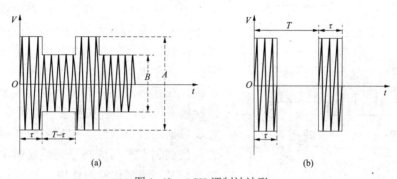

图 1–43 ASK 调制波波形

（a）脉冲调幅波形；（b）m_A=100%的脉冲调幅波波形

3. ASK 调制方式的实现

（1）副载波负载调制。首先用基带编码的数据信号调制低频率的副载波，可以选择幅移键控（ASK）、频移键控（FSK）或相移键控（PSK）调制作为副载波调制的方法。副载波的频率是通过对高频载波频率进行二进制分频产生的。然后用经过编码调制的副载波信号控制应答器线圈并接负载电阻的接通和断开，即采用经过编码调制的副载波进行负载调制，以双重调制方式传送编码信息。

使用这种传输方式可以降低误码率，减小干扰，但是硬件电路较负载调制系统复杂。在采用副载波进行负载调制时，需要经过多重调制，在读写器中，同样需要进行逐步多重解调，这样系统的调制解调模块过于繁琐，并且用于分频的数字芯片对接收到的信号的电压幅度和和频率范围要求苛刻，不易实现。

（2）负载调制。负载调制技术主要有电阻负载调制和电容负载调制两种方式。

1）电阻负载调制。电感耦合系统，本质上来说是一种互感耦合，即作为一次线圈的读写器和作为二次线圈的电子标签之间的耦合。如果电子标签的固有谐振频率与读写器的发送频率相符合，则处于读写器天线的交变磁场中的电子标签就能从磁场获得最大能量。

同时，与电子标签线圈并接的阻抗变化能通过互感作用对读写器线圈造成反作用，从而引起读写器线圈回路阻抗的变化，即接通或关断电子标签天线线圈处的负载电阻会引起阻抗的变化，从而造成读写器天线的电压变化，如图 1–44 所示。

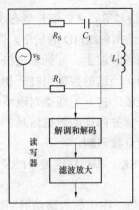
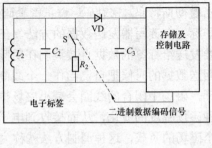

图 1-44　负载调制原理示意图

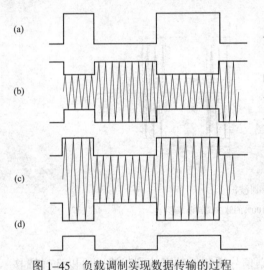

图 1-45　负载调制实现数据传输的过程

（a）二进制数据编码信号；（b）应答器线圈两端电压；
（c）读写器线圈两端电压；（d）读写器线圈两端电压解调

根据这一原理，在电子标签中以二进制编码信号控制开关 S，即通过编码数据控制电子标签线圈并接负载电阻的接通和断开，使这些数据以调幅的方式从电子标签传输到读写器，这就是负载调制。在读写器端，对读写器天线上的电压信号进行包络检波，并放大整形得到所需的逻辑电平，实现数据的解调回收。电感耦合式射频识别系统的负载调制有着与读写器天线高频电压的幅移键控（ASK）调制相似的效果，如图 1-45 所示。

负载调制方式称为电阻负载调制，其实质是一种幅移调制，调节接入电阻 R_2 的大小可改变调制度的大小。

电阻负载调制的原理电路如图 1-46 所示，开关 S 用于控制负载调制电阻 R_{mod} 的接入与否，开关 S 的通断由二进制数据编码信号控制。

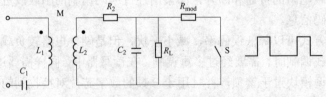

图 1-46　电阻负载调制的原理电路图

二进制数据编码信号用于控制开关 S。当二进制数据编码信号为 1 时，设开关 S 闭合，则此时电子标签负载电阻为 R_L 和 R_{mod} 并联；当二进制数据编码信号为 0 时，开关 S 断开，电子标签负载电阻为 R_L。所以在电阻负载调制时，电子标签的负载电阻值有两个对应值，即 R_L（S 断开时）和 R_L 与 R_{mod} 的并联值 $R_L//R_{mod}$（S 闭合时）。显然，$R_L//R_{mod}$ 小于 R_L。

图 1-46 的等效电路如图 1-47 所示。在一次等效电路路中，R_S 是源电压 $\dot{V}_1$ 的内阻，R_1 是电感线圈 L_1 的损耗电阻，R_{f1} 是二次回路的反射电阻，X_{f1} 是二次回路的反射电抗，$R_{11} = R_S + R_1$，$X_{11} = j[\omega L_1 - 1/(\omega C_1)]$。在二次等效电路中，$\dot{V}_2 = -j\omega M \dot{V}_1 / Z_{11}$，$R_2$ 是电感线圈 L_2 的损耗电阻，

R_{f2} 是一次回路的反射电阻，X_{f2} 是一次回路的反射电抗，R_L 是负载电阻，R_{mod} 是负载调制电阻，二次回路等效电路中的端电压为 $\dot{V}_{CD}$。

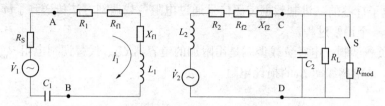

图 1-47　电阻负载调制时一、二次回路的等效电路

设一次回路处于谐振状态，则其反射电抗 $X_{f2} = 0$，故

$$\dot{V}_{CD} = \cfrac{\dot{V}_2}{(R_2 + R_{f2}) + j\omega L_2 + \cfrac{\cfrac{1}{j\omega C_2} \cdot R_{Lm}}{\cfrac{1}{j\omega C_2} + R_{Lm}}} \cdot \cfrac{\cfrac{R_{Lm}}{j\omega C_2}}{\cfrac{1}{j\omega C_2} + R_{Lm}}$$

$$= \cfrac{\dot{V}_2}{1 + [(R_2 + R_{12}) + j\omega L_2]\left(j\omega C_2 + \cfrac{1}{R_{Lm}}\right)} \qquad (1\text{-}45)$$

式中：R_{Lm} 为负载电阻 R_L 和负载调制电阻 R_{mod} 的并联值。由式（1-45）可知，当进行负载调制时，$R_{Lm} < R_L$，因此 $\dot{V}_{CD}$ 电压下降。在实际电路中，电压的变化反映为电感线圈 L_2 两端可测的电压变化。

该结果也可从物理概念上获得，即二次回路由于 R_{mod} 的接入，负载加重，Q 值降低，谐振回路两端电压下降。

一次回路等效电路中的端电压为 $\dot{V}_{AB}$，由二次回路的阻抗表达式

$$Z_{22} = R_2 + j\omega L_2 + \cfrac{1}{1/R_{Lm} + j\omega C_2} \qquad (1\text{-}46)$$

得知在负载调制时 Z_{22} 下降，因此根据式（1-46）可得反射阻抗 Z_{f1} 上升（在互感 M 不变的条件下）。若二次回路调整于谐振状态，其反射电抗 $X_{f1} = 0$，则表现为反射电阻 R_{f1} 的增加。

R_{f1} 不是一个电阻实体，它的变化体现为电感线圈 L_1 两端的电压变化，即图 1-47 所示等效电路中端电压 $\dot{V}_{AB}$ 的变化。在负载调制时，由于 R_{f1} 增大，所以 $\dot{V}_{AB}$ 增大，即电感线圈 L_1 两端的电压增大。由于 $X_{f1} = 0$，所以电感线圈两端电压的变化表现为幅度调制。

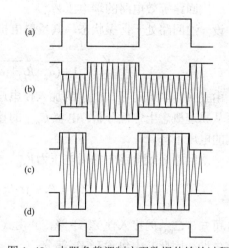

图 1-48　电阻负载调制实现数据传输的过程

（a）二进制数据编码信号；（b）电子标签线圈两端电压；

（c）读写器线圈两端电压；（d）读写器线圈两端电压解调

通过前面的分析，电阻负载调制数据信息传输的过程如图 1–48 所示。图中，a 是电子标签上控制开关 S 的二进制数据编码信号，d 是对读写器电感线圈上电压解调后的波形。由图 1–48 可见，电子标签的二进制数据编码信号通过电阻负载调制方法传送到了读写器，电阻负载调制过程是一个调幅过程。

2）电容负载调制。电容负载调制是用附加的电容器 C_{mod} 代替调制电阻 R_{mod}，如图 1–49 所示，图中 R_2 是电感线圈 L_2 的损耗电阻。

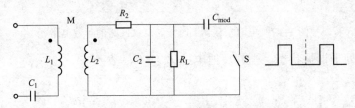

图 1–49 电容负载调制原理图

设互感 M 不变，下面分析 C_{mod} 接入的影响。电容负载调制和电阻负载调制的不同之处在于：R_{mod} 的接入不改变电子标签回路的谐振频率，因此读写器和电子标签回路在工作频率下都处于谐振状态；而 C_{mod} 接入后，电子标签（二次）回路失谐，其反射电抗也会引起读写器回路的失谐，因此情况比较复杂。和分析电阻负载调制类似，电容负载调制时一、二次回路的等效电路如图 1–50 所示。

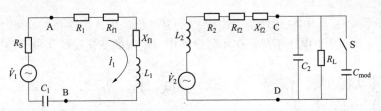

图 1–50 电容负载调制时一、二次回路的等效电路

二次回路等效电路的端电压 $\dot{V}_{CD}$。

设一次回路处于谐振状态，其反射电抗 $X_{f2} = 0$，故可得

$$\dot{V}_{CD} = \frac{\dot{V}_2}{1 + (R_2 + R_{f2} + j\omega L_2)[j\omega(C_2 + C_{mod}) + 1/R_L]} \tag{1–47}$$

由式（1–47）可见，C_{mod} 的加入使电压 $\dot{V}_{CD}$ 下降，即电感线圈两端可测得的电压下降。

从物理概念上定性分析：电容 C_{mod} 的接入使电子标签的谐振回路失谐，因而电感线圈 L_2 两端的电压下降。

一次回路等效电路中的端电压为 $\dot{V}_{AB}$，由二次回路的阻抗表达式

$$Z_{22} = R_2 + j\omega L_2 + \frac{1}{1/R_2 + j\omega(C_2 + C_{mod})} \tag{1–48}$$

可知，C_{mod} 的接入使 Z_{22} 下降，并由式（1–48）可得反射阻抗 Z_{f1} 上升。但此时由于二次回路失谐，因此其中包含有 X_{f1} 部分。

由于 Z_{f1} 上升，所以电感线圈 L_1 两端的电压增加，但此时电压不仅是幅度的变化，也存在着相位的变化。

电容负载调制时，数据信息的传输过程基本同图 1-48 所示，只是读写器线圈两端电压会产生相位调制的影响，但该相位调制只要能保持在很小的情况下，就不会对数据的正确传输产生影响。

要注意二次回路失谐的影响，前面讨论的基础是一、二次回路（读写器天线电路和电子标签天线电路）都调谐的情况。若二次回路失谐，则在电容负载调制时会产生如下影响：

（1）二次回路谐振频率高于一次回路谐振频率。此时，由于负载调制电容 C_{mod} 的接入，两谐振频率更接近。

（2）二次回路谐振频率低于一次回路谐振频率。由于 C_{mod} 的接入，两谐振回路的谐振频率偏差加大。因此在采用电容负载调制方式时，电子标签的天线电路谐振频率不应低于读写器天线电路的谐振频率。

4. ASK 调制信号的解调

（1）包络检波。大信号的检波过程，主要是利用二极管的单向导电特性和检波负载 RC 的充放电过程。利用电容两端电压不能突变只能充放电的特性来达到平滑脉冲电压的目的，如图 1-51 所示。

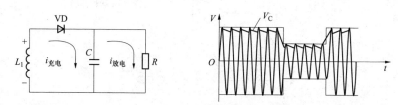

图 1-51　包络检波原理

为说明包络检波原理和实现方法，下面举例说明。若包络检波电路如图 1-52 所示，在高频信号正半周 VD 导通时，检波电流分三个流向：一是流向负载 R_7（4.7kΩ），产生的直流电压是二极管的反相偏压，对二极管相当于负反馈电压，可以改变检波特性的非线性；二是流向负载电容 C_{14}（103）充电；三是流向负载 R_8（10kΩ）作为输出信号。如忽略 VD 的压降则在电容上的电压等于 VD 输入端电压 U_2，当 U_2 达到最大的峰值后开始下降，此时电容 C_{14} 上的电压 U_c 也将由于放电而逐渐下降，当 $U_2 < U_c$ 时，二极管被反偏而截止，于是 U_c 向负载供电且电压继续下降，直到下一个正半周 $U_2 > U_c$ 时二极管再导通，再次循环下去。

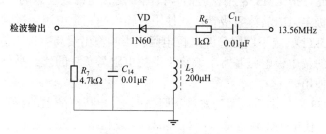

图 1-52　包络检波电路

因为包络检波电路会改变耦合线圈 L_2 的 Q 值，使谐振回路谐振状态发生变化，为了减小检波电路对谐振状态的影响，采用松耦合方式，即在耦合线圈和检波电路之间串联一个小电容 C_{11} 和一个电阻 R_6，使检波电路的阻抗远大于谐振线圈 L_2 的阻抗，从而使检波电路对谐振状态的影响减小。

检波电路是连续波串联式二极管大信号包络检波器。图中 R_7 为负载电阻，其阻值较大；C_{14} 为负载电容，它的取值应选取得在高频时，其阻抗远小于 R_7 的阻值，可视为短路，而在调制频率比较低时，其阻抗远大于 R_6，可视为开路。线圈 L_3 有存储电能的作用，能有效提高检波电路的输出信号电压。

（2）比较电路。经过包络检波以及放大后的信号存在少量的杂波干扰，而且电压太小，如果直接将检波后的信号送给单片机 2051 进行解码，单片机会因为无法识别而不能解码或解码错误。比较器主要是用来对输入波形进行整形，可以将正弦波或任意不规则的输入波形整形为方波输出。例如，比较电路由 LM358 组成，如图 1-53 所示。

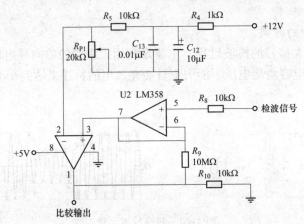

图 1-53 比较电路

LM358 类似于增益不可调的运算放大器，每个比较器有两个输入端和一个输出端。两个输入端一个称为同相输入端，用"+"表示，另一个称为反相输入端，用"-"表示。用作比较两个电压时，任意一个输入端加一个固定电压作参考电压（也称为门限电平，它可选择LM358 输入共模范围的任何一点），另一端加一个待比较的信号电压。当"+"端电压高于"-"端时，输出管截止，相当于输出端开路。当"-"端电压高于"+"端时，输出管饱和，相当于输出端接低电位。两个输入端电压差别大于 10mV 就能确保输出能从一种状态可靠地转换到另一种状态，因此，把 LM358 用在弱信号检测等场合是比较理想的。LM358 的输出端相当于一只不接集电极电阻的晶体三极管，在使用时输出端到正电源一般须接一只电阻（称为上拉电阻，选 3～15kΩ）。选不同阻值的上拉电阻会影响输出端高电位的值。因为当输出晶体三极管截止时，它的集电极电压基本上取决于上拉电阻与负载的值。另外，各比较器的输出端允许连接在一起使用。

信号送到 LM358 后先由电压跟随器进行阻抗匹配，电压跟随器的特点是输入阻抗小输出阻抗大，经过变换后使电压比较器输入阻抗匹配，完成包络的整形输出。然后进行电压比较，通过调整比较电平的电压值来得到二进制信号，大于比较电平值的电压判为高电平，用"1"表示；小于比较电平值的电压判为低电平，用"0"表示。

R_5（10kΩ）和 20kΩ 可变电阻 R_{P1} 给 LM358 的 2 脚比较端设定一个偏置电压，通过调整 20kΩ 的可变电阻来控制比较电平的高低，使 2 脚的比较电平比 3 脚的电平值低 0.5V 左右即可。经过比较后的信号由 1 脚输出到解码单片机 U3。

1.7.5　无线电频段和读写器射频分布

无线电频谱可划分为如下 12 个频段，见表 1–3。频率的单位是赫兹（Hz），还可以使用千赫（kHz）、兆赫（MHz）、吉赫（GHz）表示。

表 1–3　　　　　　　　　　　　　　无线电频段和波段命名

段号	频段名称	频率范围（含上限、不含下限）	波段名称	波长范围（含下限、不含上限）
1	极低频（ELF）	3～30Hz	极长波	100～10Mm
2	超低频（SLF）	30～300Hz	超长波	10～1Mm
3	特低频（ULF）	300～3000Hz	特长波	1000～100km
4	甚低频（VLF）	3～30kHz	甚长波	100～10km
5	低频（LF）	30～300kHz	长波	10～1km
6	中频（MF）	300～3000kHz	中波	1000～100m
7	高频（HF）	3～30MHz	短波	100～10m
8	甚高频（VHF）	30～300MHz	米波	10～1m
9	特高频（UHF）	300～3000MHz	分米波	10～1dm
10	超高频（SHF）	3～30GHz	厘米波	10～1cm
11	极高频（EHF）	30～300GHz	毫米波	10～1mm
12	至高频	300～3000GHz	丝米波	10～1dmm

射频是指该频率的载波功率能通过天线发射出去（反之亦然），以交变的电磁场形式在自由空间以光速传播，碰到不同介质时传播速率发生变化，也会发生电磁波反射、折射、绕射、穿透等，引起各种损耗。RFID 工作频段示意图如图 1–54 所示。

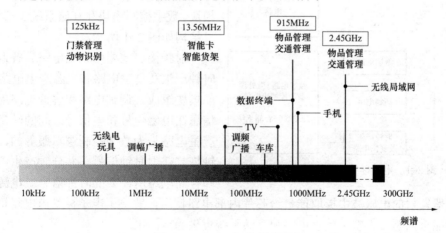

图 1–54　RFID 工作频段示意

射频识别所用的频率为小于 135kHz（LF）及 ISM 频率的 13.56MHz（HF），433MHz（UHF），869MHz（UHF），915MHz（UHF），2.45GHz（UHF），5.8GHz（SHF）。

第 2 章

RFID 的设备、中间件和碰撞

2.1 电子标签

电子标签与读写器之间通过电磁波进行通信，与其他通信系统一样，电子标签可以看作一个特殊的收发信机（Transceiver）。

2.1.1 电子标签的内部结构

电子标签由耦合元件和芯片组成，每个电子标签有唯一的电子编码，附着在物体上识别目标对象；通常电子标签由耦合元件以及 RFID 芯片组成，RFID 芯片主要由射频接口模块、数字控制模块和存储系统 3 部分组成，其结构如图 2-1 所示。

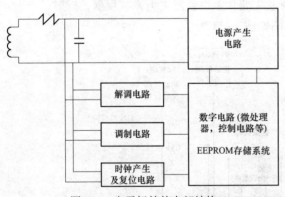

图 2-1　电子标签的内部结构

射频接口主要由调制电路、解调电路、时钟产生及复位电路和电源产生电路 4 个功能模块组成。调制电路和解调电路用于实现信息在电磁信号和电信号之间的转换；时序产生电路是为数字控制逻辑服务的，通过时钟恢复获得时钟信号，并分频产生调制电路和存储电路所需要的时钟信号。电源产生电路从读写器发射的电磁波中提取能量给芯片内部电路使用，解决了电子标签内电路正常工作所需要的能量问题，为整个数字电路和存储系统提供稳定的电压。

数字控制模块主要实现对读写器发出的信息进行解调、解码、校验、判断，并对解码后的指令进行相应的处理。它由收发控制模块（编解码子模块、CRC 子模块、移位寄存器等）、映射模块、状态机等模块组成。状态机是 RFID 芯片工作流程的控制中心；编解码子模块实现了对读写器发来的数据脉冲位置解码和对电子标签需要发送的数据的曼彻斯特编码；CRC 子模块保证了数据交换过程的完整性；映射模块实质上是一些特殊的数据通道，它将状态机、收发移位寄存器和存储器分别对应连接起来，实现数据和命令的分离。

RFID 可以分为两个部分，即标签芯片和标签天线。标签天线的功能是收集读写器发射到空间的电磁波，和将芯片本身发射的能量以电磁波的方式发射出去。标签芯片的功能是对标签接收的信号进行解调、解码等各种处理，并把 RFID 需要返回的信号进行编码、调制等各种处理。

2.1.2　电子标签的技术参数

RFID 射频标签附着在待识别物体上，在 RFID 系统中，这是一种损耗件。在目前各个厂家制造的 RFID 系统中，除了个别厂家之外，绝大多数厂家的产品都互不兼容。对于较大的应用系统而言，电子标签的成本决定着整个系统的建设成本。射频 RFID 由标签天线、芯片等采用特殊的封装工艺封装而成。根据射频标签的技术特征（见表 2-1），针对标签的技术参数有能量需求、读写速度、封装形式、内存、工作频率、传输速率和数据的安全性等。下面逐一介绍。

表 2-1　　　　　　　　　　　　射频识别系统的技术特征

技术特征	分　类	技术特征	分　类
工作方式	全双工系统/半双工系统/时序系统	能量供应	有源系统/无源系统（电池供电/射频场供电）
数据量	大于 1b/电子标签	频率范围	低频/中高频/超高频/微波
可否编程	读头/编程器	标签–读头数据传输方式	次谐波/反向散射（负载调制）/其他
数据载体	EEPROM/FRAM/SRAM	标签应答频率	n，$1/n$ 倍/1:1/多样化
状态模式	状态机/微处理器		

（1）标签的能量需求。标签的能量需求指激活标签芯片电路所需要的能量范围。在一定距离内的标签，激活能量太低就无法激活标签。

（2）标签的传输速率。标签的传输速率指的是标签向读写器反馈所携带的数据的传输速率及接收来自读写器的写入数据命令的速率。

（3）标签的读写速度。标签的读写速度由标签被读器识别和写入的时间决定，一般为毫秒级，因此携带 UHF 标签的物体运动速度可以达到 1～100m/s，即可以达到 360km/h 的速度。

（4）标签的工作频率。标签的工作频率指的是标签工作时采用的频率，即低频、中频、高频、超高频或微波等。

（5）标签的容量。标签的容量指的是射频标签携带的可供写入数据的内存量，一般可以达到 1KB（1024B）的数据量。

（6）标签的封装形式。标签的封装形式主要取决于标签天线的形状，不同的天线可以封装成不同的标签形式，运用在不同的场合，并且具有不同的识别性能。

2.2　RFID 标签天线

2.2.1　RFID 天线简介

天线具有将导行波与自由空间波相互转换的功能，它存在于一个由波束范围、立体弧度和立体角构成的三维世界中。无线发射机输出的射频信号功率，通过馈线输送到天线，由天线以电磁波形式辐射出去。电磁波到达接收地点后，由天线接收下来，并通过馈线送到无线电接收机。可见，天线是发射和接收电磁波的一个重要的无线电设备。

作为射频 RFID 的天线必须满足以下的性能要求：

（1）足够小以至于能够嵌入到本身就很小的 RFID 上。

（2）有全向或半球覆盖的方向性。

（3）提供最大可能的信号给标签的芯片，并给标签提供能量。

（4）无论标签处于什么方向，天线的极化都能与读写器的询问信号相匹配。

（5）具有鲁棒性。

（6）作为损耗件的一部分，天线的价格必须非常便宜。

因此，在选择天线的时候，必须考虑以下因素：

（1）天线的类型。

（2）天线的阻抗。

（3）在应用到 RFID 上时的射频性能。

（4）在有其他的物品围绕标签物品时的射频性能。

在实际应用中，标签的使用方式有两种，一种是标签移动，通过固定的读写器进行识别；一种是标签不动，通过手持机等移动的读写器来进行识别。

在一个 RFID 中，标签面积主要是由天线面积决定的。然而天线的物理尺寸受到工作频率电磁波波长的限制，如超高频（900MHz）的电磁波波长为 30cm，因此应该在设计时考虑到天线的尺寸，一般设计为 5～10cm 的小天线。

此外，考虑到天线的阻抗问题、辐射模式、局部结构、作用距离等因素的影响，为了以最大功率进行数据传输，天线后的芯片的输入阻抗必须和天线的输出阻抗相匹配。因此，在 RFID 中应该使用方向性天线，而不是全向天线，方向性天线具有更少的辐射模式和更少的返回损耗干扰。

2.2.2 RFID 天线的分类

RFID 天线主要有线圈型、微带贴片型和偶极子型三种。工作距离小于 1m 的近距离应用系统的 RFID 天线一般采用工艺简单、成本低的线圈型天线，工作在中、低频段。工作在 1m 以上远距离的应用系统需要采用微带贴片型或偶极子的 RFID 天线，工作在高频及微波频段。

1. 线圈型

某些应用要求 RFID 的线圈天线外形很小，且需要一定的工作距离，如动物识别。为了增大 RFID 与读写器之间的天线线圈互感量，通常在天线线圈内部插入具有高磁导率 μ 的铁氧体材料，来补偿线圈横截面小的问题。

2. 微带贴片天线

微带贴片天线是由贴在带有金属底板的介质基片上的辐射贴片导体构成的。微带贴片天线质量轻，体积小，剖面薄，其馈线方式和极化制式的多样化及馈电网络、有源电路集成一体化等特点成为了印刷天线的主流。微带贴片天线适用于通信方向变化不大的 RFID 应用系统中。

3. 偶极子天线

在远距离耦合的 RFID 系统中，最常用的为偶极子天线。信号从偶极子天线中间的两个端点馈入，在偶极子的两臂上产生一定的电流分布，从而在天线周围空间激发起电磁场。

偶极子天线分为 4 种类型，分别为半波偶极子天线、双线折叠偶极子天线、三线折叠偶极子天线和双偶极子天线，如图 2-2 所示。

在标签和读写器之间传递射频信号，控制数据的获取和通信，一般而言，天线都会和读写器整合在一起，可设计为手持式或固定式。以常见的交通卡为例，卡内嵌有一个电子标签，公交车上的读卡器内置了一个读写器和一根天线，其读写距离为 10cm 左右，属于低频产品，成本相对较低。

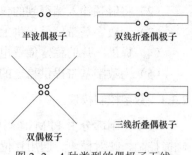

图 2-2　4 种类型的偶极子天线

2.3　RFID 芯片

2.3.1　RFID 芯片简介

标签芯片是 RFID 的核心部分，主要功能有标签信息存储、标签接收信号的处理和标签发射信号的处理。RFID 芯片按功能和结构特征可以分为射频、模拟前端，数字控制，存储单元三个模块，如图 2-3 所示。

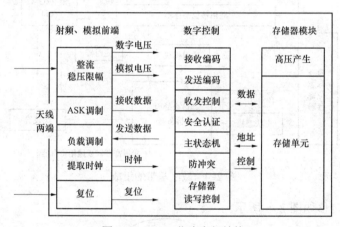

图 2-3　RFID 芯片内部结构

2.3.2　射频前端

RFID 芯片的射频前端除了提供读写器与 RFID 数字模块的传输接口之外，还提供数字电路的电源，其主要功能如下：

（1）把由标签天线端输入的射频信号整流为供标签工作的直流能量。

（2）对射频输入的 AM 调制信号进行包络检波，得到所需信号包络，供后级模拟端比较电路工作使用。

（3）射频前端模块还需将数字基带送来的返回信号对天线端进行调制反射。

2.3.3　模拟前端

RFID 芯片的模拟前端在射频前端和数字电路之间，包括稳压电路、偏置及时钟电路和包络信号迟滞比较电路。其主要功能如下：

（1）为芯片提供稳定的电压。

（2）将射频输入端得到的包络信号进行检波，得到数字基带所需的信号。

（3）为数字基带信号提供上电复位信号。

（4）提供芯片的稳定偏置电流。

（5）为数字基带提供稳定的时钟信号。

2.3.4　数字控制模块

数字控制部分由 PPM 译码模块、命令处理模块、CRC 模块、主状态机、编码模块、防碰撞控制、映射模块、通用移位寄存器、专用寄存器、EEPROM 接口组成，如图 2–4 所示。其主要功能是处理模拟解调后的数据，负责与 EEPROM 及与读写器的通信。

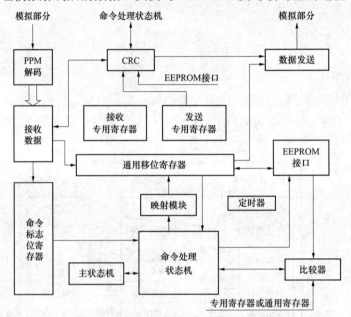

图 2–4　数字基带的组成

RFID 的状态转移如图 2–5 所示。

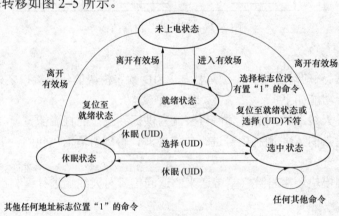

图 2–5　标签的状态转移图

（1）未上电状态：当电子标签不能从读写器处获得足够的能量来使它复位进入就绪状态时的状态。

（2）就绪状态：电子标签从读写器处获得足够的能量使它提取足够的电源并复位后进入的状态，可以相应选择标志置"0"的请求。

（3）休眠状态：电子标签处于该状态时，除了询问标志置"1"的请求外，能够响应其他任何地址标志置"1"的请求。

（4）选中状态：处于该状态时，电子标签可以响应选择标志置"1"的请求、非地址模式的请求和使用地址模式并且唯一序列号相符的请求。

2.4　读写器简介

RFID读写器通过天线与RFID电子标签进行无线通信，可以实现对标签识别码和内存数据的读出或写入操作，它在系统中的位置如图2-6所示。典型的读写器包含有高频模块（发送器和接收器）、控制单元以及读写器天线。

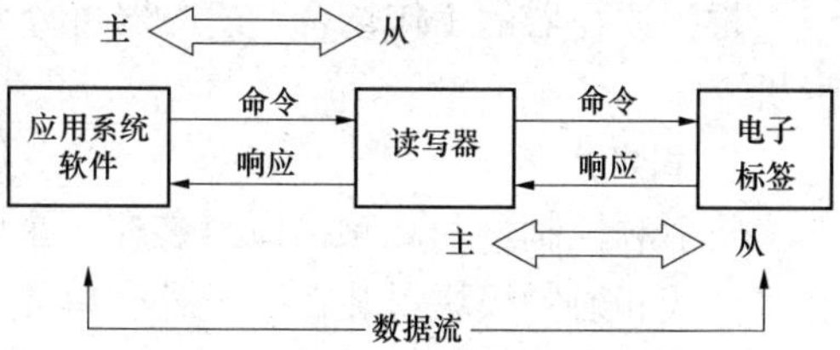

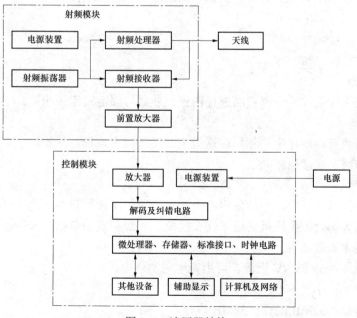

图 2-6　读写器在系统中的位置

2.4.1　读写器的主要功能

读写器的主要功能如下：

（1）读写器与RFID之间的通信功能。

（2）读写器与计算机之间的通信功能。

（3）对读写器与RFID之间要传送的数据进行编码、解码。

（4）对读写器与RFID之间要传送的数据进行加密、解密。

读写器的基本任务是触发作为数据载体的RFID，与RFID建立通信并且在应用软件和一个非接触的数据载体之间传输数据。这种非接触通信的一系列任务包括通信的建立、防止碰撞和身份验证，都是由读写器来完成的，读写器的结构见图2-7。

图 2-7　读写器结构

读写器的控制模块的功能包括：与应用系统软件进行通信，并执行应用系统软件发来的命令；控制与电子标签的通信过程；信号的编解码；为精简电子标签芯片控制电路设计还可以执行防冲突算法；对电子标签与读写器间要传送的数据进行加密和解密，以及进行电子标签和读写器间的身份验证等附加功能。高频模块主要通过无线射频自动捕获电子标签中的数据，完成收发信号的调制与解调。

2.4.2　读写器的分类

根据天线和读写器模块是否分离，读写器可分为分离式读写器和集成式读写器。典型的分离式读写器有固定式读头；典型的集成式读写器有手持机。

根据读写器的工作场合，读写器可分为固定式读头、OEM 模块、工业读头、手持机和发卡机。

1. 固定式读头

将射频控制器和高频接口封装在一个固定的外壳中，完全集成射频识别的功能。有时也有将天线和射频模块封装在一个外壳单元中，构成集成式读头或一体化读头。固定式读写器又分为固定式读头、OEM 模块和工业读头。

（1）固定式读头：有读头接口和电源接口、安装托架及工作灯、指示灯等。其典型的技术参数有供电电压：12V DC（通过 220V AC/110V AC 转换）、220V 及 110V 交流。

（2）天线：分离单天线或双天线、集成天线。

（3）天线连接：BNC（用于同轴电缆的连接器）、SMA（半硬半柔电缆连接器）、高频接口、螺丝旋接或焊点连接。

（4）通信接口：RS–232、RS–485 接口、RJ45 以太网口、无线 WLAN 等。

（5）数据接口：多针圆形、同轴电缆等。

（6）电源接口：三针圆形（交流）同心插口（直流）。

（7）通信协议：X–ON/X–OFF、3964、SCIII、IP–X、Wiegand 等。

（8）工作温度：–30～+70℃。

（9）存储温度：–55～+85℃。

（10）环境湿度：5%～95%。

2. OEM 模块

将读头模块作为单独的完整产品进行销售。参数与固定式读头相同。

3. 工业读头

在矿井、畜牧等自动化生产领域，这类工业读头具有现场总线接口，容易集成到现有的设备中。参数与固定式读头相同。

4. 手持机

便携式读头。适合于用户手持使用的一类射频 RFID 读写设备。用于动物识别、巡检、付款扫描、测试等场合。手持机集成了读头模块、天线和掌上电脑，来执行对标签的识别。

手持机的技术参数如下。

（1）供电电压：6V 或 9V 直流，可用充电电池供电。

（2）输出功率：小于 500mW。

（3）数据存储：32MB 闪存；32MB 内存。

（4）天线：内置天线，或有探针探测器。

（5）通信接口：可选 RS–232、802.11 等。

（6）工作温度：–20～+50℃。

（7）存储温度：–55～+85℃。

（8）环境湿度：5%～95%。

5. 发卡器（Card Issuer，Registration Reader）

对射频卡进行具体的操作，如建立档案、消费纠错、挂失、补卡、信息纠正等。为一小型的射频卡读写装置，常与发卡管理软件结合使用。具有发射功率小、读写距离短的特点。

2.4.3 读写器的接口和读写器的指令

读写器除采集阅读区域内标签的数据外，还需要将采集到的数据上传至后端服务器。读写器还需要外接电源提供读写器的工作能量，读写器的外部接口如图 2–8 所示。

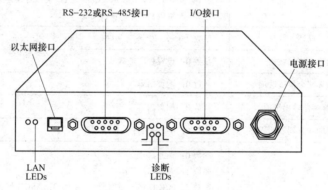

图 2–8 读写器的外部接口

不同公司生产的读写器其指令结构一般不同。本节以 iPico 公司的读写器为例，介绍读写器的指令集。表 2–2 是 iPico 公司的读写器的部分指令集。

表 2–2　　　　　　　　　　　iPico 公司的读写器的部分指令集

指令位	描　　述	参数（0～n）
0X01	设置日期/时间	参数 0～6：年，月，日，dw，小时，分，秒 dw=星期几（0～6）
0X02	获得日期/时间	参数（0～6）：年，月，日，dw，小时，分，秒，ds dw=星期几（0～6）参数 7：配置字
0X03	设置配置字 1	参数 0：配置字
0X04	设置读写器 ID	参数 0：ID 号
0X05	设置射频通信配置	参数 0：设置频率和工作模式
0X06	收发 开/关	参数 0：设置收发状态，0 表示关，1 表示开
0X07	蜂鸣器输出	参数 0：设置循环冗余检验计算的种子 CRC 高位；参数 1：CRC 低位
0X09	设置配置字 3	参数 0：设置输出信息模式
指令位	描述	参数（0～n）

指令位	描　述	参数（0~n）
0X0a	获得状态	无命令字参数 返回数据： 参数 0：固定版本 参数 1：读写器 ID 参数 2：第 1 配置字 参数 3：循环冗余检验计数 参数 4：加电次数 参数 5：解码器 1 固定版本；参数 6：解码器 Q 固定版本 参数 7：第 2 配置字 参数 8：韦根输出配置字；参数 9：测试韦根所用数据 参数 10：第 3 配置字
0X0b	自检	无命令字参数 返回参数： 位 0：实时时钟，0 表示失败；位 1：实时时钟存储区，0 表示失败 位 2：配置效验和，0 表示失败
指令位	描述	参数（0~n）
0X0c	初始化程序加载器	参数 0：设置程序加载状态
0X0d	配置循环冗余检验选项	参数 0：配置内容
0X0e	配置蜂鸣器输出选项	参数 0：配置内容
0X10	引导从属的（解码器）程序	参数 0：0=I 路程序，1=Q 程序
0X11	设置标签 ID 信息格式	参数 0：信息选项 参数 1：发送 ID 字节 参数 2：ASCII 格式首字节 1；参数 3：ASCII 格式首字节 2；参数 4：二进制格式首字节 1；参数 5：二进制格式首字节 2 参数 6：尾字节 1 参数 7：尾字节 2
0X12	设置标签配置	参数 0 位 7~3：保留 位 2~0：标签波特率 0　　　　32kbps 1　　　　64kbps 2　　　　128kbps
指令位	描述	参数（0~n）
0X13	设置"护理"标签	参数 0~7："护理"标签 ID
0X14	获取"护理"标签	返回 0~7："护理"标签 ID
0X15	设置 X4 命令/数据	参数 0：0 表示命令，1 表示数据 参数 1~8：命令或数据内容
0X16	传输 X4 命令（加数据）	无
0X17	设置 X4 传送速率	参数 0：波特率配置
0X18	重置工厂默认值	无

续表

指令位	描　述	参数（0～n）
0X19	配置 I/O 引脚	参数 0： 位 0：Input 1 是发送开关 位 1：Input 1 是低电平有效 位 2：Output1 是发送状态 位 3：Output1 是韦根 D1 位 4：Output1 是低电平有效 位 5：Output2 是蜂鸣器 1 位 6：Output2 是韦根 D0 位 7：Output 低电平有效 参数 1： 位 0：Output3 是"工作正常" 位 1：Output3 是有效标签 位 2：Output3 低电平有效 位 3：保留 位 4：输入从高到低变化时发送信息 位 5：输入从低到高变化时发送信息 位 6：保留 位 7：保留
指令位	描述	参数（0～n）
0X1a	获取 I/O 状态	返回参数 0： 位 0：Input1 的状态值 位 1：收发状态
0X1b	获取 I/O 设置	返回参数： 参数 0～1：I/O 配置中的参数
0X1c	设置 Ooutput1	参数 0：设置输出状态
0X80	发送最后 I²C 读取的内容：返回操作的地址、状态和数据（供调试用）	缓冲器起始地址偏移量
0X81	发送一个 I²C 信息；读写信息可在 I²C 总线上传输（供调试用）	参数 0：–I²C 地址 参数 1：1 表示读，0 表示写；参数 2：读/写的字节数；参数 3：写操作的数据

2.4.4　读写器的组成

1. 读写器基本组成

读写器的主机主要由两大基本功能模块组成，即基带控制模块和高频接口模块。基带控制模块通常采用 ASIC 组件和微处理器实现其功能；高频接口模块主要由发送器和接收器两部分组成，如图 2-9 所示。

2. 高频接口部分

高频接口模块也称射频模块，其主要功能如下：

（1）产生高频发射能量，激活射频 RFID 并为其提供能量。

（2）对发射信号进行调制，用于将数据传输给射频 RFID。

（3）接收并调制来自射频 RFID 的射频信号。

在高频接口模块中有两个分隔开的信号通道，分别用于接收和发送射频 RFID 两个方向的数据。

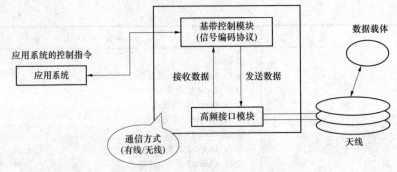

图 2-9　读写器的基本组成

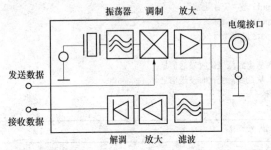

图 2-10　电感耦合型 RFID 系统读写器的高频接口部分

下面分别介绍电感耦合型和电磁反向散射耦合型 RFID 系统的高频接口模块。

（1）电感耦合型 RFID 系统的高频接口模块，如图 2-10 所示。

电感耦合型 RFID 系统的高频接口模块也分为接收部分和发送部分，接收部分将接收的信号滤波、放大、解调出需要的数据输出。发送部分将要发送的数据进行调制和放大然后输出。

（2）电磁散射型 RFID 系统的高频接口模块。该系统的工作模式为全双工模式，当读写器的接收电路准备接收标签返回的微弱信号时，发射电路同时也在维持一个大功率的无调制载波，以供给标签能量和反射调制用的载体。因此，在 RFID 读写器天线上始终存在着一个强载波信号和一个弱标签返回信号，而且两者完全同频，无法通过滤波器方法抑制发射和接收通道之间的相互干扰。

为了将读写器发射的强载波信号与读写器接收到的标签反射微弱信号分开，一般采用定向耦合器、双工器或环形器来实现。

发射电路包括数模转换器（DAC）、混频器（Mixer）、可变增益放大器（VGA）、RF 滤波器（Filter）、功分器（Power Splitter）、衰减器（Attenuator）和 RF 功放（PA）。

发射电路的工作过程如下：

（1）读写器通过锁相环控制压控振荡器，产生载波频率（860M～960MHz），并将其送至功分器。

（2）功分器将发射信号分为两路，一路经衰减器送到混频器，另一路送往接收电路作为接收信号混频时的本振源（LO）。

（3）混频器将载波信号和读写器的基带信号混合成调制信号，经过可变增益放大器和 RF 滤波器后，送至功率放大器。

（4）读写器根据需要通过可变增益放大器调节发射信号的增益，发射信号经过 RF 功率放大器后经环形器送至读写器天线并发射出去，发射部分原理图见图 2-11。

接收电路的工作过程如下：

（1）标签返回的微弱信号经读写器天线进入环形器后，与读写器发射的连续载波信号相分离，经过 RF 滤波器滤波后，进入接收功分器，分成两路接收信号。

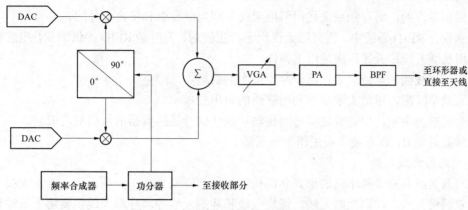

图 2-11　超高频读写器的发射部分原理图

（2）发射通道上的无调制连续载波信号由发射功分器分为两路后，作为接收电路本振的连续载波信号产生两路参考信号，其中一路参考信号与另一路参考信号有 90° 的相移。

（3）两路本振参考信号与两路接收信号经混频器后，形成 I/Q 两路基带信号，再分别经过两路运放和低通滤波器后，两路 I/Q 基带信号返回到读写器信号处理部分进行处理。接收部分原理图见图 2-12。

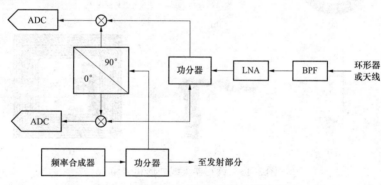

图 2-12　超频读写器的接收部分原理图

3. 基带控制模块

基带控制模块也称读写模块。其功能如下：

（1）与应用系统软件进行通信，并执行从应用系统软件发来的动作指令。

（2）控制与 RFID 的通信过程。

（3）信号的编码、解码。

（4）执行防碰撞算法。

（5）对读写器和 RFID 之间传送的数据进行加密和解密。

（6）进行读写器和 RFID 之间的身份验证。

在大多数情况下，控制器和微处理器作为其核心部件并配合数字信号处理芯片来完成其主要功能。

2.4.5　读写器天线

1. 读写器天线简介

RFID 系统至少包含一根天线来发射和接收 RF 信号。有些 RFID 系统是由一根天线同时完成发射和接收的，而有些系统是由两根天线分别完成发射和接收信号的。

电感耦合 RFID 系统中，读写器天线用于产生磁通，为射频 RFID 提供能量。电感耦合型一般使用线圈天线，天线需满足以下条件：

（1）天线线圈的电流最大，用于产生最大的磁通。

（2）功率匹配，以最大限度地利用磁通的可用能量。

（3）足够的带宽，保证载波信号的传输，这些信号是用数据信号调制而成的。

电磁散射型 RFID 系统一般采用平板天线。

2. 读写器天线结构

读写器天线具有多种不同的形式和结构，如环形绕制天线，阵列天线、八木天线、偶极天线、双偶极天线、印刷线圈天线、螺旋天线和环形天线等。环形天线主要用于低频和中频的 RFID 系统中，平板天线、阵列天线主要用于 433MHz、915MHz 和 2.45GHz 的 RFID 系统中，读写器天线外形和结构见图 2-13。

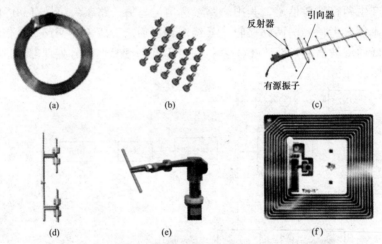

图 2-13　读写器天线外形和结构

（a）环形绕制天线；　（b）阵列天线；　（c）8 元八木天线；　（d）双偶极天线；　（e）偶极天线；　（f）印刷线圈天线

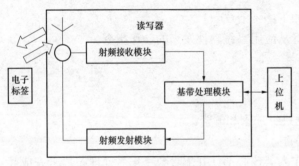

图 2-14　读写器天线的连接

3. 读写器天线的连接

天线的连接方法如下（见图 2-14）。

（1）电流匹配进行连接：对于 135kHz 以下的低频读写器，将天线线圈直接连接到功率输出级。

（2）采用同轴电缆进行连接：对于高频或部分低频读写器（1MHz 以上的频率或 135kHz 频率范围内较长的导线），采用同轴电缆进行连接。

微波系统的天线：微波系统的天线是基于带状线技术的天线，即采用光刻技术的平面天线，制造难度低，可复制性强。辐射器的基本元件是由直角微带导线组成的，可以采用不同的方式将辐射器元件组合在一起以得到不同的方向和极化效果。

2.5　RFID 系统中的中间件

2.5.1　中间件概述

RFID 中间件就是在企业应用系统和 RFID 信息采集系统间数据流入和数据流出的软件，是连接 RFID 信息采集系统和企业应用系统的纽带，使企业用户能够将采集的 RFID 数据应用到业务处理中。RFID 中间件扮演 RFID 标签和应用程序之间的中介角色，这样一来，即使存储 RFID 标签信息的数据库软件或后端发生变化，如应用程序增加、改由其他软件取代或者读写 RFID 读写器种类增加等情况发生时，应用端不需修改也能处理，省去多对多连接的维护复杂性问题。

中间件是在一个分布式系统环境中处于操作系统和应用程序之间的软件。中间件作为一大类系统软件，与操作系统、数据库系统并称"三套车"，其重要性不言而喻。基本的 RFID 系统一般由三部分组成：电子标签、读写器以及应用支撑软件。中间件是应用支撑软件的一个重要组成部分，是衔接硬件设备如标签、读写器和企业应用软件如企业资源规划（ERP，Enterprise Resources Planning）、客户关系管理（CRM，Customer Relationship Management）等的桥梁。中间件的主要任务是对读写器传来的与标签相关的数据进行过滤、汇总、计算、分组，减少从读写器传往企业应用的大量原始数据、生成加入了语意解释的事件数据。可以说，中间件是 RFID 系统的"神经中枢"。

为了解决如何将这些系统集成起来，人们提出了中间件（Middleware）的概念。所谓中间件就是介于应用系统和系统软件之间的一类软件，它使用系统软件提供的基础服务（功能），衔接网络上应用系统的各个部分或不同的应用，以达到资源共享、功能共享的目的。即中间件是一种独立的系统软件或服务程序，分布式应用软件借助这种软件在不同的技术之间共享资源。中间件位于客户服务器的操作系统上，管理计算资源和网络通信。

1. 中间件的工作机制

RFID 中间件是一种面向消息的中间件（Message–Oriented Middleware，MOM），信息（Information）是以消息（Message）的形式，从一个程序传送到另一个或多个程序。信息可以以异步（Asynch ronous）的方式传送，所以传送者不必等待回应。面向消息的中间件包含的功能不仅是传递（Passing）信息，还必须包括解译数据、安全性、数据广播、错误恢复、定位网络资源、找出符合成本的路径、消息与要求的优先次序以及延伸的除错工具等服务。

RFID 中间件位于 RFID 系统和应用系统之间，负责 RFID 系统和应用系统之间的数据传递。解决 RFID 数据的可靠性、安全性及数据格式转换的问题。RFID 中间件和 RFID 系统之间的连接采用 RFID 系统提供的 API（应用程序接口）来实现。RFID 卡中数据经过读写器读取后，经过 API 程序传送给 RFID 中间件。RFID 中间件对数据处理后，通过标准的接口和服务对外进行数据发布。

从理论上讲，在客户端上的应用程序需要从网络中的某个地方获取一定的数据或服务，这些数据或服务可能处于一个运行着不同操作系统的特定查询语言数据库的服务器中。客户/服务器应用程序负责寻找数据的部分只需要访问一个中间件系统，由中间件来完成到网络中找到数据源或服务，进而传递客户请求，重组答复消息，最后将结果送回应用程序。

从实现角度讲，中间件是一个用 API 定义的软件层，是一个具有强大通信能力和良好可扩展性的分布式软件管理框架。

2. 中间件的特征和特点

一般来说，RFID 中间件具有下列特征。

（1）独立于架构（Insulation Infrastructure）。RFID 中间件独立并介于 RFID 读写器与后端应用程序之间。并且能够与多个 RFID 读写器以及多个后端应用程序连接，以减轻架构与维护的复杂性。

（2）数据流（Data Flow）。RFID 的主要目的在于将实体对象转换为信息环境下的虚拟对象，因此数据处理是 RFID 最重要的功能。RFID 中间件具有数据的搜集、过滤、整合与传递等特性，以便将正确的对象信息传到企业后端的应用系统。

（3）处理流（Process Flow）。RFID 中间件采用程序逻辑及存储再转送（Store-and-Forward）的功能来提供顺序的消息流，具有数据流设计与管理的能力。

（4）标准（Standard）。RFID 是自动数据采样技术与辨识实体对象的应用。EPCglobal（全球物品编码中心）目前正在研究为各种产品的全球唯一识别号码提出通用标准，即 EPC（产品电子编码）。EPC 是在供应链系统中，以一串数字来识别一项特定的商品，通过无线射频辨识标签由 RFID 读写器读入后，传送到计算机或是应用系统中的过程称为对象命名服务（Object Name Service，ONS）。对象命名服务系统会锁定计算机网络中的固定点抓取有关商品的消息。EPC 存放在 RFID 标签中，被 RFID 读写器读出后，即可提供追踪 EPC 所代表的物品名称及相关信息，并立即识别及分享供应链中的物品数据，有效地提高信息透明度。

RFID 中间件具有下列的特点：

（1）标准的协议和接口，可实现不同硬件和操作系统平台上的数据共享和应用互操作。

（2）分布计算，提供网络、硬件、操作系统透明性。

（3）满足大量应用的需要。

（4）能运行于多种硬件和操作系统平台上。

2.5.2　中间件的分类

中间件屏蔽了底层操作系统的复杂性，减少了程序设计的环节，使得应用系统的开发周期缩短，减少了系统维护、运行和管理的工作量。中间件作为新层次的基础软件，在不同时期、不同操作系统上开发的应用软件集成起来，协调整个系统工作，这是任何操作系统、数据库管理软件所不能做到的。根据中间件在系统中所起的作用和采用的技术不同，中间件分为以下类型：

（1）数据访问中间件（Data Access Middleware）。是在系统中建立数据应用资源互操作的模式，实现异构环境下的数据库联结或文件系统联结的中间件。从而为在网络中虚拟缓冲存取、格式转换、解压带来便利。该中间件应用最为广泛，技术最为成熟，典型代表为 ODBC。数据库是该类中间件的信息存储的核心单元，中间件仅完成通信的功能。

（2）远程过程调用中间件（RPC）。RPC 的灵活性使得比数据访问中间件有更广泛的应用。

（3）面向消息的中间件（MOM）。利用高效可靠的消息传递机制进行平台无关的数据交流，并基于数据通信进行分布式系统的集成。通过提供消息传递和消息排队模型，

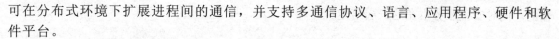

可在分布式环境下扩展进程间的通信，并支持多通信协议、语言、应用程序、硬件和软件平台。

（4）面向对象的中间件（OOM）。是对象技术和分布式计算发展的产物，它提供一种通信机制，透明的在异构的分布式计算环境中传递对象请求，而这些对象可以位于本地或远程机器。

（5）事物处理中间件（TPM）。

（6）网络中间件。

（7）终端仿真——屏幕转换中间件。

2.5.3　RFID 中间件的功能

（1）数据的读出和写入。RFID 中间件应提供统一的 API，完成数据的读出和写入工作；应提供对不同厂家及协议的读写设备的支持，实现应用对设备的透明操作。

（2）数据的过滤和聚合。读写器从标签读取大量未经处理的数据，而应用系统不需要大量重复数据，因此必须对数据进行去重和过滤。

（3）RFID 数据的分发。RFID 设备读取的数据，不一定只由某一个应用程序使用，可能被多个应用程序使用，每个应用系统可能需要数据的不同集合，中间件能够将数据整理后发送到相关的应用系统。

（4）数据安全。保护个人隐私。

2.5.4　RFID 中间件构架

1. 以应用程序为中心（Application Centric）

通过 RFID 读写器厂商提供的 API，以 Hot Code 方式直接编写特定读写器读取数据的适配器，并传送至后端系统的应用程序或数据库中，从而达到与后端系统或服务串接的目的。

2. 以架构为中心（Infrastructure Centric）

为了解决企业应用系统复杂度增大和面对对象标准化的问题，采用厂商提供的标准规格的 RFID 中间件。

2.5.5　RFID 中间件模型和结构

1. 中间件模型设计目标

（1）中间件具有协调性，提供给不同厂商不同应用系统的一致的接口。

（2）提供一个开放且具有弹性系统所需要的中间件架构。

（3）需要制定相关标准规定读写器厂商需要提供的功能标准接口。

（4）完成中间件的基本功能，并强化对多个读写器接口的功能，及对其他系统的数据安全保护。

2. 中间件的层次和各模块功能

中间件的层次如图 2-15 所示，各个层次功能如下。

（1）内容层：详细说明了中间件和应用程序之间抽象的交换内容，是应用程序接口的核心部分，定义能够完成何种请求的操作。

（2）信息层：说明了在内容层中被定义的抽象内容是如何通过一种特殊的网络编译和传

输的。同时安全服务也在这一层给定。

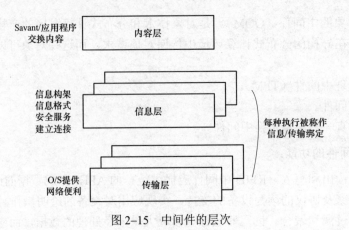

图 2-15 中间件的层次

（3）传输层：该层与操作系统规定的网络工作设备相关。

RFID 中间件规定了信息层多重选择的执行。每种执行都被称为信息/传输绑定（MTB）。不同的 MTB 提供了不同种类的传输，如 TCP/IP 协议、蓝牙及不同种类的通信协议。

3. RFID 中间件系统框架

中间件系统结构（见图 2-16）包括读写器接口、处理模块、应用程序接口三部分。读写器接口负责前端和相关硬件的沟通接口；处理模块包括系统与数据标准处理模块；应用程序接口负责后端与其他应用软件的沟通接口及使用者自定义的功能模块。

（1）读写器接口的功能。

1）提供读写器硬件与中间件的接口。

2）负责读写器和适配器与后端软件之间的通信接口，并能支持多种读写器和适配器。

3）能够接收远程命令，控制读写器和适配器。

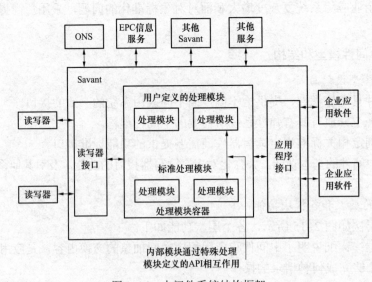

图 2-16 中间件系统结构框架

（2）处理模块的功能。

1）在系统管辖下，能够观察所有读写器的状态。

2）提供处理模块向系统注册的机制。

3）提供 EPC 编码和非 EPC 转换的功能。

4）提供管理读写器的功能，如新增、删除、停用、群组等。

5）提供过滤不同读写器接收内容的功能，进行数据处理。

（3）应用程序接口的功能。连接企业内部现有的数据库或 EPC 相关数据库，使外部应用系统可透过此中间件取得相关 EPC/非 EPC 信息。

2.5.6　RFID 中间件处理模块

RFID 中间件的处理模块结构如图 2-17 所示，各个部分功能如下：

1. RFID 事件管理系统（Event Management System，EMS）的职责

（1）允许不同种类的读写器写入适配器。

（2）以标准格式从读写器采集 EPC 数据。

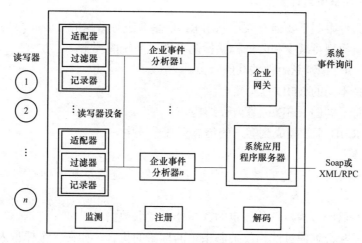

图 2-17　RFID 中间件的处理模块结构

（3）允许设置过滤器，以平滑或清除 EPC 数据。

（4）允许写各种记录文件，如记录 EPC 数据存储到数据库中的数据库日志；记录 EPC 数据广播到远程服务器事件中的 HTTP/JMS/SOAP 网络日志。

（5）对记录器、过滤器和适配器进行事件缓冲，使它们无妨碍运行。

2. 实时内存事件数据库（Real-time In-memory Event Database，RIED）

RIED 是一个用来保存 Edge RFID 信息的内存数据库。Edge RFID 保存和组织读写器发送的事件，RFID EMS 系统过滤和记录事件的框架，记录器可以将事件保存在数据库中。应用程序可以通过 JDBC 或本地 Java 接口访问 RIED。RIED 支持常用的 SQL 操作。

3. 任务管理系统（Task Management System，TMS）

类似于操作系统管理进程，具有一般线程管理器和多进程操作系统不具备的特点。

（1）任务进度表的外部接口。

（2）独立的 Java 虚拟机平台，包括从冗余类服务器中根据需要加载的统一库。

（3）用来维护永久任务信息的进度表，和在中间件碎片或任务碎片中重启任务的能力。

TMS 使得分布式中间件的维护变得简单，可仅仅通过在一组类服务器中保存最新任务和在中间件中恰当的安排任务进度来维护中间件。TMS 可完成企业的多种操作如下：

（1）数据交互，向其他中间件发送产品信息或从其他中间件中获取产品信息。

（2）PML 查询，即查询 ONS/PML 服务器获得产品实例的静态或动态信息。

（3）删除任务进度，即确定和删除其他中间件上的任务。

（4）值班报警。

（5）远程上传。

中间件是具有较小存储能力的独立系统平台，不同的中间件选择不同的工作平台。要求 TMS 能够对执行的任务进行自动升级。

2.5.7 RFID 中间件系统设计要点

（1）在客观条件限制下如何有效地利用 RFID 系统进行数据的过滤和聚集。

（2）明确聚集类型将减少和降低标签检测事件对系统的冲击。

（3）RFID 中间件中消息组件的功能特点。

（4）如何支持不同的 RFID 读写器。

（5）如何支持不同的 RFID 标签内存结构。

（6）如何将 RFID 系统集成到客户的信息管理系统中。

1. 过滤和聚焦

过滤：按照规则取得指定的数据。有基于读写器的过滤及基于标签和数据的过滤 2 种方式。

（1）基于读写器的过滤指仅从指定的读写器中读取数据。

（2）基于标签和数据的过滤指仅关心指定的标签的集合，如在一个托盘内的标签。

聚集：将读入的原始数据按照规则进行合并，如重复读入的数据只记录第一次和最后一次读入的数据。可分为以下 4 种类型。

（1）移入和移出。只记录标签进入读取范围和离开读取范围的数据。

（2）记数。只记录在读取范围内有多少标签数据，而不关心内容。

（3）通过。只记录标签是否通过的指定的位置。

（4）虚拟阅读。几个读写器之间可以通过组合形成一个虚拟的读写器，这几个读写器均读入标签数据，但只需记录一次。

2. 消息传递机制

在 RFID 系统中，存在各种应用程序以各种方式频繁地从 RFID 系统中取得数据和有线的网络带宽限制之间的矛盾，因此需要设计消息传递机制，如图 2–18 所示。

读写器产生事件，并将消息传递到消息传递系统中，由消息传递系统决定如何将事件数据传递到相关的应用程序中。

在该消息传递系统中，读写器不必关心什么应用程序需要什么数据，应用程序也不需要

维护与各个读写器之间的网络通道,只需要将
需求发送到消息传递系统中即可。消息传递系
统应具有的功能包括:

(1)基于内容的路由功能。对于读写器获
取的全部的原始数据,应用程序在大多数情况
下仅仅需要其中的一部分,中间件提供通过事
件消息的内容来决定消息的传递方向的功能,
实现过滤工作。

(2)反馈机制。RFID 中间件具备数据过
滤等高级功能,自动配置这些读写器并将数据
处理的规则反馈到读写器,从而有效地降低对
网络带宽的需求。

(3)数据分类存储功能。有些应用程序
(如物流分拣系统或销售系统)需要实时得到

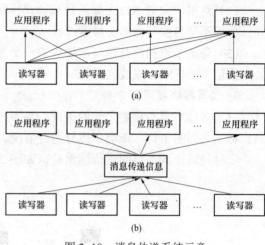

图 2–18　消息传递系统示意

(a)无消息传递系统;(b)有消息传递系统

读取的标签信息,因此消息传递系统几乎不需要存储这些标签数据;而有些系统需要得到批
量 RFID 标签数据,并从中选取有价值的 RFID 事件信息,因此要求消息传递系统可以提供数
据存储功能,达到用户的需求。

3. 标签读写

RFID 中间件需要提供透明的标签读写功能。主要问题有兼容不同读写器的接口和识别不
同的标签存储器的结构以进行有效的读写操作。

2.6　读写器碰撞

2.6.1　射频识别系统中的碰撞

读写器碰撞是指在多个读写器和标签的应用场合,会有标签之间或读写器之间的相互干
扰。这种干扰统称为碰撞(冲突)。或者多个读写器同时与一个标签通信,导致标签无法识别
是哪个读写器发送的请求信号;也包括相邻的读写器在同一时刻使用相同的频率与其覆盖区
域内的标签通信而引起的频率碰撞。

为了防止这些碰撞的产生,在 RFID 系统中需要设置一定的相关命令来解决碰撞问题——
防碰撞命令/算法。

1. 标签的碰撞

标签有可被识别的唯一信息(序列号)。一个标签位于读写器的可读范围内,是正常应答;
多个标签位于读写器的可读范围内会出现干扰。

2. 读写器碰撞的主要特点

RFID 网络中,读写器之间的碰撞主要有下列特点。

(1)当多个读写器发送的请求信号在某标签处产生碰撞时,该处的信号会变得非常混乱,
从而导致标签无法识别是由哪个读写器发出的信号。

（2）这里研究的 RFID 标签是被动式标签。标签在被读写器请求信号激活后才能通信，并且标签不参与读写器的防碰撞过程。

（3）隐蔽节点问题是读写器碰撞的一个方面。两个读写器不在相互监听范围内而在标签处产生信号干扰时，载波监听机制失效。

3. 读写器碰撞问题分析

（1）多读写器与标签之间的干扰。当多个读写器同时阅读同一个标签时，引起了多读写器到标签之间的干扰，该类干扰分两种情况。

一种是两个读写器阅读范围重叠，如图 2-19 所示。

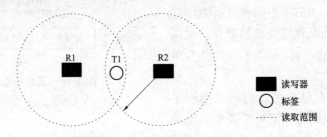

图 2-19 读写器与标签碰撞

从读写器 R1 和 R2 发射的信号可能在射频标签 T1 处产生干扰。在这种情况下，标签 T1 不能解密任何查询信号，并且 R1 和 R2 都不能阅读 T1。

另外一种是两个读写器阅读范围没有重叠，如图 2-20 所示。

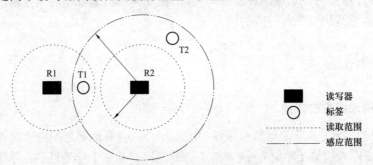

图 2-20 阅读范围不重叠的多读写器对标签的干扰

虽然读写器的读取范围没有重叠，但是处于相互感应范围之内，且它们同时利用同一频率与标签 T1 通信，R2 发射的信号对 R1 发射的信号在标签 T1 处产生干扰，将降低它们之间的通信质量。

（2）读写器与读写器之间的干扰。多读写器与标签之间的干扰即标签干扰是指当一个读写器发射的较强的信号与标签反射给另一个读写器的微弱信号产生干扰，这就引起读写器与读写器之间的干扰。

如图 2-21 所示，R1 位于 R2 干扰区内，标签 T1 在 R2 的覆盖范围内。当标签 T1 反射回的微弱信号传输给 R1 的过程中，很容易被 R2 发射的强信号干扰。这时，R1 很难读取到 T1 返回的正确信号。对于该类干扰来说，读写器的询问区域的重叠并不是必需的。

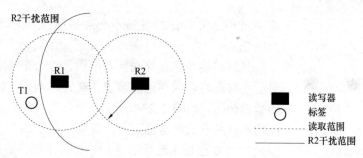

图 2-21 读写器与读写器之间的干扰

2.6.2 RFID 读写器网络问题

目前在同一场合有多个读写器连接在一起同时工作的情况越来越多，于是出现了读写器网络问题。由于读写器网络节点与传统的无线传感器网络有很多相似之处，读写器网络也有传统无线网络通信的一些问题，如隐藏终端和暴露终端问题。所以，在设计读写器防碰撞算法的时候需要充分考虑读写器之间的碰撞的情况，以提高读写器的工作效率。

1. 读写器隐藏终端问题

隐藏终端是指在接收读写器的覆盖范围内而在发送读写器的覆盖范围外的读写器。由于听不到发送读写器的发送信号，隐藏终端可能向同一个接收读写器发送分组，导致分组在接收读写器处产生碰撞。碰撞发生后读写器要重传碰撞的分组，导致信道的利用率降低。

如图 2-22 所示，读写器 A 和 C 同时想发送数据给读写器 B，但 A 和 C 都不在对方的覆盖范围内。所以当 A 发送数据给 B 时，C 并未检测到 A 也在发送数据，会认为目前网络中无数据传送，会将数据发送给 B。这样，A 和 C 同时将数据发送给 B，使得数据在 B 处产生冲突，最终导致发送的数据不可用。这种因传送距离而发生误判的问题称为隐藏终端问题。

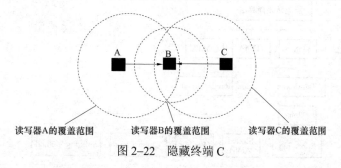

图 2-22 隐藏终端 C

为了解决上述问题，可以使用请求发送信号（Request to Send，RTS）和清除发送（Clear to Send，CTS）的控制信息来避免冲突。当 A 要向 B 发送数据时，先发送一个控制报文 RTS；B 接收到 RTS 后，以 CTS 控制报文回应；A 收到 CTS 后才开始向 B 发送报文，如果 A 没有收到 CTS，A 认为发送碰撞，重新发送 RTS。这样隐发送终端 C 能够听到 B 发送的 CTS，知道 A 要向 B 发送报文，C 延迟发送，这样解决了隐发送终端问题。

2. 读写器暴露终端问题

暴露终端是指在发送读写器的覆盖范围内而且在接收读写器的覆盖范围外的读写器。暴露终端因听到发送读写器的发送信号而可能延迟发送。然而它是在接收读写器的

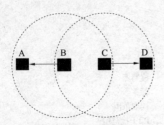

图 2-23　暴露终端 C

覆盖范围之外，它的发送不会造成碰撞。这就引入了不必要的时延。

暴露终端与隐藏终端问题不同，当一个终端要发送数据给另一个终端时，因邻近终端也正在发送数据，影响了原来终端的数据传送。如图 2-23 所示，4 个终端 A，B，C，D，其中 A，D 均不在对方的传送范围内，而 B，C 均在彼此的覆盖范围内。因此，当 B 正传送数据给 A 时，C 是不能将数据发送给 D 的，因为 C 会检测到 B 正在发送数据。如果 C 发送数据的话，就会影响 B 的数据发送。而事实上，C 是可以正确无误地将数据发给 D 的，因为 D 在 C 的覆盖范围内。

2.6.3　读写器防碰撞技术

1. 防碰撞算法研究分类

针对标签碰撞问题与读写器碰撞问题，分别提出了对应的算法，称为标签防碰撞算法与读写器防碰撞算法。图 2-24 为 RFID 系统防碰撞算法的整体研究框架。

在 RFID 系统碰撞问题中，标签防碰撞算法是研究比较多的，如图 2-25 是标签防碰撞算法分类。其解决方法主要分为频分多址（FDNA）、码分多址（CDMA）、时分多址（TDMA）和空分多址（SDMA）。

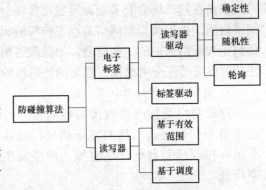

图 2-24　防碰撞算法研究框架

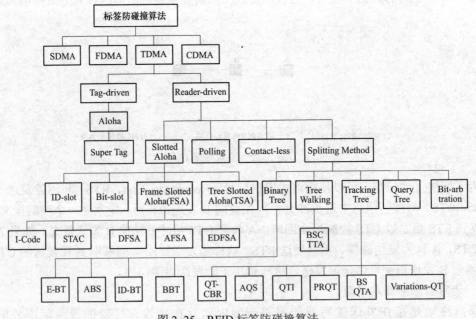

图 2-25　RFID 标签防碰撞算法

（1）频分多址（FDMA，Frequency Division Multiple Access），是利用不同信道传输信号以避免信号碰撞的一种方法，即读写器将一定的频率范围分为更细的频道，不同的读写器采用不同的信道与标签进行通信。

（2）时分多址（TDMA，Time Division Multiple Access），是防信号碰撞中最常使用也最成熟的一项技术，其原理是利用时间的差异，将可以使用的通信时需分配给不同的读写器进行数据传输，排定先后顺序后依序与标签进行通信。这类似于凸轮中的图形着色问题，是一个NP-hard 问题。

载波监听多路访问（CSMA，Carry Sense Multiple Access）。在 RFID 网络中，像其他的无线网络一样，存在隐蔽节点问题。不在互相侦听范围内的读写器在标签处发生干扰，因此仅仅依靠载波监听无法避免 RFID 网络中的碰撞问题。

（3）码分多址（CDMA，Code Division Multiple Access）需要在射频标签上增设额外的电路，大大增加了标签的成本，并且给网络中所有的标签分配码是一件复杂的工作。因此 CDMA不是一种成本低并且有效的方法。

（4）空分多址（SDMA，Space Division Multiple Access）。主要实现方式是在读写器上使用相控阵天线作为电子控制定向天线，使天线的反向图一次对准作用范围内不同的标签，从而实现多路通信。由于天线的规模限制，只有频率在 850MHz 以上时，SDMA 才可以在 RFID 中应用，而且复杂的天线将造成相对高的成本。因此，这种方法只适用于一些特定场合。

2. 读写器防碰撞基本原理

由于标签含有可被识别的唯一序列号，RFID 系统可以容易获取信息。如果仅存在唯一的标签在某个读写器的覆盖范围内，则读写器可以直接获取标签的信息；如果有多个标签在一个读写器的覆盖范围内，在信道共用，频率相同的情况下，它们同时将信号传给读写器的，这时各信号之间互相干扰，信道争用问题随之产生，数据发生碰撞，从而导致读写器和标签之间的无效通信。为了防止这些碰撞,RFID 系统中需要设置一定的相关命令以解决碰撞问题，这些命令被称为"防碰撞算法"（Anti-collision algorithms）。

解决标签碰撞问题和读写器碰撞问题的方法分别称为标签防碰撞算法和读写器防碰撞算法。

3. 读写器防碰撞算法研究与分类

读写器能够顺利获取在其覆盖范围内的电子标签信息，以及对信息的读写操作。目前，主要通过采用时分多址（TDMA）原理，使每个电子标签在单独的某个时隙内占用信道与读写器进行通信，防止碰撞产生。

目前，无论国内还是国外，研究 RFID 读写器防碰撞算法都很少。主要的防碰撞算法主要分为以下两大类：其一是基于调度（Scheduling-based），其二是基于有效范围（Coverage-Based）。对于前者，其核心思想是防止读写器同时发送信号给标签，以此避免发生碰撞，该类算法一直是防碰撞算法的主流。对于后者，其核心思想是将读写器之间的重叠区域减小来降低发生碰撞的概率，相对于基于调度的方案来说，该类算法比较少。防碰撞算法分类如图 2–26 所示。

（1）基于有效范围的防碰撞算法。目前，基于有效范围的防碰撞算法主要有 LLCR（Low-Energy Localized Clustering for RFID networks）和 w-LCR（weighted Localized Clustering

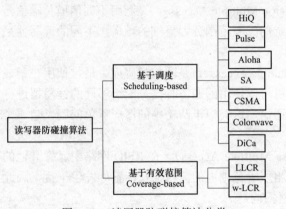

图2-26　读写器防碰撞算法分类

for RFID networks），这类算法主要手段是改变读写器的发射功率，其核心目的是调节它的通信范围，从而减小读写器与读写器之间的重叠区，最终达到降低读写器之间的碰撞概率的效果。

1）LLCR算法主要通过调整RFID读写器的聚类半径 R，使得代价函数 $f(r_1, r_2, r_3, \Phi_1, \Phi_2, \Phi_3)$ 最小，从而降低读写器之间的碰撞。聚类半径模型如图2-27所示，半径 R 的大小由式（2-1）决定。该算法一共分为两个阶段。第一阶段为初始阶段，第二阶段为聚类半径调节阶段。在初始阶段中，其核心任务是找到中心点CRDP以及聚类半径 R；在聚类半径调节阶段，其主要任务是在一定条件 r_i^2 下，通过调节控制代价函数 f，使其达到最小。则有

$$R = \overline{N_1 \text{CRDP}} + \overline{N_2 \text{CRDP}} + \overline{N_3 \text{CRDP}} \tag{2-1}$$

$$f(r_1, r_2, r_3, \Phi_1, \Phi_2, \Phi_3) = \frac{1}{2}\sum_{k=1}^{3} \Phi_k r_k^2 \frac{E_k}{\frac{1}{3}\sum_{k=1}^{3} E_k} - S_{\text{triangle}} \tag{2-2}$$

$$r_i^2 = (x_{\text{CRDP}} - x_i)^2 + (y_{\text{CRDP}} - y_i)^2 \tag{2-3}$$

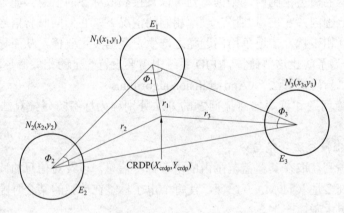

图2-27　LLCR算法模型

R，r_i^2，$f(r_1, r_2, r_3, \Phi_1, \Phi_2, \Phi_3)$，如式（2-1）、式（2-2）、式（2-3）所示。其中 E_k 表示读写器的能量，读写器所能覆盖的范围，S_{triangle} 为三角形的面积，r_i 为中心点 CRDP 到位于三角形各顶点读写器的距离，Φ_i 为三角形各顶角的度数。

2）w-LCR算法与LLCR算法模型一样，前者是对后者的改进版本。它们之间的区别在于，计算公式增加了触发函数与激励函数，从而代价函数 f 得到了平衡，增加了算法的鲁棒性。从稳定性和效率方面来说，w-LCR 要比 LLCR 强的多。

（2）基于调度的防碰撞算法。目前读写器防碰撞算法的主要方法是基于调度的防碰撞算法，很多读写器的防碰撞算法都属于基于调度的方法，其核心思想是防止读写器同时给标签发送信号，以此避免读写器之间的碰撞。

1）ETSI EN 302 208（CSMA）算法。该协议是由欧洲电信标准协会（European Telecommunications Standards Institute 简称 ETS）提出的 RFID 标准，称为"电磁兼容和无线电频谱事项"。欧洲 RFID 标准规定的读写器频率范围是 865M～868MHz，带宽为 200kHz，最低子带的中心频率是 865.1MHz，共有 15 个频点，从 865.1MHz 每隔 200kHz 到 867.9MHz。同时，对于 200kHz 带宽内的频谱功率分布有着严格要求，见表 2–3。

表 2–3　　　　　　　　　　　　频　谱　功　率　分　布

传输电量	载波功率阈值
最高达 100mW	−83dBm
101～500mW	−90dBm
501～2W	−96dBm

CSMA 算法是欧盟采用的 RFID 读写器防碰撞标准，该算法采用 CSMA 机制。该 RFID 标准规定，读写器在发出命令前，必须先侦听该频点是否已经被占用。如果有信道空闲，则马上传输数据。否则，不能在该频点发出请求，要采取退避策略。表 2–3 是侦听的载波功率阈值。当读写器在 865.1M～865.6MHz 频段内工作时，必须先侦听该频段内的已存在的载波功率。如果监听到的载波功率−83dBm，那么读写器就不能利用该频段工作，必须跳到其他的频点继续侦听。直到找到一个空闲的频点才能工作。以此来看，避免两台读写器同时工作在同一频点而产生的干扰是该项标准的主要目的。

该算法与传统的 CSMA 协议相似，实施比较容易。但是，这种"先侦听后发送"的机制，并不能完全规避多读写器与标签之间的额碰撞。读写器可能无法通过载波监听到碰撞的发生，并且由于该算法无法解决传统无线网络隐藏终端和暴露终端的问题，所以此标准的效率不是很高。如图 2–28 所示，R1 处于读写器 R2 的感应范围之外，但是 R1 发出的信号与 R2 发出的信号在标签 T1 处产生碰撞。

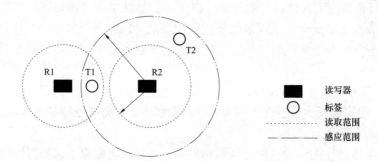

图 2–28　ETSI EN 302 208 协议对 RFID 读写器碰撞问题缺陷

2）Class I Generation 2 UHF 算法。此算法由 EPC global 起草使用的频分复用算法，是超高频的第二代标准。它分别使用读写器传输和标签传输，那样使得读写器只与读写器产生碰撞而不会与标签发生碰撞，而标签也只与标签产生碰撞而不会与读写器产生碰撞。这样分开处理，解决了读写器与读写器碰撞，因为读写器数据传输与标签传输是在独立的信道中进行的。

但是由于标签没有频率选择功能，当两个不同的频率同时去读同一个标签时，还是会产生读写器对标签的碰撞。因此在这个标准中多读写器对标签的碰撞还是不能避免的。

3）Colorwave 算法。此算法是由 James Waldrop，Daniel W.Engels 和 Sanjay E.Sarma 提出的。它是一种基于 TDMA 的分布式防碰撞算法。在 Colorwave 算法中，RFID 系统的网络被当作一个图，读写器被认为是一个节点。为了给网络中每个读写器不同的颜色，Colorwave 利用 DCS（Distributed Color Selection）和 VDCS（Variable-Maximum Distributed Color Selection）为读写器网络着色。在 Colorwave 算法中，颜色代表读写器传输的时隙。具体算法是：每个读写器选择任意一个时隙（颜色）发送请求信号，然后在属于自己的时隙中读取标签信息。如果某个读写器选择的时隙与邻近的读写器选择的时隙相同，那么它们之间就会产生碰撞。当检测到碰撞发生时，读写器会选择另一个新的时隙（颜色）试图传输，并且发送一个"kick"信息给它的邻近读写器。这个"kick"信息被用来告诉邻近的读写器，"我"已经开始选择新的时隙（颜色），如此往复进行下去。

虽然 Colorwave 算法能够有效地解决读写器碰撞算法，但是它仅适用于静态的拓扑结构网。对于动态环境，一个节点的变动将会导致整个读写器网络的变化。另外，Colorwave 算法同样要求时间同步，然而在 Ad Hoc 网络中，实现同步是比较困难的。

因为 TDMA 调度需要读写器支持同步及高移动性能，这样会产生大量的通信调度开销，所以 Colorwave 算法不适用于移动式 RFID 读写器。另外更为糟糕的是 Colorwave 算法没有使用多信道来传输信息，所以读写器会产生较长的等待时间。读写器较长的等待时间会导致吞吐量降低。

4）Pulse 算法。此算法将控制信道与数据信道分离。数据信道被用来在读写器与标签之间通信，控制信道被用来在读写器之间通信。采用这种机制后，在控制信道上的控制信息传输不会影响到数据信道上数据信息的传输。在 Pulse 算法中，当读写器与标签通信时，读写器会通过控制信道定期地向它几百米之外的范围发送"beacon"信息。接收到"beacon"消息的读写器将不会立即与标签通信，而是选择等待，直到它不再接收到任何"beacon"消息为止。

通过 Pulse 算法，任何一种碰撞问题都可以避免，同时它也符合移动式 RFID 读写器的使用环境。然而，因为邻近读写器在读写器的干扰范围内，它将被强制禁止读取任何标签信息，这样就浪费了信道资源。

另外，Pulse 算法作为一种性能比较优越的算法，它成功避免了读写器网络的隐终端和暴露终端问题，因此效率得到了提高。但是 Pulse 算法周期性地发送信息给邻近的读写器，将加快读写器的能耗。虽然 Pulse 算法在效率方面都有了很大的提高，但是并没有完全解决隐终端和暴露终端的问题。

5）DiCa（Distributed Tag Access with Collision-Avoidance）算法。DiCa 算法与前面的算法比较，它不要求集中协调和全局的时间同步。由于 DiCa 算法是 Pulse 算法的改进版本，所以 DiCa 算法和 Pulse 算法有很多相似之处，例如，它们都是用两个独立的信道来传输信息和数据。不同之处在于 DiCa 算法在读取数据时不再是周期性地发送信息给周边的邻居读写器，而是在读取数据结束后再发送读取结束信息，这样在控制能耗方面可以取得很好的效果，另外 DiCa 算法很好地处理隐终端和暴露终端问题，这样很大程度上提高了阅读处理数据的效率。

但是 DiCa 算法在采取退避算法时，为考虑读写器的具体位置，不管读写器之间是否存在干扰区域都直接进行退避，如图 2-29 所示。由于 A 和 C 没有重叠区域，它们之间不存在干扰，也就是说 A 和 C 是不可能发生碰撞，所以采取退避算法实际上是浪费了时间，因为在 B 完成数据读取后，A 和 C 可以马上进入读取数据的状态，这样在读取数据的时间上造成了一定的浪费。

同时在读写器竞争数据信道的控制权的时候也未考虑其公平性的问题。如图 2-30 所示，如果 A 和 C 先要求读取数据，而在退避的时候刚好 C 取得优先权而进入数据读取状态，因为退避是随机选择时间，这样对于 A 来说是不公平的。

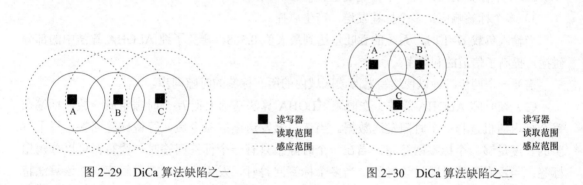

图 2-29　DiCa 算法缺陷之一　　　　图 2-30　DiCa 算法缺陷之二

2.6.4　射频识别系统中的标签防碰撞算法

1. ALOHA 防碰撞算法

ALOHA 协议或称 ALOHA 技术、ALOHA 网，是世界上最早的无线电计算机通信网。它是 1968 年美国夏威夷大学的一项研究计划的名字。20 世纪 70 年代初研制成功一种使用无线广播技术的分组交换计算机网络，也是最早最基本的无线数据通信协议。取名 ALOHA，是夏威夷人表示致意的问候语，这项研究计划的目的是解决夏威夷群岛之间的通信问题。ALOHA 网络可以使分散在各岛的多个用户通过无线电信道来使用中心计算机，从而实现一点到多点的数据通信。第一个使用无线电广播来代替点到点连接线路作为通信设施的计算机系统是夏威夷大学的 ALOHA 系统。

该系统所采用的技术是地面无线电广播技术，采用的协议就是有名的 ALOHA 协议，叫做纯 ALOHA（Pure ALOHA）。以后，在此基础上，又有了许多改进过的 ALOHA 协议被用于卫星广播网和其他广播网络。

各种 ALOHA 算法包括纯 ALOHA 算法、时隙 ALOHA 算法、帧时隙 ALOHA 算法、动态帧时隙 ALOHA 算法。

（1）纯 ALOHA 算法。纯 ALOHA 算法的标签读取过程如下：

1）各个标签随机地在某时间点上发送信息。

2）读写器检测收到的信息，判断是成功接收或者碰撞。

3）标签在发送完信息后等待随机长时间再重新发送信息。

4）假设某一帧信息的长度为 F，起始时间为 t_0，另一帧的起始时间 t_1，满足关系式 $t_0 - F \leqslant t_1 \leqslant t_1 + F$ 时，碰撞发生。

当输入负载 $G=0.5$ 时，系统的吞吐率达到最大值 0.184。由于纯 ALOHA 算法中存在碰撞概率较大，在实际中，该算法较适合于读写器只负责接收标签发射的信号，标签只负责向读写器发射信号的情况。

（2）时隙 ALOHA 算法。在 ALOHA 算法的基础上把时间分成多个离散时隙（slot），并且每个时隙长度要大于标签回复的数据长度，标签只能在每个时隙内发送数据。每个时隙存在如下响应。

1）无标签响应：此时隙内没有标签发送。

2）一个标签响应：仅一个标签发送且被正确识别。

3）多个标签响应：多个标签发送，产生碰撞。

当输入负载 $G=1$ 时，系统的吞吐量达到最大值 0.368，避免了纯 ALOHA 算法中的部分碰撞，提高了信道的利用率。

需要一个同步时钟以使读写器阅读区域内的所有标签的时隙同步。

（3）帧时隙 ALOHA 算法。在时隙 ALOHA 算法基础上把 N 个时隙组成一帧，标签在每个帧内随机选择一个时隙发送数据。当读写器发送读取命令后，等待标签回答。每个时隙的长度足够一个标签回答完，当在一个时隙中只有一个标签回答时，读写器可以分辨出标签；当没有回答时跳过该时隙；当多个标签回答时，发生碰撞，需重新读取。该算法特点如下：

1）把 N 个时隙打包成一帧。

2）标签在每 N 个时隙中只随机发送一次信息。

3）需要读写器和标签之间的同步操作，每个时隙需要读写器进行同步。

该算法缺点为：标签数量远大于时隙个数时，读取标签的时间会大大增加；当标签个数远小于时隙个数时，会造成时隙浪费。

输入负载 $G=1$ 时，吞吐率为最大。如果 $G<1$，空时隙数目增加；$G>1$，碰撞的时隙数增加，降低系统实时性。

（4）动态帧时隙 ALOHA 算法。一个帧内的时隙数目 N 能随阅读区域中的标签的数目而动态改变，或通过增加时隙数以减少帧中的碰撞数目。该算法步骤如下：

1）进入识别状态，在开始识别命令中包含了初始的时隙数 N。

2）由内部伪随机数发生器为进入识别状态的标签随机选择一个时隙，同时将自己的时隙计数器复位为 1。

3）当标签随机选择的时隙数等于时隙计数器时，标签向读写器发送数据，当不等时，标签将保留自己的时隙数并等待下一个命令。

4）当读写器检测到的时隙数量等于命令中规定的循环长度 N 时，本次循环结束。读写器转入 2）开始新的循环。

该算法每帧的时隙个数 N 都是动态产生的，解决了帧时隙 ALOHA 算法中的时隙浪费的问题，适应 RFID 技术中标签数量的动态变化的情形。

2. RFID 中的二进制防碰撞算法

将处于碰撞的标签分成左右两个子集 0 和 1，基于轮询，按照二进制树模型和一定的顺序对所有的可能进行遍历，如图 2–31 所示。它不是基于概率的算法，而是一种确定性的防碰撞算法。

（1）二进制搜索算法（BS）。读写器查询的不是一个比特，而是一个比特前缀，只有序列号与这个查询前缀相符的标签才响应读写器的命令而发送其序列号。当只有一个标签响应时，读写器可以成功识别标签，但当多个标签响应时，读写器就把下一次循环中的查询前缀增加一个比特 0，通过不断增加前缀，读写器就可以识别所有标签。

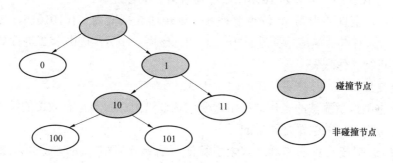

图 2–31　二进制防碰撞算法模型

（2）动态二进制搜索算法。动态二进制搜索算法（DSB）考虑的是在 UID（Ubiquitous IDentifications，身份识别标签）位数不变的情况下，尽量减少传输的数据量，使传送时间缩短，提高 RFID 系统的效率。其改进思路是把数据分成两部分，收发双方各自传送其中一部分数据，可把传输的数据量减小到一半，达到缩短传送时间的目的。

通常序列号的规模在 8 字节以上。为选择一个单独的射频卡，每次都不得不传输大量的数据，效率非常低。根据二进制搜索算法的思路进行改良，可以减少每次传送的位数，也可缩短传送的时间，从而缩短防碰撞执行时间。下面分析动态二进制搜索算法的工作过程。在例子中，射频卡有 3 张，序列号分别是：卡 1，11010111；卡 2，11010101；卡 3，11111101。

1）动态二进制搜索算法的工作步骤。

第一，读写器第一次发出一个完整的 UID 位数码 N，每个位上的码全为 1，让所有射频卡都发回响应；

第二，读写器判断有碰撞的最高位数 X，把该位置"0"。然后传输 N～X 位的数据后即中断传输。射频卡接收到这些数据后马上响应，回传的信号位是（X-1）～1。即读写器和射频卡以最高碰撞位为界分别传送前后信号。传递的总数据量可减小一半。

第三，读写器检测第二次返回的最高碰撞位数 X 是否小于前一次检测回传的次高碰撞位数。若不是，则直接把该位置"0"；若是，则要把前一次检测的次高位也填"0"。然后向射频卡发出信号。发出信号的位数为 N～X，射频卡接收到信号这一级信号出现小于或等于相应数据时后马上响应，回传的信号只是序列号中最高碰撞位后的数，即（X-1）～1 位。若射频卡返回信号表示无碰撞，则对该序列号的射频卡进行读/写处理，然后使其进入"不响应状态"。

第四，重复以上步骤，多次重复后可完成射频卡的交换数据工作。

2）动态二进制搜索算法与工作步骤相对应的示例。

第一，例如 N=8，传送数据为 11111111b。最高位为第 8 位，最低位为第 1 位。根据响应可判断第 6 位、第 4 位、第 2 位有碰撞。

第二，X=6，即第 6 位有碰撞，则传送数据变为 11011111b。传送时，只传送前面 3 位数 110b。这时卡 1 和卡 2 响应，其序列号的前 3 位与射频卡相同，不回传，只回传各自的后 5 位数据。卡 1 为 10111b，卡 2 为 10101b。可判断第 2 位有碰撞。

第三，X=2，根据要求第 4 位也要补零，则传送数据变为 11010101b，传送时只传送 1101010b。这时只有卡 2 响应，并返回 1b，表明无碰撞。读写器选中卡 2 进行数据交换，读/写完毕后卡 2 进行"休眠"。

第四，重复步骤一，按序可读/写卡 1、卡 3。

在动态二进制搜索算法的工作过程中，要注意通过附加参数把有效位的编号发送到射频卡，从而保证每次响应的位置是正确的。

3）基于二进制搜索算法的后退式索引算法。后退式索引二进制搜索算法（RIBS）也是对二进制搜索算法的改进，主要是解决 DSB 没有改变搜索次数的问题，RIBS 算法充分利用碰撞节点的信息，将上一次请求命令中的最高碰撞位设置为"1"，这样就可以立刻识别下一个分支内的标签。有碰撞发生时采取前向策略，无碰撞时采取后退策略，并返回上一个碰撞节点。采用 RIBS 算法搜索 N 个标签的搜索次数为 $S_1(N)=2N-1$，采用 DSB 算法和 BS 算法的搜索次数为 $S_2(N)=N(\log_2 N+1)$，当 $N \geq 2$ 时，$S_1(N) < S_2(N)$，可见搜索次数有所减少。

4）跳跃式动态树形防碰撞算法。跳跃式动态树形防碰撞算法（JDS）的搜索过程是当标签发生碰撞时，读写器采取向前搜索策略，直至遇到一个可以识别的标签为止；同时再采取后退方式，返回上一碰撞节点，继续搜索直至识别完读写器工作区域的所有标签，主要步骤如下。

第一，读写器发送 Request（Null，N）命令（N 为标签 ID 长度），要求区域内所有标签应答。

第二，检测有无碰撞发生，若有把最高碰撞位置"0"，高于该位的数值不变，可得 IDN-1-x 的值（x 为碰撞最高位的下标），由此得到下一次查询命令所需的参数。

第三，若无碰撞，则识别单个标签，处理完后回跳到父节点，得到下一次查询命令所需的参数。

　　第四，重复进行请求与检测过程，直到执行 Request（Null，N）命令无碰撞发生时结束。

　　JDS 算法充分利用了返回式搜索和动态二进制搜索的优点，采用向前向后搜索，提高了系统性能。

第 **3** 章

RFID 的通信协议和读写器设计

3.1 RFID 标准组织及编码体系

3.1.1 RFID 标准组织和标准现状

1. 标准含义

国家标准 GB/T 20000.1—2014《标准化工作指南 第 1 部分：标准化和相关活动的通用术语》对标准进行了如下定义："标准是对重复性事物和概念所做的统一规定。它以科学、技术和实践经验的综合成果为基础，经有关方面协商一致，由主管机构批准，以特定形式发布，作为共同遵守的准则和依据。标准体系的实质就是知识产权，是打包出售知识产权的高级形式。"

RFID 标准标准化的主要目的在于通过制定、发布和实施标准解决编码、通信、空气接口和数据共享等问题，最大程度地促进技术及相关系统的应用。

2. 国际上 RFID 标准的现状

由于目前还没有正式的 RFID 产品（包括各个频段）国际标准，RFID 技术领先的国家和地区以及企业出于自身利益和安全考虑，都在积极地制定自己的标准。因此，各个厂家推出的 RFID 产品互不兼容，造成了 RFID 产品在不同市场和应用上的混乱和孤立，这势必对未来的 RFID 产品互通和发展造成障碍。标准化是推动 RFID 产业化进程的必要措施。

标准是 RFID 技术和产业竞争的关键，各国企业和组织都在积极参与和推动相关标准化工作，目前与 RFID 技术和产业相关的国际标准化机构主要有国际标准化组织（ISO）、国际电工委员会（IEC）、国际电信联盟（ITU）、世界邮联（UPU）等；区域性标准化机构，如 CEN 等；国家标准化机构，如 ANSI（美国国家标准化组织）、BSI（英国标准协会）、DIN（德国标准化学会）等；行业组织，如 EPCglobal、ATA（世界海关组织暂准进口协议）、AIAG（汽车工业行动组）、EIA（电子工业联合会）。区域、国家、行业组织制定了与 RFID 相关的区域、国家及行业组织标准，并通过不同的渠道提升为国际标准。在上述众多标准组织中，ISO RFID 标准体系与 EPCglobal（GS1）、UID 中心的 RFID 标准体系是全球最为活跃的三大标准体系。

（1）ISO/IEC 标准体系。ISO/IEC 18000 标准是最早制定的关于 RFID 的国际标准，按频段被划分为 7 个部分。目前支持 ISO/IEC 18000 标准的 RFID 产品最多，相对也最成熟。后面对 ISO/IEC 标准将作详细介绍。

除了标准化组织进行 RFID 的标准化研究外，一些行业协会（企业联盟）也在从事 RFID 技术的市场标准化工作。目前比较有代表性的两个组织是以欧美企业为主的 EPCglobal 和以日本企业为主的 Uniquitous ID（UID）。

（2）EPCglobal 标准体系。EPCglobal 成立于 2003 年 11 月，是一个中立的、非赢利性标准化组织。EPCglobal 是由美国统一代码委员会（UCC）和国际物品编码协会（EAN）两大组织联合成立的，它吸收了麻省理工 Auto ID 中心的研究成果后推出了系列标准草案。EPCglobal 最重视 UHF 频段的 RFID 产品，极力推广基于 EPC 编码标准的 RFID 产品。目前，EPCglobal 标准的推广和发展十分迅速，许多大公司如沃尔玛等都是 EPC 标准的支持者。EPCglobal 的主要职责是在全球范围内对各个行业建立和维护 EPC 网络，保证供应链各环节信息的自动、实时识别采用全球统一标准。通过发展和管理 EPC 网络标准来提高供应链上贸易单元信息的透明度与可视性，以此来提高全球供应链的运作效率。

EPC 标准体系框架由三部分组成：EPC 物理对象交换标准、EPC 数据交换标准、EPC 基础标识标准。EPC global 的第二代（Gen2）RFID 标签标准已经成为 ISO 18000–6 Part C 部分。

（3）UID 标准体系。UID 中心，即泛在识别中心，成立于 2002 年 12 月，具体负责研究和推广自动识别核心技术，即在所有的物品上植入微型芯片，组建网络进行通信。

UID 中心的泛在识别技术体系架构由泛在识别码（Ucode）、信息系统服务器、泛在通信器和 Ucode 解析服务器四部分构成。其中 UID 标准体系的核心是 UID 识别码（Ucode），它具备了 128 位的充裕容量，可包容现有编码体系的元编码设计，并可兼容多种编码，包括 JAN、UPC、ISBN、IPv6 地址，甚至电话号码，目前主要在日本应用。

日本 UID 一直致力于本国标准的 RFID 产品开发和推广，拒绝采用美国的 EPC 编码标准。与美国大力发展 UHF 频段 RFID 不同的是，日本对 2.4GHz 微波频段的 RFID 似乎更加青睐，目前日本已经开始了许多 2.4GHz RFID 产品的实验和推广工作。但是，迫于和美国 UHF 频段 RFID 产品互通的压力，日本也开始考虑和 EPC 标准兼容的问题。

ISO/IEC 18000、美国 EPCglobal、Uniquitous ID 都在分别制定标准。这三个主要标准相互之间并不兼容，主要差别在无线调制方式、传输协议和传输距离各有差异，因此不同标准的 RFID 标签和读写器很难互通。

射频标签的通信标准是标签芯片设计的依据，目前国际上与 RFID 相关的通信标准主要有 ISO/IEC 18000 标准（包括 7 个部分，涉及 125kHz，13.56MHz，433MHz，860～960MHz，2.45GHz 等频段），ISO 11785（低频），ISO/IEC 14443 标准（13.56MHz），ISO/IEC 15693 标准（13.56MHz），EPC 标准（包括 Class0、Class1 和 GEN2 等三种协议，涉及 HF 和 UHF 两种频段），DSRC 标准（欧洲 ETC 标准，含 5.8GHz）。目前电子标签芯片的国际标准出现了融合的趋势，ISO/IEC 15693 标准已经成为 ISO 18000–3 标准的一部分，EPC GEN2 标准也已经启动向 ISO 18000–6 Part C 标准的转化。

3. 我国 RFID 标准化现状

我国从事 RFID 标准研究的标准化组织主要有全国信息技术标准化技术委员会（SAC/TC28），包含自动识别与数据采集技术分技术委员会和电子标签标准工作组。除此之外，还有中国自动识别技术协会、中国 RFID 产业联盟、深圳 RFID 产业标准联盟等 RFID 产学研联盟和相关协会开展标准研制工作。

总体而言，我国 RFID 技术发展比较滞后，相关标准进展缓慢。已完成的标准中，以应用标准为主，技术标准、数据结构标准、性能标准的基础标准匮乏。以下对我国 RFID 国家、行业和地方标准现状进行简要分析。

我国已经颁布的 RFID 相关国家标准共 6 项，主要集中在 RFID 技术在我国应用较为成熟的领域，如集装箱、动物管理、物流等。在动物管理方面，我国已依据 ISO 11784 和 ISO 11785 标准分别制定了《动物射频识别 代码结构》和《动物射频识别 技术规定》国家标准；在物流与供应链管理方面，依据 ISO 6346 和 ISO 10374 标准分别制定了《集装箱代码、识别和标记》和《集装箱自动识别》国家标准；在物流方面，制定了标准《物流公共信息平台应用开发指南 第 1 部分：基础术语》和《物流公共信息平台应用开发指南 第 2 部分：体系架构》。已颁布的国家标准多是根据现有国际标准等同采用，确保了与国际标准接轨及兼容的标准特性，并结合我国自身的应用发展特点，提炼出具有我国特色的 RFID 标准。与此同时，我国参考 ISO/IEC 标准制定的 40 多项 RFID 标准都在推进过程当中，迟迟未能颁布。标准项目包括各个频段的空中接口标准、标签和读写器的产品规范、一致性和性能测试方法、标识编码、数据协议等标准，其中安全标准匮乏。

RFID 标准的研制得到了国家各部委的重视，已制定的行业标准主要集中在一些比较成熟的行业应用，并以我国自身的应用发展特点为主，已经制定行业标准有 TB/T 3070—2002《铁路机车车辆自动识别设备技术条件》、CJ/T 166—2006《建设事业 IC 卡应用技术》、YC/Z 204—2006《烟草行业信息化标准体系》和 YC/T 272—2008《卷烟联运平托盘电子标签应用规范》等。电子标签标准化工作组积极推动行业标准的制定，已立项 15 行业标准，涉及危险化学品的管理，电子票务、展会门票、服装制造，瓶装酒的防伪，供应链，生产制造业的管理，目前正在制定过程当中。

此外，不同省市在结合各地 RFID 应用特点，积极开展标准制定。比如上海完成了危险化学品气瓶相关的标准制定，广东完成图书管理、车辆管理的 RFID 应用标准的研制。

3.1.2 RFID 标准多元化的原因

1. 技术因素

（1）RFID 的工作频率：RFID 的工作频率分布在低频至微波的多个频段中，频率不同，其技术差异很大。

（2）作用距离：作用距离的差异也是标准不同的主要原因。

其主要表现如下：

1）应答器工作方式有无源工作方式和有源工作方式两种。

2）RFID 系统的工作原理不同，近距离为电感耦合方式，远距离为反向散射耦合方式。

3）载波功率的差异。例如，同为 13.56MHz 工作频率的 ISO/IEC 14443 标准和 ISO/IEC 15693 标准，由于后者的作用距离较远，所以其读写器输出的载波功率较大（但不能超出 EMI

有关标准的规定）。

4）应用目标不同。

5）RFID 的应用面很宽，不同的应用目的，其存储的数据代码、外形需求、频率选择、复杂度等都会有很大的差异。

6）技术的发展。由于新技术的出现和制造业的进步，使得标准需要不断融入这些新进展，以形成与时俱进的标准。

2. 利益因素

尽管标准是开放的，但标准中的技术专利也会给相应的国家、集团、公司带来巨大的市场和经济效益，因此标准的多元化与标准之争也是国家、集团、公司利益之争的必然反映。

3.1.3　编码体系

如同商品包装上的条形码一样，RFID 标签也需要一套完整的编码体系，以确保物品在流通领域的各环节被正确识别。RFID 标签被写入一定规则的数据编码，该编码是该物品的唯一标识号。RFID 标签内的编码经读写器读取后，通过无线或有线网络，可以将已经登记、存储在中央数据服务器（类似互联网的根域名服务器）中的相关产品信息的全部或部分按需求反映出来，从而对产品起到标识识别、跟踪、信息获取的作用。

RFID 编码体系从表面来看只是作为辨识物品的规则，但从 RFID 的实际应用中物品所形成的信息流来分析，RFID 编码不但蕴含着巨大的商业利益，更潜伏着国家安全问题。

如同互联网中的域名注册一样，如果中国企业海尔向 EPCglobal 提出某种新产品编码申请，海尔势必要向 EPCglobal 支付一定的费用。即使每种产品的编码申请费用为 100 元，国内企业每年向 EPCglobal 支付的费用也将以亿计。

携带 RFID 标签的物品每次转换地方经过读写器时，均将留下一定的位置、数量等信息。如果把这些汇聚到中央数据库的信息经过深层次的挖掘分析，完全可以掌握一个国家商品生产、流通情况，该国经济运行情况更是一目了然。如果是军需物资的规则流动信息，毫无疑问可以推断出该国即将采取的军事行动。

目前较为完善的编码体系是 EPC 和 Uniquitous ID。

1. EPC 编码体系

产品电子代码（EPC）是国际条码组织推出的新一代产品编码体系。原来的产品条码仅是对产品分类的编码，EPC 码是对每个单品都赋予一个全球唯一编码，EPC 编码是 96 位（二进制）方式的编码体系。

2. Uniquitous ID 编码体系——ucode

日本的 Uniquitous ID 最基本元素是赋予现实世界中任何物理对象唯一的泛在识别号（ucode）。它具备 128 位的充裕容量，提供了 340×1036 编码空间，更可以以 128 位为单元进一步扩展至 256、384 或 512 位。ucode 的最大优势是能包容现有编码体系的元编码设计，可以兼容多种编码，包括 JAN、UPC、ISBN、IPv6 地址甚至电话号码。

国内有全国范围内流通产品与服务的统一代码（NPC）和采用 EAN 通用编码体系的商品条码，但尚未出台 RFID 编码体系。

3.2　RFID 的标准

3.2.1　RFID 标准涉及的内容

RFID 标准涉及的内容如下：

（1）技术。接口和通信技术，如空中接口、防碰撞方法、中间件技术、通信协议；如接口和转送技术。比如，中间件技术—RFID 中间件扮演 RFID 标签和应用程序之间的中介角色，从应用程序端使用中间件所提供一组通用的应用程序接口（API），即能连到 RFID 读写器，读取 RFID 标签数据。RFID 中间件采用程序逻辑及存储再转送的功能来提供顺序的消息流，具有数据流设计与管理的能力。

（2）一致性。主要指其能够支持多种编码格式，比如支持 EPC、DOD 等规定的编码格式，也包括 EPCglobal 所规定的标签数据格式标准，即数据结构、编码格式及内存分配。

（3）辅助电源及与传感器的融合。目前，RFID 同传感逐步相融合，物品定位采用 RFID 三角定位法以及更多复杂的技术，还有一些 RFID 技术中用传感代替芯片。比如，能够实现温度和应变传感器的声表面波（SAW）标签用于 RFID 技术中。然而，几乎所有的传感器系统，包括有源 RFID 等都需要从电池获取能量，即实现温度和应变传感器的声表面波标签已经和 RFID 技术相结合。

（4）性能和应用。尤其是指数据结构和内容，即数据编码格式及其内存分配。应用在不停车收费系统、身份识别、动物识别、物流、追踪、门禁等，应用往往涉及有关行业的规范。

3.2.2　RFID 技术标准基本结构

RFID 技术标准基本结构图如图 3-1 所示。从该结构图中可以看出，RFID 的技术标准涉及设备、测试及试验、安全、协议、数据、通信、物理参数以及术语等。对于设备的要求要有封装。

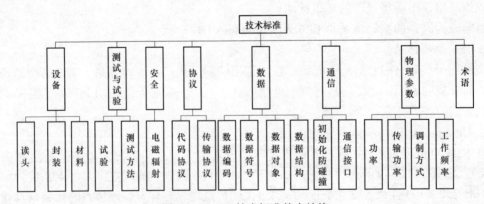

图 3-1　RFID 技术标准基本结构

3.2.3　RFID 相关标准的社会影响因素

RFID 相关标准的社会影响因素包括以下内容。

（1）无线通信管理：频谱分布、功率、电磁兼容等内容。

（2）人类健康的有关标准和规范：国际非电离辐射保护委员会（ICNIRP）所提出的标准和规范。

（3）数据安全的有关标准和规范：经济合作与发展组织（OECD）。

（4）ISO/IEC 隐私问题：目前，很多用于物品识别的电子标签都能支持 KILL 命令。

3.3　ISO/IEC 标准简介

3.3.1　ISO/IEC 标准的结构和层次关系

ISO/IEC 是信息技术领域最重要的标准化组织之一。ISO/IEC 认为 RFID 是自动身份识别和数据采集的一种很好手段，制定 RFID 标准不仅要考虑物流供应链领域的单品标识，还要考虑电子票证、物品防伪、动物管理、食品与医药管理、固定资产管理等应用领域。ISO/IEC 标准结构如图 3-2 所示。从图 3-2 看出，ISO/IEC 发布的标准涉及空中接口（18000 系列）、应用接口（15961）、数据协议（15962）、测试（18046/18047 系列）、非接触卡（14443、15693）、具体应用（如动物、货物集装箱）等。ISO/IEC 的 RFID 标准体系具体可以分为技术标准、数据结构标准、性能标准和应用标准四个方面。

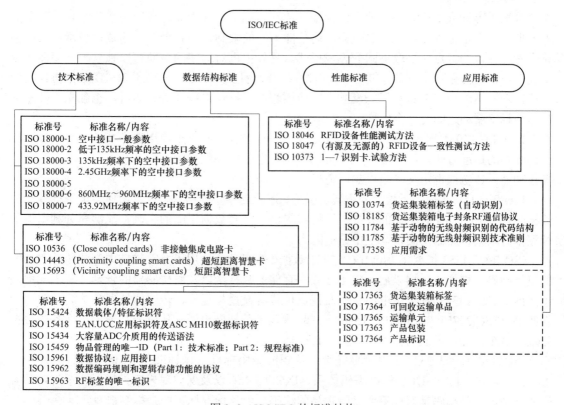

图 3-2　ISO/IEC 的标准结构

ISO/IEC 的通用技术标准可以分为数据采集和信息共享两大类，数据采集类技术标准涉及标签、读写器、应用程序等，可以理解为本地单个读写器构成的简单系统，也可以理解为大系统中的一部分，其层次关系如图 3-3 所示；而信息共享类就是 RFID 应用系统之间实现信息共享所必需的技术标准，如软件体系架构标准等。

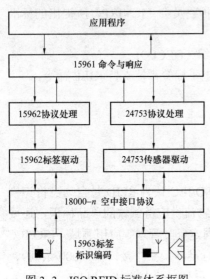

图 3-3   ISO RFID 标准体系框图

在图 3-3 中，左半图是普通 RFID 标准分层框图，右半图是从 2006 年开始制定的增加辅助电源和传感器功能以后的 RFID 标准分层框图。它清晰地显示了各标准之间的层次关系，自底而上先是 RFID 标签标识编码标准 ISO/IEC 15963，然后是空中接口协议 ISO/IEC 18000 系列，ISO/IEC 15962 和 ISO/IEC 24753 数据传输协议，最后 ISO/IEC 15961 应用程序接口。与辅助电源和传感器相关的标准有空中接口协议、ISO/IEC 24753 数据传输协议以及 IEEE 1451 标准。

3.3.2   ISO/IEC 标准的内容

1. 数据内容标准

数据内容标准主要规定了数据在标签、读写器到主机（中间件或应用程序）各个环节的表示形式。由于标签能力（存储能力、通信能力）的限制，在各个环节的数据表示形式必须充分考虑各自的特点，采取不同的表现形式。另外主机对标签的访问可以独立于读写器和空中接口协议，也就是说读写器和空中接口协议对应用程序来说是透明的。RFID 数据协议的应用接口基于 ASN.1，它提供了一套独立于应用程序、操作系统和编程语言，也独立于标签读写器与标签驱动之间的命令结构。

ISO/IEC 15961 规定了读写器与应用程序之间的接口，侧重于应用命令与数据协议加工器交换数据的标准方式，这样应用程序可以完成对电子标签数据的读取、写入、修改、删除等操作功能。该协议也定义了错误响应消息。

ISO/IEC 15962 规定了数据的编码、压缩、逻辑内存映射格式，以及如何将电子标签中的数据转化为应用程序有意义的方式。该协议提供了一套数据压缩的机制，能够充分利用电子标签中有限数据存储空间以及空中通信能力。

ISO/IEC 24753 扩展了 ISO/IEC 15962 数据处理能力，适用于具有辅助电源和传感器功能的电子标签。增加传感器以后，电子标签中存储的数据量以及对传感器的管理任务大大增加了，ISO/IEC 24753 规定了电池状态监视、传感器设置与复位、传感器处理等功能。图 3-3 表明 ISO/IEC 24753 与 ISO/IEC 15962 一起，规范了带辅助电源和传感器功能电子标签的数据处理与命令交互。它们的作用使得 ISO/IEC 15961 独立于电子标签和空中接口协议。

ISO/IEC 15963 规定了电子标签唯一标识的编码标准，该标准兼容 ISO/IEC 7816-6、ISO/TS 14816、EAN-UCC 标准编码体系、INCITS 256 以及保留对未来扩展。注意与物品编码的区别，物品编码是对标签所贴附物品的编码，而该标准标识的是标签自身。

2. 空中接口通信协议

空中接口通信协议规范了读写器与电子标签之间信息交互，目的是为了不同厂家生产设备之间的互联互通性。ISO/IEC 制定 5 种频段的空中接口协议，主要由于不同频段的 RFID 标签在识读速度、识读距离、适用环境等方面存在较大差异，单一频段的标准不能满足各种应用的需求。这种思想充分体现了标准统一的相对性，一个标准是对相当广泛的应用系统的共同需求，但不是所有应用系统的需求，一组标准可以满足更大范围的应用需求。

（1）ISO/IEC 18000-1 信息技术—基于单品管理的射频识别—参考结构和标准化的参数定义，它规范了空中接口通信协议中共同遵守的读写器与标签的通信参数表、知识产权基本规则等内容。这样每一个频段对应的标准不需要对相同内容进行重复规定。

（2）ISO/IEC 18000-2 信息技术—基于单品管理的射频识别—适用于中频 125～134kHz，规定了在标签和读写器之间通信的物理接口，读写器应具有与 Type A（FDX）和 Type B（HDX）标签通信的能力；规定了协议和指令以及多标签通信的防碰撞方法。

（3）ISO/IEC 18000-3 信息技术—基于单品管理的射频识别—适用于高频段 13.56MHz，规定了读写器与标签之间的物理接口、协议和命令以及防碰撞方法。关于防碰撞协议可以分为两种模式，而模式 1 又分为基本型与两种扩展型协议（无时隙无终止多标签协议和时隙终止自适应轮询多标签读取协议）。模式 2 采用时频复用 FTDMA 协议，共有 8 个信道，适用于标签数量较多的情形。

（4）ISO/IEC 18000-4 信息技术—基于单品管理的射频识别—适用于微波段 2.45GHz，规定了读写器与标签之间的物理接口、协议和命令以及防碰撞方法。该标准包括两种模式，模式 1 是无源标签，工作方式是读写器优先；模式 2 是有源标签，工作方式是标签优先。

（5）ISO/IEC 18000-6 信息技术—基于单品管理的射频识别—适用于超高频段 860～960MHz，规定了读写器与标签之间的物理接口、协议和命令以及防碰撞方法。它包含 Type A、Type B 和 Type C 3 种无源标签的接口协议，通信距离最远可以达到 10m。其中 Type C 是由 EPCglobal 起草的，并于 2006 年 7 月获得批准，它在识别速度、读写速度、数据容量、防碰撞、信息安全、频段适应能力、抗干扰等方面有较大提高。2006 年递交了 V4.0 草案，它针对带辅助电源和传感器电子标签的特点进行了扩展，包括标签数据存储方式和交互命令。带电池的主动式标签可以提供较大范围的读取能力和更强的通信可靠性，不过其尺寸较大，价格也更贵一些。

（6）ISO/IEC 18000-7 适用于超高频段 433.92MHz，属于有源电子标签。规定了读写器与标签之间的物理接口、协议和命令以及防碰撞方法。有源标签识读范围大，适用于大型固定资产的跟踪。

3. 测试标准

测试是所有信息技术类标准中非常重要的部分，ISO/IEC RFID 标准体系中包括设备性能测试方法和一致性测试方法。

ISO/IEC 18046 射频识别设备性能测试方法，主要内容有标签性能参数及其检测方法：标签检测参数、检测速度、标签形状、标签检测方向、单个标签检测及多个标签检测方法等；读写器性能参数及其检测方法：读写器检测参数、识读范围、识读速率、读数据速率、写数据速率等检测方法。在附件中规定了测试条件，全电波暗室、半电波暗室以及开阔场 3 种测试场。该标准定义的测试方法形成了性能评估的基本架构，可以根据 RFID 系统应用的要求，扩展测试内容。应用标准或者应用系统测试规范可以引用 ISO/IEC 18046 性能测试方法，并在此基础上根据应用标准和应用系统具体要求进行扩展。

ISO/IEC 18047 对确定射频识别设备（标签和读写器）一致性的方法进行定义，也称空中接口通信测试方法。测试方法只要求那些被实现和被检测的命令功能以及任何功能选项。它与 ISO/IEC 18000 系列标准相对应。一致性测试，是确保系统各部分之间的相互作用达到的技术要求，也即系统的一致性要求。只有符合一致性要求，才能实现不同厂家生产的设备在同一个 RFID 网络内能够互连互通互操作。一致性测试标准体现了通用技术标准的范围，也即实现互联互通互操作所必需的技术内容，凡是不影响互联互通互操作的技术内容尽量留给应用标准或者产品的设计者。

4. 实时定位系统（RTLS）

实时定位系统可以改善供应链的透明性，船队管理、物流和船队安全等。RFID 标签可以解决短距离尤其是室内物体的定位，可以弥补 GPS 等定位系统只能适用于室外大范围的不足。GPS 定位、手机定位以及 RFID 短距离定位手段与无线通信手段一起可以实现物品位置的全程跟踪与监视。目前正在制定的标准如下。

（1）ISO/IEC 24730-1 应用编程接口 API，它规范了 RTLS 服务功能以及访问方法，目的是应用程序可以方便地访问 RTLS 系统，它独立于 RTLS 的低层空中接口协议。

（2）SO/IEC 24730-2 适用于 2450MHz 的 RTLS 空中接口协议。它规范了一个网络定位系统，该系统利用 RTLS 发射机发射无线电信标，接收机根据收到的几个信标信号解算位置。发射机的许多参数可以远程实时配置。

（3）ISO/IEC 24730-3 适用于 433MHz 的 RTLS 空中接口协议。内容与第 2 部分类似。

5. 软件系统基本架构

2006 年 ISO/IEC 开始重视 RFID 应用系统的标准化工作，将 ISO/IEC 24752 调整为 6 个部分并重新命名为 ISO/IEC 24791。制定该标准的目的是对 RFID 应用系统提供一种框架，并规范了数据安全和多种接口，便于 RFID 系统之间的信息共享；使得应用程序不再关心多种设备和不同类型设备之间的差异，便于应用程序的设计和开发；能够支持设备的分布式协调控制和集中管理等功能，优化密集读写器组网的性能。该标准主要目的是解决读写器之间以及应用程序之间共享数据信息，随着 RFID 技术的广泛应用 RFID 数据信息的共享越来越重要。ISO/IEC 24791 标准各部分之间关系如图 3-4 所示。

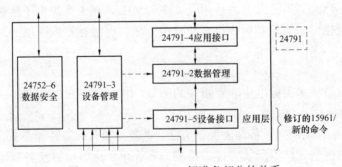

图 3-4　ISO/IEC 24791 标准各部分的关系

3.3.3　常用 RFID 空中接口标准

1. ISO/IEC 14443 系列标准

ISO/IEC 14443—2011《识别卡　无触点的集成电路卡　接近式卡》系列标准是由 ISO/IECJTC1SC17 负责制订的非接触式 IC 卡国际标准，它采用的载波频率为 13.56MHz，应用十分广泛，目前的二代身份证标准中采用的就是 ISO/IEC 14443 TYPE B 协议。

该系列标准共分为物理特性、空中接口和初始化、防碰撞和传输协议、扩展命令集和安全特性四个部分。它定义了 TYPE A、TYPE B 两种类型协议，通信速率为 106kbps，它们的不同主要在于载波的调制深度及位的编码方式从接近式耦合设备（PCD）向接近式卡（PICC）传送信号时，TYPE A 采用改进的 Miller 编码方式，调制深度为 100%的 ASK 信号；TYPE B 则采用 NRZ 编码方式，调制深度为 10%的 ASK 信号。

从 PICC 向 PCD 传送信号时，二者均通过调制载波传送信号，副载波频率皆为 847kHz。TYPE A 采用开关键控（On–Offkeying）的 Manchester 编码；TYPE B 采用 BPSK 的 NRZ–L 编码。TYPE B 与 TYPE A 相比，由于调制深度和编码方式的不同，具有传输能量不中断、速率更高、抗干扰能力更强的优点。

2. ISO/IEC 15693 系列标准

ISO/IEC 15693 标准主要由物理特性、通信接口和初始化、防冲突和传输协议三部分组成。ISO/IEC 15693 标准定义了电子标签和读写器之间的双向通信协议，其基本通信模型如图 3–5 所示。

RFID 系统的通信模型分为三层，从下到上依次为：物理层、通信层和应用层。物理层即空中接口部分，主要关心的是电气信号问题，例如频道分配、物理载波等；通信层定义了读写器与电子标签之间双向交换数据和指令的格式，其中最重要的一

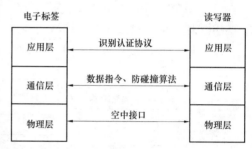

图 3–5　RFID 基本通信模型

个问题就是解决多个电子标签同时访问一个读写器时的碰撞问题；应用层用于解决和最上层应用直接相关的内容，包括认证、识别以及应用层数据的表示、处理逻辑等。

（1）通信过程如下：

1）电子标签进入读写器的有效场后被激活。

2）电子标签等待读写器的指令。

3）读写器发送指令给电子标签。

4）电子标签发送响应给读写器。

5）电子标签在被读写器的电磁场激活的 1ms 内，应该做好准备从读写器接收指令，读写器在发送指令给电子标签之后的 300μs 内，应该做好准备从电子标签接收响应。

数据通信的流程是发送方将要发送的数据组成帧，然后选用相应的编码方式对帧数据进行编码，并且为帧数据加上帧头和帧尾，最后进行调制发送；在接收方，首先将收到的调制信号进行解调，然后对信号进行解码和去帧头帧尾，最后得到帧数据，如图 3–6 所示。在 ISO/IEC 15693 协议标准中规定如下。

1）每一个查询和响应都包含在一个帧中，帧头（SOF）和帧尾（EOF）将在下面定义。

2）每一个查询都包含以下的域：标志位（FLAG）、命令代码、与特定命令相关的特定可选参数域、应用数据域、CRC。请求帧格式如表 3–1 所示。

表 3–1　请　求　帧　格　式

帧头（SOF）	标志位（FLAG）	命令代码	命令参数	应用数据域	CRC	帧尾（EOF）

3）在一个请求帧中，"标志"域描述了 VICC 应该执行的操作，以及相应的域是否出现。该域包含了 8b。请求标志域通知电子标签哪些可选数据将出现在请求帧中，并且确定了电子标签如何进行响应。

4）每一个响应包含下列的域：标志位、与特定命令相关的特定可选参数域、应用数据域、CRC。响应帧格式如表 3–2 所示。

表 3–2　　　　　　　　　　　　响 应 帧 格 式

帧头（SOF）	标志位（FLAG）	命令参数	应用数据区	CRC	帧尾（EOF）

5）协议是面向位的。在一帧中所传输的数据位是 8 的整数倍。

6）单个字节的传输都是从最低位开始的。

7）多个字节的传输从最低字节开始，每一个字节从最低位开始。

8）标志位的设定表明可选域的存在。当标志位被设为 1，该域出现；否则该域不出现。

9）RFU 标准应该设定为 0。

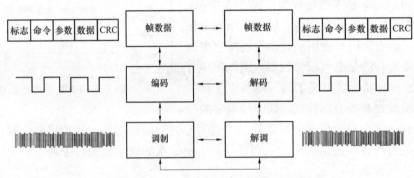

图 3–6　读写器和电子标签的通信模型

（2）ISO 15693 的载波、调制与编码。

ISO 15693 与 ISO 14443 国际标准最大的相同之处就是二者的射频载波频率都是 13.56MHz。这一点非常重要，此特性为同一射频接口芯片读写多种协议的电子标签（卡片）提供了极大方便。

ISO 15693 读写器产生的射频场的磁场强度在 150mA/m～5A/m，标签在这个场强区间内可以连续地正常工作。读写器和标签之间的通信采用调幅 ASK，调制系数有 10% 和 100% 两种，具体使用哪一种由读写器决定，标签必须能同时对这两种调制系数的调制波进行解调。

读写器向标签传送的数据，其编码使用脉冲位置调制（Pulse Position Modulation，PPM），PPM 的原理比较简单，每次用 2^M 个时隙传送 M 位，至于传送的数据是什么，要看脉冲出现在哪个时隙。ISO 15693 协议使用了两种 M 值，$M=8$ 和 $M=2$。

$M=8$ 是在 4.833ms 的时间内传送 256 个时隙，每次传送 8 位数据，脉冲出现在第几个时隙就代表传送的是什么数据，比如要传送数据 E1H=（11100001B）=225，则在第 225 个时隙传送一个脉冲，这个脉冲将时隙的后半部分拉低，如图 3–7 所示。

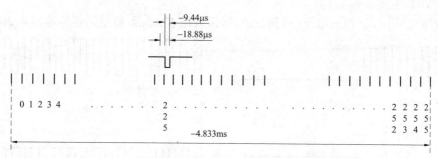

图 3-7　ISO1 5693 协议 *M*=8 的数据格式

　　M=2 是在 75.52μs 的时间内传送 4 个时隙，每次传送 2 位数据，脉冲出现在第几个时隙就代表传送的是什么数据，比如要传送数据 2H=（10B）=2，则在第 2 个时隙传送一个脉冲，这个脉冲将时隙的后半部分拉低，如图 3-8 所示。

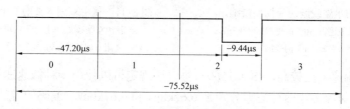

图 3-8　*M*=2 传送数据 2H 时数据格式

　　M=8 的情况下，每次在 4.833ms 的时间内传送 8 位数据，数据的传输速率是 1.65kbps；*M*=2 的情况下，每次在 75.52μs 的时间内传送 2 位数据，数据的传输速率是 26.48kbps。这两种速率差了十几倍，具体使用哪种速率，由读写器发送的数据帧的起始（SOF）波形决定，如图 3-9 所示。

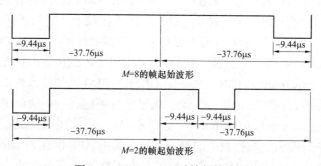

图 3-9　*M*=8、*M*=2 时帧起始波形

　　和多数其他类型的非接触式产品一样，ISO 15693 协议的电子标签也使用负载调制的方式向读写器回送数据信息。负载调制可以产生两种速率的副载波，$f_{s1}=f_c/32$（423.75kHz, 2.36μs）和 $f_{s2}=f_c/28$（484.28kHz, 2.065μs）；数据采用曼彻斯特编码，可以仅使用 f_{s1}，也可以 f_{s1} 和 f_{s2} 都用。

　　当仅使用 f_{s1} 时，数据编码如图 3-10 所示，逻辑"0"使用 f_{s1} 调制左边，右边不调制；逻辑"1"使用 f_{s1} 调制右边，左边不调制。每位数据 37.76μs，数据的传输速率是 26.48kbps。

　　当同时使用 f_{s1} 和 f_{s2} 时，数据编码如图 3-11 所示，逻辑"0"使用 f_{s1} 调制左边，f_{s2} 调制

右边；逻辑"1"使用 f_{s1} 调制右边，f_{s2} 调制左边。每位数据 $37.46\mu s$，数据的传输速率是 26.69kbps。

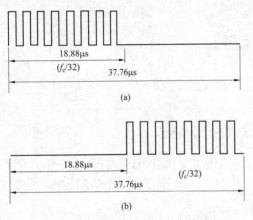

图 3-10　使用单副载波的曼彻斯特编码
（a）使用单副载波逻辑"0"的曼彻斯特编码；
（b）使用单副载波逻辑"1"的曼彻斯特编码

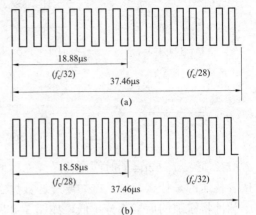

图 3-11　使用双副载波的曼彻斯特编码
（a）使用双副载波逻辑"0"的曼彻斯物编码；
（b）使用双副载波逻辑"1"的曼彻斯特编码

上述数据传输速率比较高，ISO 15693 协议还规定可以使用一种低速速率，低速速率是高速速率的 1/4，对应上述两种情形分别是 6.62kbps 和 6.67kbps。编码的方法是在编码"0"和"1"时使用的脉冲数增加为原来的 4 倍，如果仅使用 f_{s1} 调制，编码中未调制时间也增加为原来的 4 倍。

至于选用哪一种调制方法及哪一种数据的传输速率，完全由读写器决定，各种调制方法和速率标签都必须支持。

（3）ISO 15693 的防碰撞与传输协议。遵守 ISO 15693 协议的电子标签都有一个 8 字节共 64b 的全球唯一序列号（UID），这个 UID 一方面可以使全球范围内的标签互相区别，更重要的是可以在多标签同时读写时用于防冲突。8 字节 UID 按权重从高到低标记为 UID7—UID0，其中 UID7 固定为十六进制的 E0H；UID6 是标签制造商的代码，例如 NXP 的代码为 04H，TI 的代码为 07H；UID5 为产品类别代码，比如 ICODE SL2 ICS20 是 01H，Tag-it HF-I Plus Chip 为 80H，Tag-it HF-I Plus Inlay 为 00H；剩下的 UID4—UID0 为制造商内部分配的号码。

电子标签数量众多，应用范围极为广泛。为了区分不同行业中的电子标签，ISO 用一个字节的 AFI（Application family identifier）来区分不同行业中的电子标签。AFI 的高半字节表示主要行业，低半字节表示主要行业中的细分行业。其中 AFI=00H 表示所有行业。需要注意的是并不强制要求电子标签支持 AFI，电子标签是否支持 AFI 是可选的，在收到"Inventory"清点命令后，如果标签不支持 AFI，则标签必须立刻做出应答；如果支持 AFI，则只有收到的 AFI 与标签存储的 AFI 一致才做出应答。

15693 国际标准还规定了一个字节的可选的数据存储格式识别符（DSFID），用来区分标签中不同的数据存储格式。如果标签支持 DSFID，在清点命令中标签将返回一个非零的 DSFID，读写器可据此判断射频场中的标签是否具有期望的数据格式。

电子标签的内存最大可达 8KB，以数据块（Block）为单位进行管理，标签内最多可以有 256 个数据块，每个数据块最大可以有 32B。数据块的内容可以锁定以防止修改。

读写器与标签之间的数据交流使用"命令—应答"的方式，如下所示。

1）命令：标志（Flags）+命令码（Command code）+参数（parameters）+数据（Application data）+校验（CRC16）。

2）应答：标志（Flags）+参数（parameters）+数据（Application data）+校验（CRC16）。

可见应答除了没有应答码之外，结构与命令码类似。每一条命令及其应答都使用 CRC 校验以保证数据的完整性。读写器可以发出一条请求后让射频场内的所有电子标签同时应答（Addressed mode），也可以指定一个电子标签应答（Non-addressed mode）。在 Non-addressed 模式下，可以使用两种方法指定一个电子标签，一种是命令中给出电子标签的唯一序列号 UID，另一种是命令中不给出 UID，而是在之前的步骤中先选中一个标签，使其处于选中（Select）状态，然后命令中指明仅要求处于选中状态的标签做出应答。

ISO 15693 电子标签的防碰撞与 ISO 14443A 中基于位的防碰撞类似。其最根本的一点就是基于标签有一个全球唯一的序列号。因为序列号的唯一性，所以全球范围内的任意两个标签，其 64b 的序列号中总有一位的值是不一样的，也就是说任意两个标签的序列号总有一位上一个是"0"，另一个是"1"。防碰撞的过程可以 1 位 1 位地进行，也可以 4 位地进行。具体的原理参见位和时隙相结合的防碰撞机制。

电子标签支持的命令可以分为强制（Mandatory）命令、可选（Optional）命令和用户（Custom）命令 3 种。强制命令和可选命令的功能和格式在标准中都有明确而详细的定义，用户命令则由标签制造商制定。

强制命令有两个：清点（Inventory）和保持静默（Stay quiet），标签必须支持。标签最基本的功能是可以通过防碰撞送出一个标签识别号，这两个命令就是实现这个功能的。如果磁场中有多个标签，使用清点命令可以得到一个标签 UID，然后使用保持静默命令使其休眠；然后再使用清点命令可以得到下一个标签 UID，依次类推，从而实现对射频场中的所有标签实现清点轮询。

可选命令是否支持由标签制造商决定，可以分为以下 4 类。

1）对整个标签操作：选择（Select）、复位（Reset to ready）、读取系统信息（Get system information）。

2）对标签数据块操作：读单块（Read single block）、写单块（Write single block）、锁数据块（Lock block）、读多块（Read multiple blocks）、写多块（Write multiple blocks）、读多块安全状态（Get multiple block security status）。

3）对 AFI 操作：写 AFI（Write AFI）、锁定 AFI（Lock AFI）。

4）对 DSFID 操作：写 DSFID（Write DSFID）、锁定 DSFID（Lock DSFID）。

3. ISO/IEC 18000 系列标准

ISO/IEC 18000：2004《信息技术—用于项管理的射频识别技术》系列标准是由 ISO/IEC JTC1SC31 负责制定的 RFID 空中接口通信协议标准，它涵盖了从 125kHz 到 2.45GHz 的通信频率，识读距离由几厘米到几十米，主要适用于射频识别技术在单品管理中的应用。目前该系列标准分为以下 6 部分：

ISO/IEC 18000–1：2004《参考结构和标准化参数定义》；

ISO/IEC 18000–2：2004《频率小于 135kHz 的空中接口通信参数》；

ISO/IEC 18000–3：2004《13.56MHz 频率下的空中接口通信参数》；

ISO/IEC 18000–4：2004《2.45GHz 频率下的空中接口通信参数》；

ISO/IEC 18000-6：2004《860MHz～960MHz 频率下的空中接口通信参数》；

ISO/IEC 18000-7：2004《433MHz 频率下的有源空中接口通信参数》。

其中，ISO/IEC 18000-1 定义了在所有 ISO/IEC 18000 系列标准中空中接口定义所要用到的参数。还列出了所有相关的技术参数元数据及各种通信模式，如工作频率、跳频速率、跳频序列、占用频道带宽、最大发射功率、杂散发射、调制方式、调制指数、数据编码、比特速率、标签唯一标识符（UID）、读处理时间、写处理时间、错误检测、存储容量、防碰撞类型、标签识读数目等，并在标准的其他 5 个部分中详细给出了在该通信频率和模式下的具体参数值，为后续的各部分标准设定了一个框架和规则，提供了有关射频法规方面的信息和结构框架示例，这样更有利于简化、增加或修订标准内容的工作。

ISO/IEC 18000 的其他部分分别定义了通信频率在 125～134kHz、13.56MHz、2.45GHz、860～960MHz、433MHz 下的空中接口通信协议。规定了读写器与标签之间的物理层和媒体存取控制（MAC）参数、协议和命令以及防冲突判断机制。这些协议使读写器与标签之间能够实现通信。时序参数以及协议中的信号特性在每一种模式中的物理链路规范中确定。

ISO/IEC 18000 的物理层和媒体存取控制（MAC）参数、协议参数和防冲突参数较为复杂，表 3-3 列出了该系列标准中的主要空中接口技术指标。

表 3-3　　　　　　　　　　ISO/IEC 18000 主要空中接口技术指标

技术指标/工作模式		频率	调制方式	数据编码	数据传输速率/（kbps）	UID 长度	差错检测	标签识别数目
ISO/IEC 18000-2	TYPE A	125kHz± 4kHz	ASK	PIE, Manchester	4.2	64	CRC-16	264
	TYPE B	134.2kHz± 8kHz	ASK, FSK	PIE, NRZ	8.2, 7.7	64	CRC-16	264
ISO/IEC 18000-3	Mod 1	13.56kHz± 7kHz	ASK, PPM	Manchester	1.65, 26.48 6.62 26.48	64	CRC-16	264
	Mod 2	13.56kHz± 7kHz	PJM, BPSK	MFM	105.94	64	CRC-16 CRC-32	>32 000
ISO/IEC 18000-4	Mod 1	2400～ 2483.5MHz	ASK	Manchester, FMO	0～40	64	CRC-16	≥250
	Mod 2	2400～ 2483.5MHz	CMSK, CW Differential BPSK	Shortende Fire, Manchester	76.8, 384	32	用不同的 CRC 检测	由系统安装配定
ISO/IEC 18000-6	TYPE A	860～ 969MHz	ASK	PEI, FMO	33	64	CRC-16	≥250
	TYPE B	860～ 969MHz	ASK	Manchester, FMO, Bi-phase	10, 40	64	CRC-16	≥250
ISO/IEC 18000-7		433.92MHz	FSK	Manchester	27.7	32	CRC-16	3000

3.3.4　三个标准比较分析

ISO/IEC 14443 和 ISO/IEC 15693 系列标准主要从射频 IC 卡的角度描述了接近式卡和邻

近式卡与相应的耦合设备处于不同距离时的情况，而 ISO/IEC 18000 系列标准侧重描述了在单品管理中，在不同频率下利用射频识别技术进行自动识别和数据采集。

1. 定义对象

ISO/IEC 14443 和 ISO/IEC 15693 系列标准是射频 IC 卡标准，它针对封装成 IC 卡的射频标签定义了 4 个部分内容：物理特性、空中接口和初始化、防碰撞和传输协议、扩展命令集和安全特性。ISO/IEC 18000 系列标准针对单个物品管理的射频识别规定了相关空中接口协议，而对标签的封装形式、物理特性、数据内容和数据结构没有限制和定义。

2. 通信频率

ISO/IEC 18000 系列标准涵盖了从 125kHz 到 2.45GHz 的通信频率，其中的 ISO/IEC 18000–3 标准与 ISO/IEC 14443、ISO/IEC 15693 系列标准采用的通信频率均为 13.56MHz，形成了在相同的频率下也有多种 RFID 技术标准共存的局面。

3. 读写距离

RFID 的工作频段大体决定了读卡器与标签之间有效识别距离。ISO/IEC 14443 和 ISO/IEC 15693 系列标准皆以 13.56MHz 交变信号为载波频率。ISO/IEC 15693 读写距离较远，有效距离可达 1m 左右，而 ISO/IEC 14443 读写距离稍近，有效距离在 10cm 以内，但应用较广泛。ISO/IEC 18000 系列标准覆盖的频段较为宽泛，因此识读距离可从几厘米到几十米。

4. 工作原理

由于 ISO/IEC 14443、ISO/IEC 15693 和 ISO/IEC 18000 系列标准中定义的工作频率不同，各频段下的标签与读写设备之间的工作原理也有所差异。HF 频段 13.56MHz 下的读写设备和标签采用近距离磁场耦合的方式来工作，标签感应读写设备所产生的磁场信号，并依靠磁场的变化来传递信息，因此工作距离很近；UHF 段下的标签和读写设备采用反向散射的方式工作，标签利用接收到的由读写器发出的射频能量，将其中的编码信息利用电波传播回去，其工作距离较大。而且 UHF 频段波长较短，所以射频标签也可以实现相对较小的物理尺寸，同时该频段的绕射能力较强，适合大规模使用。

5. 防碰撞机制

如果在同一时间段内有多于一个的射频标签同时响应，则说明发生冲突。RFID 的核心是防冲突技术，防冲突机制使得同时处于读写区内的多个标签的正确操作成为可能，通过算法编程，读写器即可自动选取其中一个标签进行读写操作。这样既方便了操作，也提高了操作的速度。ISO/IEC 14443 中规定了 TYPE A 和 TYPE B 两种防冲突机制，前者是基于比特冲突检测协议，后者是通过系列命令序列完成防冲突。ISO/IEC 15693 则是采用基于时隙的轮询机制、分时查询的方式完成防冲突机制，在模式 1 的防冲突算法中最多有 16 个时隙，电子标签在每个时隙通过比较读写器指定的 UID 中某些位来决定是否响应，从而达到防冲突的目的。ISO 18000 系列标准中则采用了多种防冲突机制，如 ALOHA 法、时分多址和频分多址法、二进制树搜索算法等。

6. 应用领域

一般来说，RFID 系统使用的频率不同，读写距离、数据传输量及传输速率差别很大，应用领域也就不同。ISO/IEC 14443 主要应用在短距离、中等速率、读取少量数据的领域，如门禁控制、电子门票、电子证照等，ISO/IEC 15693 由于读写距离稍远，目前在危险品管理方面应用比较广泛。ISO/IEC 18000 的应用更为宽泛，其中 ISO/IEC 18000–2 适用于低成本、短距离、小量数据和低速率的应用，如动物识别、工具识别等；ISO/IEC 18000–3 适用于产品标识和门禁管理；ISO/IEC 18000–4 适合较长阅读距离的应用，如高速公路收费、托盘和货箱标识等；ISO/IEC 18000–6 适合以较长的阅读距离和较高速率读取数据的应用，如物流和供应管理，生产制造和装配；ISO/IEC 18000–7 可用于集装箱、托盘和货箱标识的管理。

3.4　RFID 产业化设计注意的问题

3.4.1　RFID 产业化关键技术

RFID 产业化关键技术包括芯片设计与制造、天线设计与制造、电子标签封装技术与装备、RFID 标签集成、读写器设计与制造技术等。

（1）芯片设计与制造。开发低成本、低功耗 RFID 芯片的设计与制造技术、适合标签芯片实现的新型存储技术、防冲突算法及电路实现技术、芯片安全技术、标签芯片与传感器的集成技术等。

（2）天线设计与制造。研究标签天线匹配技术、针对不同应用对象的 RFID 标签天线结构优化技术、多标签天线优化分布技术，片上天线技术、读写器智能波束扫描天线阵技术等，开发具有自主知识产权的 RFID 标签天线设计仿真软件等。

（3）RFID 标签封装技术与装备。研发基于低温热压的封装工艺、精密机构设计优化、多物理量检测与控制、高速高精运动控制、装备故障自诊断与修复、在线检测技术等。

（4）RFID 标签集成。研发芯片与天线及所附着的特殊材料介质三者之间的匹配技术，标签的一致性、抗干扰性和安全可靠性技术等。

（5）读写器设计。研发多读写器防冲突技术、抗干扰技术、低成本小型化读写器集成技术、超高频读写器模块开发、读写器安全认证技术等。

3.4.2　如何来选择合适的射频识别技术

1. 成本

一个射频识别系统的成本，包含硬件成本、软件成本和集成成本等。而硬件成本不仅仅包括读写器和标签的成本，还包括安装成本。很多时候，应用和数据管理软件和集成是整个应用的主要成本。如果从成本出发考虑，一定要根据系统的整体成本进行，而不仅仅局限于硬件，如标签的价格。这里，我们不进一步讨论和分析这部分的问题，但读者需要对此有一个了解和认识。下面我们主要讨论从技术层面来看，如何选择合适的频段。

2. 通信距离和通信速率

我们知道，即使是在同一个频段内的射频识别系统，其通信距离也是差异很大的。因为通信距离通常依赖于天线设计、读写器输出功率、标签芯片功耗和读写器接收灵敏度等。我们不能够简单地认为某一个频段的射频识别系统的工作距离大于另一个频段的射频识别系统。

虽然理想的射频识别系统是长工作距离，高传输速率和低功耗的。然而，现实的情况下这种理想的射频系统是不存在的，高的数据传输速率只能在相对较近的距离下实现。反之，如果要提高通信距离，就需要降低数据传输速率。所以我们如果要选用通信距离远的射频识别技术，就必须牺牲通信速率。选择频段的过程常常是一种折中的过程。

3. 存储器容量和安全

除了考虑通信距离以外，在选择一个射频系统时，通常还要考虑存储器容量、安全特性等因素。根据这些应用需求，才能够确定适合的射频识别频段和解决方案。从现有的解决方案来看，超高频和微波射频识别系统的操作距离最大（可以达到 3～10m），并具有较快的通信速率，但是为了降低标签芯片的功耗和复杂度，并不实现复杂的安全机制，仅限于写锁定和密码保护等简单安全机制。而且，该频段的电磁波能量在水中衰减严重，所以对于跟踪动物（体内含超过 50%的水）、含有液体的药品等是不合适的。低频和高频系统的读写距离较小，通常不超过 1m。高频频段为技术成熟的非接触式智能卡采用，非接触式智能卡能够支持大的存储器容量和复杂的安全算法。如前所述，由于通信速率和安全性需求，非接触式智能卡的工作距离一般在 10cm 左右。高频频段中的 ISO 15693 规范通过降低通信速率使通信距离加大，通过大尺寸天线和大功率读写器，工作距离可以达到 1m 以上。低频频段由于载波频率低（典型工作频率为 125k～135kHz），因此通信速率最低，而且通常不支持多标签的读取。

3.5 国内外常用 RFID 芯片基本介绍

3.5.1 国外常用 RFID 芯片基本介绍

目前国际上拥有芯片技术的 Matrics 和 Alien 科技公司是市场上领先的厂商，用于 AUTO–ID 测试所用的 RFID 芯片均出自两家厂商。在中国市场提供 RFID 芯片的主要有 Philips（飞利浦）、TI（德州仪器）、ST（意法半导体）、Infineon（英飞凌）等国外企业。

符合较新的 EPC 标准（包括 Class0，Class1 和 GEN2 等三种协议，涉及 HF 和 UHF 两种频段）的芯片是目前国际上新兴的芯片技术产品，特别是符合最新的 EPC GEN2 标准的芯片，目前国际上只有少数厂商的产品上市。目前主要的芯片产品如下。

1. UCODE EPC Gen2 芯片

飞利浦是首家 RFID 芯片通过 EPCglobal Gen2 标准认证的芯片厂商，它出品的 UCODE EPC Gen2 芯片可涵盖所有基本指令，内建一组单次可程序化的 96 位 EPC 的一次可编程存储器，采用防碰撞运算法则，在现行美国规范下每秒能读取多达 1600 张标签。反向散射数据传输速率从每秒数十比特提高到 650kbps，扫描范围扩展到 30 英尺（1 英尺=0.304 8m）。它利用可灵活部署的应用现场识别码（AFI），除了支持 EPC Gen2 标准，还支持 ISO18000–6c 编码结构。该芯片具有全球兼容性，有效解决了不同地区为 RFID 分配不同 UHF 频段的规范问题。芯片中设有允许可程序化的读写字段，支持更快的标签读写率和在高密度读取器环境下的操作。

2. XRAG2 芯片

ST（意法半导体）公司曾经为全世界提供了首枚符合 EPC 规范的 RFID 芯片，目前可提供符合 ISO 和 EPC 标准的短距离、长距离和 UHF 三大系列的 RFID 芯片。在 UHF 频段，其 XRAG2 芯片完全符合 EPC Gen2，工作频率范围 860M～960MHz 其高频。在有 10 个以上读写器的环境中，XRAG2 能够在密集阅读模式下工作，即读写器发射和标签回应使用不同的边带，从而最大限度地降低信号干扰。XRAG2 安全机制包括密码防篡改保护和 KILL 命令，KILL 命令支持现场禁用标签，使数据永远不能再被访问，这种永久禁用标签的功能在解决人们关心的消费者隐私问题上至关重要。

XRAG2 是一个 432b 的存储器芯片，有两种配置可供选择，并允许标签存储专用的工业代码：3 个存储器（64 位 TID、304 位用于 EPC 代码、64 位备用）或 4 个存储器。采用高可靠的成熟的 CMOS 技术开发，内建 EEPROM 存储器。凭借 ST 在串行非遗失性存储器方面的优势，芯片具有 40 年的有效期，擦写次数超过 10 000 次以上，为物流行业提供良好的互操作性，增强的安全性和更加优化的性能。

3. ICODE 系列芯片

ICODE 系列是飞利浦特别面向高频 RFID 标签而设计的芯片，专为供应链与运筹管理应用所设计，具有高度防冲突与长距离运作（在美国高达 7m，在欧洲则高达 6.6m）等优点，适合于高速、长距离应用。包括 ICODESLI-S、SL2-S 等多系列产品，目前 ICODE 是高频（HF）RFID 标签方案的业界标准。主要针对每年物流量高达数百万个的庞大数目，ICODE 芯片的采用数量目前已经超过 3 亿 5 千万个，是全球使用最普遍的智能型标签，因此是一项可靠技术，同时，整个 ICODE 系列产品都符合 ISO 15693、ISO 18000 与 EPCglobal 基础设施规格。

4. LRI2K 和 LRIS2K 芯片

LRI2K 和 LRIS2K 是意法半导体两款 2048 位远距离 RFID 资产跟踪专用存储器产品，产品符合 ISO/IEC15693 和 ISO/IEC18000–3Mode1 RFID 标准。特别适用于门禁、图书馆自动化和供应链管理等市场，以及药品和贵重物品等敏感产品的防伪应用。LRIS2K 还提供密码功能，为用户带来了更多的保护。使用 3 个有效的命令，可以给该芯片内的每个存储区块独立设置简档。安全简档功能具有高度的灵活性，准许供应链的不同环节控制不同的存储区块。LRI2K 和 LRIS2K 两个产品都提供 2KB 的可电擦除用户存储器（EEPROM）和一个可选的标准 HF（高频）13.56MHz 载波片射频接口。高速数据传输速率，长达 1.5m 的应用读写距离，以及 13.56MHz RFID 技术的优点，如高可靠性和低 RFID 读写器成本，这些特性和功能使得这两款芯片特别适用于对安全、库存速度和标签大小都有相关需求的物品标签的应用。

5. SRF55V 系列芯片产品

SRF55V 系列产品是英飞凌公司的产品，普通型包括 SRF55V01P、SRF55V02P 和 SRF55V10P 三种，安全型包括 SRF55V02S 和 SRF55V10S。EEPROM 大小有 72KB、320KB 和 1280KB 供选择；服务区域由 3 页组成；每个芯片都有一个唯一序列号（UID）；物理接口和防冲突机制符合 ISO/IEC 15693。工作载波频率：13.56MHz，数据传输速率可高达 26.69kbps，其防冲突机制可以每秒处理 30 张标签，由非接触方式传送数据和提供工作能量，标签的读写距离可以达到 70cm（或更高，受读写器的天线电路影响）。更新（擦除和编程）时间为 4 毫秒/页，可以重复擦写 10 万次，数据可以保存 10 年。安全型产品除了具有普通型产品的特点外，还增加了安全特性。

3.5.2 国内常用 RFID 芯片

国内在 HF 频段 RFID 标签芯片设计方面的技术比较成熟，HF 频段方面的设计技术接近国际先进水平，以复旦微电子、上海华虹、清华同方等中国集成电路厂商已经自主开发出符合 ISO 14443 TypeA、TypeB 和 ISO 15693 标准的 RFID 芯片，并成功地应用于交通一卡通和中国二代身份证等项目。主要的国内 HF 芯片产品如下。

1. SHC1105 芯片

上海华虹生产的非接触式 IC 卡芯片产品。它遵循 ISO/IEC 15693 协议，内置 2KB 用户可操作 EEPROM 存储器，可用于物流、航空行李标签、邮政信函、安全管理等射频识别（RFID）应用领域。芯片中的模拟部分有两个模块：射频接口模块和 EEPROM。射频接口模块（RFMODULE）完成能量耦合、信号解调调制、恢复时钟、提供全局复位信号；片内 EEPROM 用于存储用户数据、控制信息、出厂数据等。逻辑控制电路主要由三部分构成：编解码即协议控制模块（CODE/DECODE&PROTOCOL）负责信号编解码、通信协议处理；指令执行模块（INSTRUCTIONEXECUTION）完成指令的处理；EEPROM 读写控制模块（EEPROM READ/WRITE）完成 EEPROM 数据的读写时序控制。

2. SHC1507 芯片

上海华虹生产的 SHC1507 单芯片是一颗能在低电压下工作，工作电流小，具有休眠模式的非接触读写芯片是电池供电的非接触式读写器（RWD）的核心。它符合 ISO14443A&ISO14443B 的国际标准，工作频率为 13.56MHz。它能对华虹系列非接触式 IC 卡芯片配合进行操作，并能对 M1 系列卡片进行操作。芯片集成调制解调和发射等模拟电路，外围电路简单。

SHC1507 多用性适用于公交、地铁、门禁、校园一卡通、公司一卡通等多种不同应用场合的 PSO 机。特别适合三表行业和手持式设备等低功耗要求的应用场合。

3. FM17XX 系列通用读卡机芯片

此芯片由复旦微电子股份有限公司出品。支持 ISO 14443（TYPEA、TYPEB）、15693 多种通信协议的全系列非接触卡读卡机芯片。采用 0.6μm CMOS EEPROM 工艺，可分别支持 13.56MHz 频率下的 type A、type B、15693 三种非接触通信协议，支持 MIFARE 和 SH 标准的加密算法。可兼容飞利浦的 RC500、RC530、RC531 及 RC632 等读卡机芯片。芯片内部高度集成了模拟调制解调电路、只需最少量的外围电路就可以工作，支持 6 种微处理器接口，数字电路具有 TTL、CMOS 两种电压工作模式。适用于各类计费系统的读卡器的应用。该款读卡机芯片分为模拟、数字和存储单元三部分，是一款高集成度的模拟电路、只需最少量的外围线路即可制成读写机模块。卡与读写机的操作距离最大可达 10cm。芯片内部带有加密单元及保存密钥的 EEPROM，支持灵活的加密协议，保证了数据通信的安全性。值得一提的是为提高芯片长期工作的稳定性及可靠性，芯片设计采用了多项可靠性设计技术，如成熟的 IP 模块、足够的设计容量、成熟的 ESD 保护技术等。

3.6 基于单片机控制的 RFID 读写器设计方法

RFID 读写器的设计原理是从多个角度进行研究的，同时在设计的过程中还要考虑以下的几个问题。在相对较为复杂或是不常见的现象发生的过程中，RFID 系统的读写功能可以直接的分为两个部分，一是信号的发射模式，紧密联系的还有发射后的接收装置系统；还有一部分是关于信号系统的数据读写终端和信号串联模块。同时在设计的过程中还兼考虑到关于读写器的整体信号发射和信号的接收方式，以及在信号的传输中关于信号的干扰作用。在技术上的支持还有关于信号的编程代码、安全的解码模式以及信号代码的解密方式。使用中还可以相应地添加标签提示环节，使得 RFID 读写器的信息读取功能更加完善，具备一定的身份验证的功能。其独特的电子信息功能还表现在造型的小巧、成本较低、多功能多数据接口等问题。本节以 RC 系列射频接口芯片为例介绍基于单片机控制的 RFID 读写器设计方法。

3.6.1 RFID 系统设计

RFID 系统组成如图 3–12 所示，包括一个主机系统和 RFID 设备（读写器和标签）。主机通过计算机网络或者 RS–232 接口与 RFID 设备通信，控制 RFID 设备。一台主机可以通过计算机网络监控多台 RFID 设备。标签存储标签 ID 和其他用户设定的数据。平时标签处于休眠状态，检测到一定特征的射频信号后从中获取能量，并恢复时钟，进入接收状态。当接收到特定的同步信号和命令后，便可以与读写器交互。读写器负责与标签进行通信。

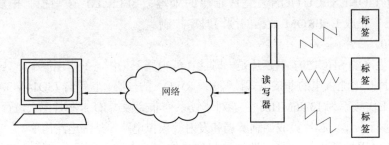

图 3–12　RFID 系统组成

读写器发往被动式标签的信息采用 ASK 调制方式，标签用包络检波的方式对接收到的信号进行解调。标签发往读写器的信号采用反向散射调制方式。反向散射调制方式由读写器提供载波，标签根据需要发送的信息调整天线的阻抗，反向散射调制读写器发过来的稳定的载波。读写器接收并解调反映传输功率的反向散射调制信号。读写器和标签之间为半双工通信，也就是说标签在进行反向散射调制的时候读写器不能发送调制信号。RFID 系统的三层通信结构：

（1）物理层。只完成信息的准确交互，不进行任何信息的检测、校正。

（2）网络层。保存最新的节点地址表，包括物理地址和虚拟地址。

（3）传输层。决定通信节点、完成节点的多次握手建立通信、信息的打包并交付下层进行发送或接收下层数据传输。

RFID 系统硬件接口方式主要是指读写器和数据处理系统计算机的硬件接口方式。RFID 系统的硬件接口方式非常灵活，包括 RS–232、RS–485、以太网（RJ45）、WLAN802.11（无线网络）等接口，不同的硬件接口方式具有不同的应用范围和性能特征。

3.6.2 RFID 读写器的总体设计

1. RFID 读写器总体构思

读写器的组成框图如图 3–13 所示。上位机通过串口与读写器主控模块相连，发送读卡、写卡等命令，接收主控模块的数据与操作报告。读写器通过射频模及其辅助天线与卡片通信，实现与卡片的交易。键盘和报警、显示模块在读写器脱机工作时作为持卡者与读写器的互操作平台，当然，联机时也同样可以在此平台上互操作。

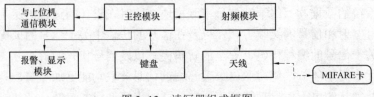

图 3–13　读写器组成框图

　　读写器与智能卡之间的接口采用的是 MIFARE 技术的射频接口，它与 ISO/IEC 14443 TYPEA 标准兼容。接口主要基于电磁感应原理。MIFARE 卡片是无源卡，因此能量由读写器传输给卡片。能量传输的同时，进行数据的双向传输。

　　射频模块是智能卡与外界通信的媒介，智能卡线圈与射频模块连接着的天线产生共振，进行数据传递，完成卡与射频模块的通信。Philips 公司推出的部分射频模块被用于读写 MIFARE 标准的卡片，也即 ISO/IEC 14443 TypeA 标准的卡片。

　　在射频非接触式智能片的读写器中，它负责对射频非接触式智能卡片的读、写等功能，一般在读写器中还必须有MCU（微处理单片机）来对射频模块进行控制，以及对读写器的其他部分，例如对键盘、显示、通信等部分的控制。

　　射频卡读写器以射频识别技术为核心，读写器内主要使用了 1 片 MIFARE 卡专用的读写处理芯片（MFRC500）。它是一个小型的最大操作距离达 100mm 的 MIFARE 读/写设备的核心器件，其功能包括调制、解调、产生射频信号、安全管理和防碰撞机制。内部结构分为射频区和接口区：射频区内含调制解调器和电源供电电路，直接与天线连接；接口区有与单片机相连的端口，还具有与射频区相连的收/发器、64B 的数据缓冲器、存放 3 套寄存器初始化文件的 EEPROM、存放 16 套密钥的只写存储器以及进行三次认证和数据加密的密码机、防碰撞处理的防碰撞模块和控制单元。这是与射频卡实现无线通信的核心模块，也是读写器读写 MIFARE 卡的关键接口芯片。

　　2. RFID 读写器的硬件设计

　　基于 MFRC500 的 RFID 技术 MIFARE 卡读写器系统，其硬件系统结构框图如图 3–14 所示。硬件主要由 STC89C52RC 单片机、MFRC500、以及 MAX232 通信等接口模块组成。读卡器用 STC89C52RC 单片机作主控制器，单片机控制 MFRC500 驱动天线对 MIFARE 卡进行读写操作。74LS164 作显示驱动器驱动 LED 数码显示器，PS/2 总线作为通用编码键盘接口，键盘与 LED 显示器作为人机交互接口，MAX232 作串口信号转换。由于主控芯片 STC89C52RC 有 8KB 的 FLASH，并且内含 2KB 的 EEPROM，可方便反复擦写、修改程序，同时，由于外部不用扩展程序存储器，可以简化电路设计，减小读卡器的尺寸，同时有较多的 I/O 口提供给系统使用。

　　读写器电路是由 STC89C52RC 型单片机控制专用读写芯片（MFRC500）组成。系统的工作方式是先由MCU控制 MFRC500 驱动天线对 MIFARE 卡进行读写操作，然后与 PC 通信，把数据传给上位机。

　　系统使用了 Philips 公司的 MFRC500 芯片，它是与射频卡实现无线通信的核心模块，也是读写射频卡的关键接口芯片。它根据寄存器的设定对发送缓冲区中的数据进行调制得到发送的信号，通过由 TX1、TX2 脚驱动的天线以电磁波的形式发出去，射频卡采用 RF 场的负载调制进行响应。天线拾取射频卡的响应信号经过天线匹配电路送到 RX 脚，

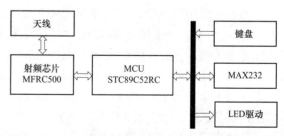

图 3–14　读写器硬件系统框图

MFRC500 内部接收缓冲器对信号进行检测和解调并根据寄存器的设定进行处理。处理后的数据发送到并行接口由单片机读取。

3. RC 系列射频芯片的天线设计

使用 RC 系列射频芯片开发卡片读写器，主要的关键点有两个，分别涉及硬件和软件。软件上的关键点是如何正确设置 RC 系列射频芯片内部的 64 个寄存器，硬件上的关键点则是 RC 系列射频芯片的天线设计。天线提供了卡片和读写器交换数据的物理通道，直接决定了读写器的读写性能和读写距离，在此基础上加上对 64 个寄存器的正确操作，读写器才能正常高效地工作。

在数字电路中设计模拟信号的天线还是比较复杂的，因为天线设计牵扯到好多因素，诸如电磁感应、电场强度、共振、干扰、Q 值，等等。好在芯片的制造商为了推销产品，多数都提供了参考的电路设计，芯片的使用者在参考电路的基础上设计自己的电路，则要容易的多，RC 系列芯片的天线设计也提供了参考电路，如图 3-15 所示。

天线结构上可以分为四部分：EMC 滤波、匹配电路、天线线圈和接收电路。

EMC 滤波电路是一个低通滤波，L_0 为 1μH，C_{01} 和 C_{02} 都是 68pF，这些都是典型值，实际电路中可以围绕典型值上下调节以满足设计要求。

天线电路中的天线线圈直接布线在 PCB 板上，采用中间抽头接地的对称方式，一般的应用中天线直径 4～6cm，天线直径直接影响读卡距离，直径小读卡距离近，但也并不是直径越大越好。天线的圈数一般 2～6 圈，也就是说对称接地的情况下每一边 1～3 圈。

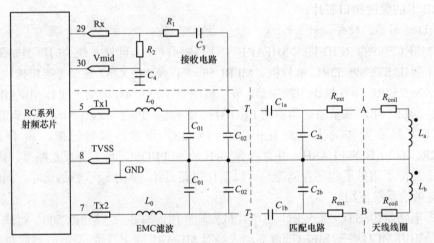

图 3-15　RFID 的天线设计和信号处理电路

匹配电路用来连接天线电路和 EMC 滤波电路，匹配电路中的电容与天线电感组成谐振电路。C_{1a} 和 C_{1b} 可取 16pF 或 27pF，对读写距离影响不大，C_{2a} 和 C_{2b} 是谐振电容，这两个电容值非常关键，它们直接影响谐振程度，进而影响天线电压的振荡幅度，最终影响读写距离。通常天线电压的峰值大于 10V 就可以读到卡片，也并不是峰值越大越好，还要看卡片或标签上天线的大小、天线周围的干扰，尤其是金属干扰等因素。C_{2a} 和 C_{2b} 通常可在 82～220pF 的范围内调节。

接收电路中的 C_3 容量为 1nF，C_4 为 100nF，R_1 与 R_2 组成分压电路，R_2 固定为 820Ω，R_1 根据天线的振荡幅度在 470Ω～10kΩ 的范围内调节，典型值为 2.2kΩ。

电路中的电阻和电容一般使用 0402、0603 或 0805 的贴片封装。稳定性要好，误差不能太大。

设计读写器天线的时候，通常最关心的指标是读写距离，影响天线读写距离的因素主要有以下几方面。

（1）读写器和卡片的天线尺寸。

（2）天线本身的匹配程度。

（3）天线和匹配电路的品质因数。

（4）读写器的功率。

（5）环境影响。

卡片上天线的尺寸没办法改变，只能设计天线的大小。通常最大设计的读写距离应该等于天线的半径，而 RC 系列芯片的最大操作距离都是 10cm，我们总不能做个直径 20cm 的天线吧，除非特殊要求，这样的巨无霸很难有市场。

天线的匹配程度、品质因数和功率通过调整参考电路的元件参数是可以调节的。周围环境影响因素中金属干扰最为严重，金属干扰将导致操作距离减小，数据传输出错。金属与读写器天线之间的距离应大于有效的操作距离，为减小金属的影响，应使用铁氧体进行屏蔽。最好金属与天线的距离大于 10cm，最小也要 3cm，而且使用紧贴的铁氧体屏蔽。

另外，设计天线时为天线增加屏蔽可以有效抑制干扰，比如天线设计使用 4 层板，在两个中间层布天线线圈，在顶层和底层对应中间层线圈的地方布上一圈屏蔽地，当然这一圈屏蔽地本身不能闭合。

调整天线的最好方法还是直接用卡片或标签试验，边调节元件参数边测试读写距离，直到满足设计要求为止，时间长了，对天线电路的习性就心中有数了。

3.6.3 系统的软件设计

表现射频识别的信息是多样性的，例如，电子标签、读写器的二进制信号、射频识别信号的电磁场强度以及相互之间的相位差等。从这些信息中都可以找到识别信息的正确方法。研究发现在同一频率下，同一区域的电子标签或读写器，其无线电信号的强弱是有所不同，强的信号能覆盖弱的信号，使弱信号的电子标签不能工作。

（1）算法的实现过程。当读写器开始工作时，首先会检测在其集合范围内最强信号的电子标签。如果有，读写器会通过三次握手方式读取电子标签数据。待核实读取正确后，数据存入指定的存储器内单元中。完成数据后，读写器将使得电子标签休眠。当确定已读电子标签已屏蔽后，读写器开始读取新的电子标签，对于新读取的电子标签，读写器重复前述的读取步骤，完成第二个标签的读取。这种读取方式是根据电子标签的个数，不断进行读取、存储、休眠，直至本集合范围内检测不到电子标签信号为止。此时读写器会将已读取的、并存在指定位置的标签数据通过握手方式送至上位计算机，当完成握手后，读写器会开放所有的已休眠的电子标签。

（2）设计思想。当有 MIFARE1 射频卡进入距离射频天线 100mm 内，读写器就可以读到卡中的数据。系统单片机要将所读数据进行分析处理，如果符合条件，则读卡成功指示灯闪一下，蜂鸣器鸣叫一声。并将卡片数据与当前时间一起存入单片机内的 EEPROM，在 LED 显示器上显示卡中的数据。没有卡进入读写器工作范围时，在显示器上显示当前时间。若读卡出错，显示出错标志。在与上位机通信时，将单片机内部 EEPROM 存入的信息发往上位机。单片机的程序包括以下几个部分：MFRC500 的应用子程序的设计、主程序设计和读卡器其他电路的应用程序设计。

（3）MIFARE1 卡与读写器的通信过程。MIFARE1 卡与读写器的通信过程，实际上就是 MIFARE1 卡和读写器之间的数据交换和对 MIFARE1 卡内 EEPROM 存储器中的数据进行处理的过程。在数据交换过程中，为了确保卡和读写器之间数据的同步及数据能被正确接收、识别，需要建立系统的通信协议。在交易的过程中 MIFARE 卡遵守通信协议，根据接收的指令，在有限状态机的控制下执行一个工作过程，完成需要的功能。以下介绍读写器与 MIFARE 卡之间的通信协议与对指令的执行过程。

1）通信协议。MIFARE 卡与读写器之间采用半双工的通信方式进行通信，使用 13.56MHz 高频电磁波作为载波，数据以 106kBd 进行传送。在 MIFARE 卡与读写器之间的异步通信中，采用了起止位同步法的帧结构。

复位请求指令的帧结构：起始位、7 个数据位和停止位（不包括奇偶校验位），如图 3–16 所示。

起始位	7 个数据位							停止位
5	B0	B1	B2	B3	B4	B5	B6	E

起始位	7 个数据位							停止位
S	0	1	1	0	1	0	1	B6	E
此为起始帧 26								

图 3–16　复位请求指令的帧结构

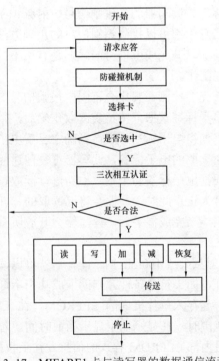

图 3–17　MIFARE1 卡与读写器的数据通信流程

标准的帧结构：起始位、n 个字符（8 位数据位和 1 位奇偶校验位）和停止位。

2）指令流程。MIFARE1 卡接收到读写器的指令后，经过指令译码后，在有限状机的控制下，进行数据处理，并返回相应的处理结果。MIFARE1 卡与读写器的数据通信流程如图 3–17 所示。

当 MIFARE1 卡位于读写器的天线感应范围之外时，MIFARE1 卡不进行任何操作；当其进入读写器的天线感应范围经过一段时间的延迟，MIFARE1 卡上电复位，可接收读写器发送的请求应答指令；当卡接收读写器发送的请求应答指令后，返回卡的类型号，随即读写器发送防冲突指令，系统进入防冲突循环中，防冲突循环结束后，读写器发出选卡指令，选中其中一张卡，在此阶段，卡处于准备就绪状态；被选中的卡随即进入激活状态，此时卡接收到读写器发送的相互认证的指令检查双方的合法性，如果认证通过，就进行下一步的读、写、加、减等交易操作；上述操作完成后，读写器发出停卡指令，MIFARE1卡从激活状态返回到停顿状态，一次交易结束。在对卡内数据进行读写操作之前，需要进行从请求应答到相互认证的过程，如果在这个过程期间出现错误，都将使读写操作不能够进行。

　　实现上述过程的操作是由卡中的有限状态机控制的。有限状态机将读写器的指令接收、识别，并且对当前的工作状态进行分析，发现满足指令执行的条件，就执行读写器指定的操作；如果指令不满足执行条件，有限状态机将控制卡向读写器发出出错信息，并将工作状态返回到停顿状态。这时读写器要对卡进行操作，只有从头开始直到所有的步骤满足条件并执行为止。

　　（4）单片机主程序流程图。主程序流程图如图 3-18 所示。程序设计采用单片机汇编语言和 Keil C51 混合编程。看门狗定时器中断服务程序采用汇编语言编写，其他程序采用 C 语言编写。程序的每一部分按模块化设计成一个文件，单独调试通过后，再在 Keil C51 环境下加入到工程文件中汇编生成 HEX 文件，用仿真器进行仿真通过后，写入 STC89C52 芯片中脱离仿真器运行。

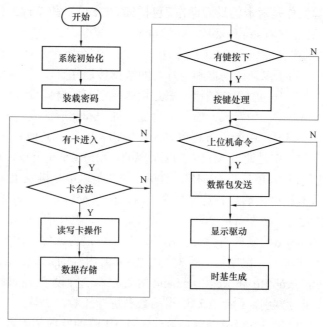

图 3-18　主程序流程图

　　（5）读写卡程序设计及举例。读写卡过程包括装载密码，询卡，防冲突，选卡，验证密码，读写卡，停卡。这一系列的操作必须按固定的顺序进行。

　　装载密码：在没有射频卡进入射频天线有效范围时，显示当前时钟，当有射频卡进入到射频天线的有效范围，读卡程序验证卡及密码成功后，将卡号和读卡时间及相关数据作为一条记录存入 EEPROM 存储器中，并在 LED 显示器上显示卡号。

　　1）询卡过程：当一张 MIFARE 卡处在卡读写器的天线工作范围之内时，MCU 将通过MFRC500 发送一个询卡请求，询卡请求有两种，一种是 requestall，这指令是非连续性的读卡指令，只读一次；另一种是 requeststd，这是连续性的读卡指令。当卡片收到该指令后，卡片内的 ATR（Answer To Request）将启动，并将卡片的 Block0 中的卡片类型（TagType）号共 2 个字节传送给读卡器，从而建立卡片与读卡器的第一步通信联络，完成询卡过程。

2）防冲突：如果有多张 MIFARE 卡片处在卡片读写器的天线工作范围之内，MFRC500 能检测出来并通知到 MCU。此时 MCU 通过防冲突算法来与每一张卡进行通信。以取得每一张卡片的序列号，由于每一张 MIFARE 卡片都具有其唯一的序列号而绝不会相同，因此，MCU 根据卡片的序列号来保证一次只对一张卡进行操作。（根据 ISO14443 协议，M1 型卡传统的防碰撞算法是动态二进制检索树算法。它首先利用 MANCHESTER 编码"没有变化"的状态来检测碰撞位，然后把碰撞位设为二进制"1"，用 SELECT 命令发送碰撞前接收的部分卡片序列号和碰撞位，如果卡片开头部分序列号与其相同，则做出应答，不相同则没有响应。以此来缩小卡片范围，最终达到无碰撞）。

3）选卡：通过以上两步以后，MCU 选取一张卡的序列号进行通信，即选卡。

验证密码：选定要处理的卡片之后，MCU 就确定要访问的扇区号，并对该扇区密码进行密码校验，在三次相互认证之后就可以通过加密流进行通信。（在选择另一扇区时，则必须进行另一扇区密码校验。）

4）读写卡：读写操作是对卡的最后操作，包括读（Read）、写（Write）、增值（Increment）、减值（Decrement）、存储（Restore）和传送（Transfer）等操作。

停卡：当一系列的操作完成后，MCU 发送一个停卡命令给卡片，使其退出工作。

在非接触通信中，为了保证读写器和卡片之间数据传递完整、可靠，采取以下措施：一是防冲突算法，二是通过 16 位 CRC 纠错，三是检查每字节的奇偶校验位，四是检查位数，五是用编码方式来区分"1"、"0"或无信息。为提高处理和响应速度，程序设计采用单片机汇编语言和 C 语言混合编程。中断服务程序采用汇编语言编写，其他程序采用 C 语言编写。单片机对 MIFARE 卡的控制是通过 MFRC500 实现的，MFRC500 是单片机和 MIFARE 非接触式智能卡之间的通信载体。单片机对 MFRC500 的控制是以单片机发出 MFRC500 的指令来达到的，MFRC500 收到指令之后执行这些指令。单片机对 MFRC500 的某一指令操作不是简单的一条指令所能完成的，必须有一个程序的序列来完成，其中有对 MFRC500 硬件内核寄存器的读、写以及根据读出的硬件内核寄存器的内容进行语言软件上的判断和设置。例如对卡片进行读（Read）操作，则程序员必须对 MFRC500 内部的 RegChane1、Redundancy、RegInterruptEn、RegInterruptRq 和 RegCommand 等寄存器进行设置，同时还要对地址进行设置，并对每一个状态进行判别，最后在对读得的数据进行校验，等等。

就连一条最简单的停机（Halt）指令也必须首先对 MFRC500 内部的诸多寄存器进行设置。不同的指令将设置不同的 MFRC500 内部寄存器以及应有不同的编程语言程序序列。

下面介绍一下主程序中涉及到的子程序。

1）寻卡子程序是由下面的函数实现的：char M500PiccRequest（unsigned char req_code，unsigned char *atq）：Request 指令将通知读卡器在天线有效的工作范围（距离）内寻找 MIFARE 卡片。如果有 MIFARE 卡片存在，这一指令将与 MIFARE 进行通信，读取卡片上的卡片类型号，传递给单片机，进行识别处理。程序员可以根据 TAGTYPE 来区别卡片的不同类型。对于 MIFARE 卡片来说，返回卡片的 TAGTYPE（2B）为 0004H。入口参数 req_code：52H 表示当某一张卡片在天线的有效的工作范围〔距离〕内，Request 指令在成功地读取这一张卡片之后，将一直等待卡片的使用者拿走这一张卡片，直到有新的一张卡片进入天线的有效工作范围（距离）内。26H 表示连续地进行读卡操作，而不管这张卡片是否被拿走。只要有一张卡片进入天线的有效的工作范围（距离）内，Request 指令将始终连续地进行读卡操作。

2）RC 系列射频芯片的寄存器操作。前面提到，RC 系列内部 64 个寄存器的正确操作是软件编写的关键。正确设置寄存器首先要做到与寄存器正确通信，其次是要对寄存器写入正确的值。

RC 系列射频芯片与微控制器的接口有并口和 SPI 接口两种类型。显然，并口通信速度快，需要占用的微控制器 I/O 多，SPI 通信速度慢，但需要的微控制器 I/O 口少。这里需要特别说明的是，速度的快慢仅体现在控制单元与 RC 系列芯片本身的通信速率上，而不影响芯片与标签或卡片的通信速度，芯片与标签或卡片的通信速度是由国际标准规定的，任何芯片都必须遵守国际标准。

并口方式下 RC 系列芯片的 D0～D7 直接挂在控制单元的数据总线上，NWR、NRD、ALE、IRQ 分别接控制单元对应的写使能、读使能、地址使能、外中断引脚。工作时 RC 系列的 64 个寄存器直接映射为控制单元的外部 RAM 空间。控制单元向 RC 系列写入数据和命令后，射频芯片执行的结果通过 IRQ 引脚向控制单元发起中断，控制单元在中断程序中处理射频芯片的响应。

第一种：并口总线方式。比如使用 51 单片机作为控制单元，使用总线方式，P2.7 作为 RC 系列芯片的片选，使用 Keil C51 编程，RC 系列芯片映射为外部存储单元的方式有两种常用方法：

第一，使用 XBYTE 宏。代码如下：

```
#define RcBaseAddr 0x7F00
#define RegFIFOData    XBYTE[RcBaseAddr + 0x02]
RegFIFOData = i;
i = RegFIFOData;
```

第一行定义 RC 芯片的映射基地址；第二行定义了芯片寄存器地址，此处以 FIFO 数据寄存器为例；后两行是对寄存器的读写实例。

第二，不使用 XBYTE 宏。可以在程序中定义一个指向 RC 芯片基地址的指针代替 XBYTE 宏，代码如下：

```
unsigned char xdata ini _at_ 0x7F00;
unsigned char xdata *GpBase = &ini;
#define ReadRawIO(addr)(*(GpBase + addr))
#define WriteRawIO(addr,value)(*((GpBase)+(addr))=(value))
#define    RegFIFOData        0x02
WriteRawIO(RegFIFOData,i);
i = ReadRawIO(RegFIFOData);
```

第一、二行定义一个指向 RC 芯片的映射基地址的指针 GpBase；第三、四行定义了实现读写功能的宏；第五行定义芯片寄存器地址，此处以 FIFO 数据寄存器为例；最后两行为对寄存器的读写实例。

以上两种方法实质上没有什么区别，看一下 XBYTE 的宏定义就一目了然了：

```
#define XBYTE ((unsigned char volatile xdata *) 0)
```

可见 XBYTE 只是一个指向外部 RAM 0 地址的修饰，帮我们把操作指向外部 RAM 而已。

上面的方法对 P2 口有影响，在读写 RC 系列芯片寄存器时 P2 口总是输出 0x7F，解决的方法是使用 PBYTE 或 pdata，改为页寻址后读写 RC 系列芯片寄存器时 P2 口将不会变化，当然这个时候 RC 系列芯片的片选需要手工操作。

第二种：SPI 通信方式。在 SPI 通信方式下，可以使用以下代码实现寄存器读写。

```c
sbit   RST_RCCHIP = P3^6;
sbit   SCK_RCCHIP = P2^4;
sbit   NSS_RCCHIP = P3^5;
sbit   SI_RCCHIP  = P2^5;
sbit   SO_RCCHIP  = P2^6;
void RcSetReg(unsigned char RegAddr, unsigned char RegVal)
{
  unsigned char idata i, ucAddr;
  SCK_RCCHIP= 0;
  NSS_RCCHIP = 0;
  ucAddr = ((RegAddr<<1)&0x7E);
  for(i=8; i>0; i--)
    {
      SI_RCCHIP = ((ucAddr&0x80)==0x80);
      SCK_RCCHIP= 1;
      ucAddr <<= 1;
      SCK_RCCHIP= 0;
    }
  for(i=8; i>0; i--)
    {
      SI_RCCHIP = ((RegVal&0x80)==0x80);
      SCK_RCCHIP= 1;
      RegVal <<= 1;
      SCK_RCCHIP= 0;
    }
  NSS_RCCHIP = 1;
  SCK_RCCHIP= 1;
}
unsigned char RcGetReg(unsigned char RegAddr)
{
  unsigned char idata i, ucAddr;
  unsigned char idata ucResult=0;
  SCK_RCCHIP = 0;
  NSS_RCCHIP = 0;
  ucAddr = ((RegAddr<<1)&0x7E)|0x80;
```

```
for(i=8; i>0; i--)
 {
    SI_RCCHIP = ((ucAddr&0x80)==0x80);
    SCK_RCCHIP= 1;
    ucAddr <<= 1;
    SCK_RCCHIP= 0;
 }
for(i=8; i>0; i--)
 {
    SCK_RCCHIP= 1;
    ucResult <<= 1;
    ucResult|=(bit)SO_RCCHIP ;
    SCK_RCCHIP= 0;
 }
NSS_RCCHIP = 1;
SCK_RCCHIP= 1;
return ucResult;
}
```

第 **4** 章

RFID 与 51 系列单片机接口设计

4.1 基于 MF RC500 通用射频卡读写模块的设计

本设计为非接触式射频卡读卡器，它是基于单片机 AT89S52 与 Philips 公司的 MF RC500 嵌入式读写芯片设计开发的，整个系统包括由 AT89S52 构成控制模块，由 MF RC500 构成的射频模块，天线模块，由 LCD1602 构成的显示模块，通信模块以及若干标签等组成。它能完成对 Mifare1 卡所有读写及控制操作，并且还可以方便地嵌入到其他系统（门禁，公交）中，成为用户系统的一部分。

4.1.1 设计思想

本设计所研究的读卡器为非接触式的近距离无线读卡系统。该系统为无线通信系统，对通信距离和通信信息的可靠性等都需进行研究。主要考虑的问题在以下几个方面。

（1）不同的射频读卡器系统拥有不同的通信频带，RFID 按应用频率的不同分为低频（LF）、高频（HF）、超高频（UHF）、微波（MW），相对应的代表性频率分别为低频 135kHz 以下、高频 13.56MHz、超高频 860～960MHz、微波 2.4G、5.8G，在设计系统时，标签与天线和读卡芯片模块的带宽需严格匹配，否则将无法进行通信或出现通信错误。本设计中采用的为高频频带，在天线设计过程中需严格遵守天线设计的参数要求，设计与高频相匹配的天线，并选用合适的标签，并且标签和射频芯片必须遵守相同的通信标准才能够成功地进行通信。

（2）由于 RFID 通信采用的无线通信方式，无线通信的通信信道是开放性信道，因此对通信安全有比较严格的要求，因此在通信时需要有严格的通信加密方式，才能够确保信息的安全性。

（3）在读卡的过程中，由于可能同时存在有多个标签在读写范围内，要能识别正确的标签，则需设计相应的防碰撞法则，以能够选择出对应的标签进行操作并防止出现通信混乱。

4.1.2 MF RC500 芯片概述

1. MF RC500 芯片特点

MF RC500 是 PHILIPS 公司生产的高集成度 TYPE A 读写器芯片。其主要性能如下：

（1）载波频率为 13.56MHz。

（2）集成了编码调制和解调解码的收发电路。

（3）天线驱动电路仅需很少的外围元件，有效距离可达 10cm。

（4）内部集成有并行接口控制电路，可自动检测外部微控制器（MCU）的接口类型。

（5）具有内部地址锁存和 IRQ 线，可以很方便地与 MCU 接口。

（6）集成有 64 字节的收发 FIFO 缓存器。

（7）内部寄存器、命令集、加密算法可支持 TYPE A 标准的各项功能，同时支持 MIFARE 类卡的有关协议。

（8）数字、模拟、发送电路都有各自独立的供电电源。

基于以上特点，用 MF RC500 极易设计 TYPE A 型卡的读写器，可广泛用于非接触式公共电话、仪器仪表、非接触式手持终端等领域。

2. 引脚功能

MF RC500 为 32 脚 SO 封装，其引脚功能如表 4–1 所示。需说明的是：某些引脚（带*号）依据其所用 MCU（微控制器）的接口情况具有不同功能。

表 4–1　　　　　　　　　　　　　MF RC500 引 脚 功 能

管脚	符号	类型	描　　述
1	OSCIN	I	晶振输入，振荡器反相放大器输入，该脚也作为外部时钟输入（f_{osc}=13.56MHz）
2	IRQ	O	中断请求，输出中断事件请求信号
3	MFIN	I	MIFARE 接口输入，接受符合 ISO 14443A（MIFIRE）的数字串行数据流
4	MFOUT	O	MIFARE 接口输出，发送符合 ISO 14443A（MIFIRE）的数字串行数据流
5	TX1	O	发送器 1，发送经过调制的 13.56MHz 能量载波
6	TVDD	PWR	发送器电源，提供 TX1 和 TX2 输出电源
7	TX2	O	发送器 2，发送经过调制的 13.56MHz 能量载波
8	TVSS	PWR	发送器地，提供 TX1 和 TX2 输出电源
9	NCS	I	片选，选择和激活 MF RC500 的微处理器接口
10	NWR	I	写 MF RC500 寄存器写入数据 D0～D7 选通
11	NRD	I	读 MF RC500 寄存器读出数据 D0～D7 选通
12	DVSS	PWR	数字地
13～20	D0～D7	I/O	8 位双向数据总线
	AD0～AD7	I/O	8 位双向地址和数据总线
21	ALE	I	址锁存使能，为高时将 AD0～AD5 锁存为内部地址
22	A0	I	地址线 0，寄存器地址位 0
23	A1	I	地址线 1，寄存器地址位 1
24	A2	I	地址线 2，寄存器地址位 2
25	DVDD	PWR	数字电源
26	AVDD	PWR	模拟电源
27	AUX	O	辅助输出，该脚输出模拟测试信号，该信号可通过 TestAnaOutSel 寄存器选择

续表

管脚	符号	类型	描　　述
28	AVSS	PWR	模拟地
29	RX	I	接收器输入，卡应答输入脚，该应答为经过天线电路耦合的调制 13.56MHz 载波
30	VMID	PWR	内部参考电压，该脚输出内部参考电压（注：必须接一个 100nF 电容）
31	RSTPD	I	复位和掉电，当为高时，内部灌电流关闭，振荡器停止，输入端与外部断开，该管脚的下降沿启动内部复位
32	OSCOUT	O	晶振输出，振荡器反向放大器输出

3. 工作原理

MF RC500 的内部电路框图如图 4-1 所示，它由并行接口及控制电路、密钥存贮及加密算法（Crypto1）、状态机与寄存器、数据处理电路、模拟电路（调制、解调及输出驱动电路）等组成。

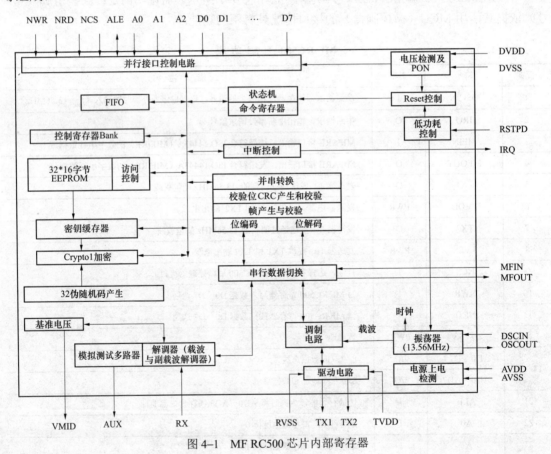

图 4-1　MF RC500 芯片内部寄存器

4. MF RC500 寄存器设置

MF RC500 芯片的内部寄存器按页分配，并通过相应寻址方法获得地址。内部寄存器共分 8 页，每页有 8 个寄存器，每页的第一个寄存器称为页寄存器，用于选择该寄存器页。每个寄存器由 8 位组成，其位特性有四种：读/写（r/w）、只读（r）、仅写（w）和动态（dy）。

其中dy属性位可由微控制器读写，也可以在执行实际命令后自动由内部状态机改变位值。微控制器MCU 通过对内部寄存器的写和读，可以预置和读出系统运行状况。寄存器在芯片复位状态为其预置初始值。了解内部寄存器的设置对于软件编程至关重要，表4-2 给出了寄存器的配置情况。

表 4-2　　　　　　　　　　　　　　内 部 寄 存 器 配 置

页号	功能	寄存器地址	相应寄存器名
0	命令与状态	00～07	Page，Command，FIFOData 6，PrimaryStatus，FIFOLength F SecondaryStatus，InterruptEn，InterruptRq
1	控制与状态	08～0F	Page，Control，ErrorFlag，CollPos R，TimerValue CRCResultLSB，CRCResultMSB，BitFraming
2	发送与编码控制	10～17	Page，TxControl CWConductanc， PreSet13，PreSet14，ModWidth，PreSet16，PreSet17
3	接受与解码控制	18～1F	Page，RxControl1，DecodeControl，BitPhase，RxThreshold，PreSet1D， RxControl2，ClockQControl
4	定时和通道冗余码	20～27	Page，RxWait，ChannelRedundancy，CRCPresetLSB，CRCPresetMSB， CRCPreSet25，MFOUTSelect，PreSet27
5	FIFO，定时器和 IRQ引脚	28～2F	Page，FIFOLevel，TimerClock，TimerControl，TimerReload，IRQPinConfig， PreSet2E，PreSet2F
6	备用	30～37	Page，RFU
7	测试控制	38～3F	Page，RFU，TestAnaSelect，PreSet3B，PreSet3C，TestDigiSelect，RFU

5. 并行接口

MF RC500 芯片可直接支持各种微控制器（MCU），也可直接和 PC 机的增强型并行接口（EPP）相连接，每次上电（PON）或硬启动（Reset）后，芯片会复原其并行接口模式并检测当前的 MCU 接口类型，通常用检测控制引脚逻辑电平的方法来识别 MCU 接口，并利用固定引脚连接和初始化相结合的方法实现正确的接口。图 4-2 给出了本次设计相应的连接接线图。

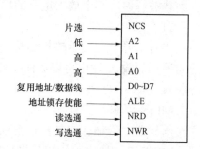

图 4-2　复用方式连接图

6. EEPROM 存储器

MF RC500 的 EEPROM 共有 32 块，每块 16 字节。EEPROM 存储区分为四部分：第一部分为块 0，属性为只读，用于保存产品的有关信息；第二部分为块 1 和块 2，它们具有读/写属性，用于存放寄存器初始化启动文件；第三部分从块 3 至块 7，用于存放寄存器初始化文件，属性为读/写；第四部分从块 8 至块 31，属性为只写，用于存放加密运算的密钥，存放一个密钥需要 12 字节，EEPROM 密钥存放区共可存放 32 个密钥，实际密钥长度为 6 字节，存放在紧邻的 12 个 EEPROM 字节地址中。一个密钥字节的 8 位必须分开存放，若设密钥 8 位为 K7，K6，K5，K4，K3，K2，K1，K0。则存放在两个相邻字节时为 k7k6k5k4K7K6K5K4 和 k3k2k1k0 K3K2K1K0，例如密钥字节为 A0H 时，则存放内容为 5AH、F0H 两个字节。

7. FIFO 缓存

8×64 位的 FIFO 用于缓存微控制器与芯片之间的输入/输出数据流。可处理数据流长度达

64 字节。FIFOData 寄存器作为输入/输出数据流的并/并转换口；FIFOLength 寄存器用于指示 FIFO 缓冲器的字节存储量、写时增量、读时减量；FIFO 缓冲器的状态（空、溢出等）可由寄存器 PrimaryStatus、FIFOLevel 的相关位指示；对 FIFO 的访问则可通过微控制器送出有效命令来实现。

8. 中断请求

芯片的中断请求有定时设置、发送请求、接收请求、一个命令执行完、FIFO 满、FIFO 空等六种。0 页寄存器 InterruptEn 的相应位（r/w 属性）用于相应中断请求使能设置；InterruptRq 的相应位（dy 属性）用于指示使能情况下的相应中断出现。任何允许中断产生时，0 页寄存器 PrimaryStatus 的 IRQ 位（r 属性）可用于指示中断的产生，同时可由引脚 IRQ 和微控制器进行连接以产生中断请求信号。

9. 定时器

MF RC500 内有定时器，其时钟源于 13.56MHz 晶振信号，13.56MHz 信号由晶振电路（外接石英晶体）产生。微处理器可借助于定时器完成有关定时任务的管理。定时器可用于定时输出计数、看门狗计数、停止监测、定时触发等工作。

10. 模拟电路

（1）发送电路。RF 信号从引脚 TX1 和 TX2 输出可直接驱动天线线圈。调制信号及 TX1、TX2 输出的射频信号类型（已调或无调制载波）均可由寄存器 TxControl 控制。

（2）接收电路。载波解调采用正交解调电路，正交解调所需的 I 和 Q 时钟（两者相差为 90°）可在芯片内产生。解调后由所得副载波调制信号要经放大、滤波相关器、判决电路进行副载波解调，其中放大电路的增益可由寄存器 RxControl 的设置来控制。

11. 串行信号开关

串行信号开关用于桥接芯片数字电路和模拟电路两部分，两部分电路的输入/输出和外部应用所需的输入/输出可以灵活组合。这种组合可借助 MFIN 和 MFOUT 引脚和相关寄存器来控制实现。

MFIN 可输入曼彻斯特码、带副载波的曼彻斯特码，并由寄存器 RxControl2 的设置选择送至解码器。若输入的是修正密勒码，则由寄存器 TxControl 设置选择送至发送通道的调制器。MFOUT 引脚上可输出曼彻斯特码、带副载波的曼彻斯特码、NRZ 码、修正密勒码以及测试信号，具体可通过寄存器 MFOUTSelect 的不同设置来选择。

12. 命令设置

MC RF500 的性能由内部状态机保证，状态机可以完成命令功能。寄存器 Command 的相应位存储 R 命令码（属性为 dy）可用于启动或停止命令执行。命令大多可由写入相应命令码至 Command 寄存器实现，其所需变量和数据主要由 FIFO 缓冲器交换。有关命令及功能如表 4-3 所示。

表 4-3		MF RC500 命令及功能简介
命令	码	功 能 简 介
Startup	3F	执行 Reset 和初始化，它仅能由 PON 和硬件 Reset 完成
Idle	00	取消当前指令执行
Transmit	1A	从 FIFO 发送到数据卡

命令	码	功 能 简 介
Receive	16	激活接受电路
Rransceive	1E	发送 FIFO 数据至卡后，自动接受状态
WriteE2	01	从 FIFO 获取数据并写入 EEPROM
ReadE2	O3	从 EEPROM 读取数据至于 FIFO，但密钥不能读出
LoadKey	19	从 FIFO 读取一个密钥，将其写入密钥缓存器
LoadkeyE2	0B	从 EEPROM 拷贝一个密钥至密钥缓存器
Authent1	0C	完成从 Crpto 1 认证的第一部分
Authent 2	14	完成从 Crpto 1 认证的第二部分
LoadConfig	07	从 EEPROM 读取数据，并初始化芯片寄存器
CalcCRC	12	激活 CRC 检测功能

13. 认证与加密

Mifare 类产品中加密算法的实现被称之为 CRYPTO1，它是一种密钥长度为 48bit 的流密码。要访问一个 Mifare 类卡的数据，首先要完成认证，Mifare 卡的认证采用三次认证的过程，这个过程可由自动执行 Authent1 和 Authent2 命令来实现。

4.1.3 Mifare1 射频卡的结构和工作原理

1. 工作原理

射频卡的电气部分由天线、1 个高速（106kB 波特率）的 RF 接口、1 个控制单元和 1 个 1KB EEPROM 组成。其工作原理如下：读写器向射频卡发一组固定频率的电磁波，卡片内有 1 个 LC 串联谐振电路，其频率与读写器发射的频率相同，在电磁波的激励下，LC 谐振电路产生共振，从而使电容内有了电荷，在这个电容的另一端，接有 1 个单向导通的电子泵，将电容内的电荷送到另一个电容内储存，当所积累的电荷达到 2V 时，此电容可作为电源为其他电路提供工作电压，将卡内数据发射出去或接收读写器的数据。

2. Mifare1 结构和组成

每张卡有唯一的 32 位序列号，其工作频率为 13.56MHz，存储量为 1KB，分为 16 个扇区，每扇区一组密码，各扇区的存储区域相互独立，每区可作为不同用途（第 0 区一般不用），实现一卡多用。Mifare1 卡可擦写 10 万次以上，其密码验证机制严密，可保证存储信息的安全可靠；同时该卡具有防冲突机制，可支持多卡同时操作。

Mifare1 卡有 16 个扇区，每个扇区又分为 4 块（块 0、块 1、块 2 和块 3），每块 16 个字节，以块为存取单位。除第 0 扇区的块 0（绝对地址 0 块）已经固化，用于存放厂商代码，不可更改之外，其余每个扇区的块 0、块 1、块 2 为数据块，可用于存贮数据，块 3 为控制块，包括密码 A（6B）、存取控制（4B）和密码 B（6B）。

Mifare1 卡每个扇区的密码和存取控制都是独立的，可以根据实际需要设定各自的密码及存取控制，存取控制决定各块的读写权限与密码验证。16 个扇区中的每块（包括数据块和控制块）的存取条件是由密码和存取控制共同决定的。

4.1.4 系统结构组成和工作原理

1. 系统基本结构和工作原理

一个比较完整的读卡器系统主要包括有微控制器模块，射频处理模块，天线模块，显示模块以及与 PC 机的通信模块，其中 MF RC 模块可以产生载波信号驱动天线发射能量并能够处理经天线反射回来的载有标签信息的模拟信号，使之转化为数字电平。MCU 则用于控制其余模块。液晶显示器可以把系统获得的标签信息显示出来。读卡器系统的结构框图如图 4-3（a）所示。

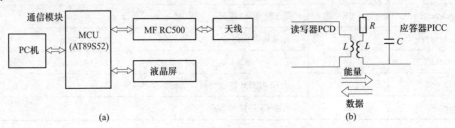

图 4-3　读卡器结构框图

（a）读卡器结构框图；（b）系统工作原理图

系统工作原理图如图 4-3（b）所示。系统数据存储在无源 Mifare1 卡，也就是 PICC（应答器）中。PCD（读写器）的主要任务是传输能量给 PICC，并建立与之的通信。PICC 是由一个电子数据作载体，通常由单个微型芯片以及用作天线的大面积线圈等组成；而 PCD 产生高频的强电磁场，这种磁场穿过线圈横截面和线圈周围的空间。因为 MF RC500 提供的频率为 13.56MHz，所以其波长比 PCD 的天线和 PICC 之间的距离大好多倍，可以把 PICC 到天线之间的电磁场当作简单的交变磁场来对待。PICC 中存在一个 LC 串联谐振电路，其频率与读卡器的频率相同，在电磁波的激励下，LC 谐振电路产生共振，从而使电容中有了电荷，在这个电容的另一端，接有一个单项导通的电子泵，将电容内的电荷存储到另外一个电容内，当所积累的电荷达到 2V 时，此电容可作为电源为其他的器件提供工作电压，将卡内的数据通过电磁波发送出去。当天线接收到含有卡片信息的载波后，经过滤波得到的携带卡片信息的有用信号，该模拟信号经 MF RC500 处理后得到表示 Mifare1 卡信息的数字信号送入单片机中。

如上所述可以看出，PCD 的性能与天线的参数有着直接的关系。在对天线的性能进行优化之后，PCD 的读卡距离可以达到 10cm。

2. 人机接口电路设计（显示器）

在本设计中，液晶显示屏主要功能是显示标签的信息，如标签的序列号等。液晶显示屏有很多不同的种类，显示屏与单片机之间需要有驱动电路，本设计中选择的 LCD1602 液晶显示屏。液晶显示屏及单片机的接口电路如图 4-4 所示。

3. MF RC500 应用电路设计

MF RC500 为 32 脚 SO 封装，使用了 3 个独立的电源以实现在 EMC 特性和信号解耦方面达到最佳性能。除了模拟电源和数字电源外，MF RC500 还对天线驱动电路单独设有电源，以此提高天线的驱动能力。MF RC500 具有出色的 RF 性能，并且模拟和数字部分可适应不同的操作电压。方便的并行接口可直接连接到任何 8 位微处理器，这样给读写器的设计提供了极大的灵活性。工作时需接一个 13.56MHz 的晶振。

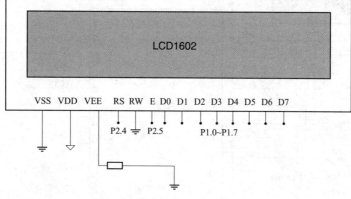

图 4-4　单片机与显示器接口电路

4. 与天线连接电路

MF RC500 提供 TX1 和 TX2 两个发送端，采用中心抽头设计方法，以此提高抗干扰能力。系统的工作频率由一个石英振荡器产生，它同时也产生高次谐波，因此在发送端需要使用低通滤波器（由 L0 和 C0 构成）。天线接收到的信号经过天线匹配电路送到 RX 脚，使用内部产生的电势作为 RX 管脚的输入，另外还需在 RX 和 VMID 引脚之间连接一个分压器。为了减少干扰，VMID 引脚接一个电容到地。

MF RC500 集成了一个正交调制电路，该电路从输入到 RX 脚的 13.56MHz ASK 调制信号中解析出 ISO 14443-A 副载波信号。发送器管脚 TX1 和 TX2 上传递的信号是由包络信号调制的 13.56MHz 能量载波，只需要很少的用于匹配和滤波就可以直接驱动天线。MF RC500 与天线的连接电路如图 4-5 所示。

5. 与单片机连接电路

MF RC500 与 AT89S52 的连接电路主要包括地址、数据及控制线的连接。MF RC500 提供了 8 位并行数据 AD0～AD7，地址 A0～A2，片选信号口，读写控制口，复位口，中断请求口，地址数据复用时的地址锁存使能口。当地址线和数据线复用时，A0、A1 接高电平，A2 接低电平，AD0～

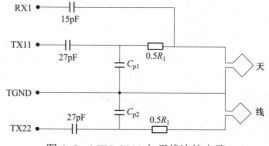

图 4-5　MF RC500 与天线连接电路

AD7 同为数据地址线。非复用时，A0、A2 为低 3 位地址，其他 3 位由 MF RC500 内部的页选寄存器 PAGESELECT 的后三位确定。本设计中采用地址数据总线复用的方式。MF RC500 与单片机的连接电路图如图 4-6 所示。

6. PCD 的天线设计

由于 MF RC500 的频率是 13.56MHz，属于短波段，因此可以采用小环天线。小环天线有方形、圆形、椭圆形、三角形等，本系统采用方形天线。天线的最大几何尺寸同工作波长之间没有一个严格的界限，一般定义为

$$\frac{L}{\lambda}=\frac{1}{2\pi} \tag{4-1}$$

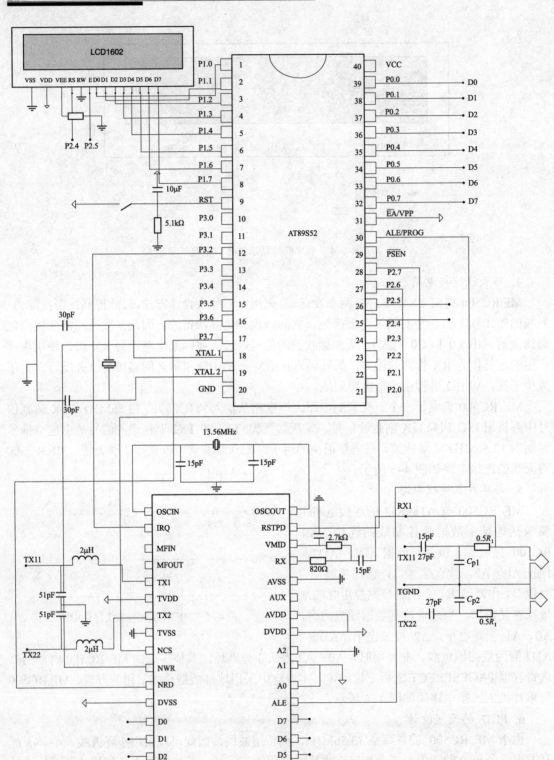

图 4-6　与单片机硬件连接图

式（4-1）中：L 是天线的最大尺寸；λ 是工作波长。对于 13.56MHz 的系统来说，天线的最

式（4-1）中：L 是天线的最大尺寸；λ 是工作波长。对于 13.56MHz 的系统来说，天线的最大尺寸在 50cm 左右。在天线设计中，品质因数 Q 是一个非常重要的参数。对于电感耦合式射频识别系统的 PCD 天线来说，较高品质因数的值会使天线线圈中的电流强度大些，由此改善对 PICC 的功率传送。品质因数的计算公式为

$$Q = \frac{2\pi f_0 \cdot L_{coil}}{R_{coil}} \qquad (4-2)$$

式（4-2）中的 f_0 是工作频率；L_{coil} 是天线的尺寸；R_{coil} 是天线的半径。通过品质因数可以很容易计算出天线的带宽

$$B = \frac{f_0}{Q} \qquad (4-3)$$

从式（4-3）中可以看出，天线的传输带宽与品质因数成反比关系。因此，过高的品质因数会导致带宽缩小，从而减弱 PCD 的调制边带，会导致 PCD 无法与卡通信。一般系统的最佳品质因数为 10～30，最大值不能超过 60。

4.1.5　系统软件的设计

1. 主程序设计

图 4-7 为单片机系统主程序框图。读写器在完成各项初始化后，就进入检测标签、扫描键盘、上位机的命令的循环，等待转入标签处理或各功能键处理子程序。

初始化过程包括对单片机、MF RC500、LCD 的初始化。

主程序如下：

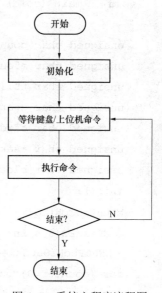

图 4-7　系统主程序流程图

```
#define __SRC
#include "main.h"
#undef __SRC
#include <string.h>
#include <intrins.h>
#include <stdio.h>
#include <m500a.h>
#include <p89c51rx.h>
#define MIS_CHK_OK          (0)
#define MIS_CHK_FAILED      (-1)
#define MIS_CHK_COMPERR     (-2)
// Function: mifs_request
#define IDLE            0x00
#define ALL             0x01
sbit    RC500RST    = P2^7;
sbit    RC500_CS    = P2^6;
```

```
sbit    LED           = P3^4;
uchar code SW_Rel[] = "\n\r MFRC500 V1.0 22.06.02 \n\r";// 释放标签序列号
static uint Crc;    // MR RC500 序列号
void init(void);
code Nkey_a[6]    = {0xA0, 0xA1, 0xA2, 0xA3, 0xA4, 0xA5};
 code Nkey_b[6]    = {0xFF, 0xFF, 0xFF, 0xFF, 0xFF, 0xFF};
void    main (void)
{
  unsigned char counter,counter2;
  unsigned char mfout=2;//readbuf[16];
  unsigned char tt1[2];
  unsigned char status1;
  unsigned char cardserialno[4];
  unsigned char *sak1;
  unsigned char blockdata[16];
  init();
  M500PcdConfig();   //初始化 RC500
  PcdReadE2(8,4,Snr_RC500);  //读 MF2RC500 的系列号并存储它
    M500PcdMfOutSelect(mfout);
  for (counter=0;counter<20;counter++)
  {
     status1 = M500PiccRequest(PICC_REQALL, tt1);
     if (status1==MI_OK)
         status1=M500PiccAnticoll(0,cardserialno);
     if (status1==MI_OK)
     status1=M500PiccSelect(cardserialno,sak1);
     if (status1==MI_OK)
         status1 = M500PiccAuth(PICC_AUTHENT1A, cardserialno, 1, 4);
     if (status1 ==MI_OK)
         status1=M500PiccRead(4, blockdata);
     for ( counter2=0;counter2<16;counter2++)
         blockdata[counter2]=counter;
     if (status1 ==MI_OK)
         status1 = M500PiccWrite(4,blockdata);

  }
}
/*************************************************************
功能:初始化
```

116

```
*************************************************************/
void     init (void)
{
  RC500RST    = FALSE;
  RC500_CS    = TRUE;      // Enable the CS for RC500
  CmdReceived = FALSE;
  CmdValid    = FALSE;
  Quit        = FALSE;
  LLfReady    = TRUE;
  SendReady   = TRUE;
  Idle        = TRUE;
  RepCnt      = 0;
  RecvState   = RECV_STX;
  EnableTransferCmd = FALSE;
  CheckByteCnt = BCC_CHECKBYTECNT;
  #ifdef AUTODELAY
  DelayRate = 0;
  DelayRateLocked = TRUE;
  #endif
  PCON = 0x80;                  // SMOD = 1;
  SCON = 0x50;                  // Mode 1, 8-bit UART, enable reception
AutoBaud = TRUE;
  TMOD     = 0x20;       // Timer 1, mode 2, 8-bit auto reload,
                // Timer 0, mode 0, 13-bit counter
  Capt_L   = 0;
  Capt_H   = 0;
LED = OFF;
  delay_10ms(50);
  LED = ON;
IT0 = 1;                // 将定时器0作为MF RC500边缘触发
  EX0 = 1;                      // 使能定时器0中断
EA = TRUE;                   // 使能所有中断

}
void     delay_50us (uchar _50us)
{
RCAP2LH = RCAP2_50us;
  T2LH    = RCAP2_50us;
  ET2 = 0;   // 阻止定时器1中断
```

117

```
    T2CON = 0x04; // 16-bit auto-reload, clear TF2, start timer
  while (_50us-)
    {
      while (!TF2);
      TF2 = FALSE;
    }
  TR2 = FALSE;
  }
  void    delay_1ms (uchar _1ms)  //延迟1ms
  {
  RCAP2LH = RCAP2_1ms;
   T2LH    = RCAP2_1ms;
   ET2 = 0;
   T2CON = 0x04;
  while (_1ms-)
{
      while (!TF2);
      TF2 = FALSE;
    }
   TR2 = FALSE;
  }
  void    delay_10ms (uint _10ms)
  {
  RCAP2LH = RCAP2_10ms;
   T2LH    = RCAP2_10ms;
   ET2 = 0;  // Disable timer2 interrupt
   T2CON = 0x04; // 16-bit auto-reload, clear TF2, start timer
  while (_10ms-)
    {
      while (!TF2)
      {
        if (CmdValid || CmdReceived)
        {
          TR2 = FALSE;
          TF2 = FALSE;
          return;
        }
      }
```

```
      TF2 = FALSE;
   }
   TR2 = FALSE;
}
#ifdef NOP_DELAY
void  delay_50us_NOP (void)
{
   uchar i;
  for(i=0; i<81; i++) _nop_();
}
#endif
void    delay_8us_NOP (void)
{
   uchar i;
for(i=0; i<14; i++) _nop_();
}
#pragma aregs
uchar  xtoa_h (uchar _byte)
{
   uchar nibble = _byte >> 4;
return ((nibble > 9)? nibble + 'A' - 10 : nibble + '0');
}
uchar xtoa_l (uchar _byte)
{
   uchar nibble = _byte & 0x0F;
return ((nibble > 9)? nibble + 'A' - 10 : nibble + '0');
}
void isr_timer0 (void)//interrupt 1 using 2
{
  if (Timer0Cnt)
  {
     -Timer0Cnt;
  }
  else
  {
STOP_T0();
#ifdef AUTODELAY
if (DelayRate < MAXDELAYRATE && CmdCnt > 0)
{
```

```
        DelayRate++;

        DelayRateLocked = FALSE;

    }

#endif

RecvState = RECV_STX;

if (!SendReady && LLfReady)

{

    if (RepCnt < MAXREPCNT)

    {

      RepCnt++;

      CALL_isr_UART();

    }

    else

    {

      RepCnt = 0;

      Quit = FALSE;

      SendReady = TRUE;

    }

  }

}

}
```

2. 对标签的操作

整个系统的工作由对 Mifare1 卡操作和系统后台处理两大部分组成。Mifare1 卡的操作流程图如图 4-8 所示，主要分为以下几项：

（1）复位请求。当一张 Mifare1 卡片处在卡片读写器的天线的工作范围之内时，程序员控制读卡器向卡片发出 REQUEST all（或 REQUEST std）命令。卡片的 ATR 将启动，将卡片 Block 0 中的卡片类型（TagType）号共 2 个字节传送给读卡器，建立卡片与读卡器的第一步通信联络。如果不进行复位请求操作，读写器对卡片的其他操作将不会进行。

（2）反碰撞操作。如果有多张 Mifare1 卡片处在卡片读卡器的天线的工作范围之内时，PCD 将首先与每一张卡片进行通信，取得每一张卡片的系列号。由于每一张 Mifare1 卡片都具有唯一的序列号，绝不会相同，因此 PCD 根据卡片的序列号来保证一次只对一张卡操作。该操作 PCD 得到 PICC 的返回值为卡的序列号。

（3）卡选择操作。完成了上述二个步骤之后，PCD 必须对卡片进行选择操作。执行操作后，返回卡上的 SIZE 字节。

（4）认证操作。经过上述三个步骤，在确认已经选择了一张卡片时，PCD 在对卡进行读写操作之前，必须对卡片上已经设置的密码进行认证。如果匹配，才允许进一步的读写操作。

（5）读写操作。对卡的最后操作是读、写、增值、减值、存储和传送等操作。

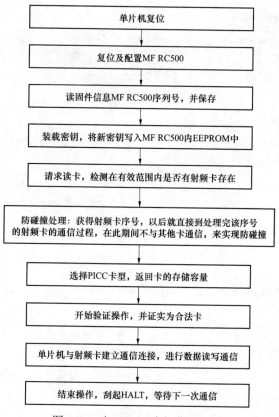

图 4-8　对 Mifare1 卡操作流程图

3. 读卡程序

利用 MF RC500 的函数库，可直接对符合 ISO 14443A 标准的非接触式卡和感应器进行操作如下：

```
void main (void)
{
init () ;
M500PcdConfig () ;  //初始化 RC500
PcdReadE2 (8 ,4 , Snr-RC500) ;  //读 MF2RC500 的系列号并存储它
  M500PcdMfOutSelect (mfout) ;
for (count = 0 ;count < 100 ;count + + )
  {
status1 = M500PiccRequest ( PICC-REQALL ,tt1) ;  //发送请求代码给卡,并等待应答
if (status1 = = MI-OK)
status1 = M500PiccAnticoll (0 , cardserialno) ;  //读卡的系列号
if (status1 = = MI-OK)
status1 = M500PiccSelect (cardserialno , sak1) ;  //选择一指定的卡
if (status1 = = MI-OK)
status1 = M500PiccAuth (PICCAUTHENT1A , cardserialno , 1 , 4) ;  //鉴定卡
```

```
if (status1 = = MI-OK)
status1 = M500PiccRead(4 , blockdata) ; //读卡
}
}
```

4. 显示程序

```
#include "CONFIG.h"
void charfill(unsigned char c)          //整屏显示 A 代表的 ASCII 字符子程序
{   for(CXPOS=CYPOS=0;1;)
    {   putchar(c);                              //定位写字符
        charcursornext();                        //置字符位置为下一个有效位置
        if((CXPOS==0) && (CYPOS==0)) break;
    }
}

void putstrxy(unsigned char cx, unsigned char cy, unsigned char code *s)
{                                       //在(cx, cy)字符位置写字符串子程序
    CXPOS=cx;                           //置当前 X 位置为 cx
    CYPOS=cy;                           //置当前 Y 位置为 cy
    for(;*s!=0;s++)                     //为零表示字符串结束，退出
    {   putchar(*s);                    //写 1 个字符
        charcursornext();               //字符位置移到下一个
    }
}
void putstr(unsigned char code *s)      //定位写字符串子程序
{   for(;*s!=0;s++)                         //为零表示字符串结束，退出
    {   putchar(*s);                        //写 1 个字符
        charcursornext();                   //字符位置移到下一个
    }
}
void putchar(unsigned char c)           //在(CXPOS, CYPOS)字符位置写字符子程序
{
    charlcdpos();                       //设置(CXPOS, CYPOS)字符位置的 DDRAM 地址
    lcdwd(c);                           //写字符
}
unsigned char getchar(void)             //在(CXPOS, CYPOS)字符位置读字符子程序
{
    charlcdpos();                       //设置(CXPOS, CYPOS)字符位置的 DDRAM 地址
    return lcdrd();                     //读字符
}
```

```
void charlcdpos(void)              //设置(CXPOS, CYPOS)字符位置的 DDRAM 地址
{
    CXPOS&=0X0f;                    //X 位置范围(0 到 15)
    CYPOS&=0X01;                    //Y 位置范围(0 到 1)
    if(CYPOS==0)                    //(第一行)X：第 0～15 个字符
        lcdwc(CXPOS|0x80);         //      DDRAM：  0～0FH
    else                           //(第二行)X：第 0～15 个字符
        lcdwc(CXPOS|0xC0);         //      DDRAM：  40～4FH
}
void charcursornext(void)          //置字符位置为下一个有效位置子程序
{
    CXPOS++;                        //字符位置加 1
    if(CXPOS>15)                    //字符位置 CXPOS>15 表示要换行
    {   CXPOS=0;                    //置列位置为最左边
        CYPOS++;                    //行位置加 1
        CYPOS&=0X1;                 //字符位置 CYPOS 的有效范围为(0～1)
    }
}
void lcdreset(void)                //SMC1602 系列液晶显示控制器初始化子程序
{                                  //1602 的显示模式字为 0x38
    lcdwc(0x38);                   //显示模式设置第一次
    delay3ms();                    //延时 3ms
    lcdwc(0x38);                   //显示模式设置第二次
    delay3ms();                    //延时 3ms
    lcdwc(0x38);                   //显示模式设置第三次
    delay3ms();                    //延时 3ms
    lcdwc(0x38);                   //显示模式设置第四次
    delay3ms();                    //延时 3ms
    lcdwc(0x08);                   //显示关闭
    lcdwc(0x01);                   //清屏
    delay3ms();                    //延时 3ms
    lcdwc(0x06);                   //显示光标移动设置
    lcdwc(0x0C);                   //显示开及光标设置
}
void delay3ms(void)                //延时 3ms 子程序
{ unsigned char i, j, k;
  for(i=0; i<3; i++)
    for(j=0; j<64; j++)
      for(k=0; k<51; k++);
```

```
}
void lcdwc(unsigned char c)                //送控制字到液晶显示控制器子程序
{
    lcdwaitidle();                         //HD44780 液晶显示控制器忙检测
    RSPIN=0;                                 //RS=0，RW=0，E=高电平
    RWPIN=0;
    DATA=c;
    EPIN=1;
    _nop_();
    EPIN=0;
}
void lcdwd(unsigned char d)                //送控制字到液晶显示控制器子程序
{
    lcdwaitidle();                         //HD44780 液晶显示控制器忙检测
    RSPIN=1;                                 //RS=1，RW=0，E=高电平
    RWPIN=0;
    DATA=d;
    EPIN=1;
    _nop_();
    EPIN=0;
}


unsigned char lcdrd(void)                  //读数据子程序
{   unsigned char d;
    lcdwaitidle();                         //HD44780 液晶显示控制器忙检测
    DATA=0xff;
    RSPIN=1;                                 //RS=1，RW=1，E=高电平
    RWPIN=1;
    EPIN=1;
    _nop_();
    d=DATA;
    EPIN=0;
    return d;
}


void lcdwaitidle(void)                     //忙检测子程序
{   unsigned char i;
    DATA=0xff;
    RSPIN=0;                                 //RS=0，RW=1，E=高电平
```

```
    RWPIN=1;

    EPIN=1;

    for(i=0;i<20;i++)

        if((DATA&0x80) == 0) break;      //D7=0，表示 LCD 控制器空闲，则退出检测

    EPIN=0;

}
```

4.2　基于 MCM200 的射频卡刷卡读写器设计

4.2.1　系统硬件设计

1. 系统硬件设计框图

硬件设计思想：单片机控制着读卡器电路读卡，蜂鸣器响，LED 显示器显示余额，存储器保存营业总额。总之，单片机是整个系统的控制核心，使各电路按照设计总要求有序地完成各自的功能。设计框图如图 4-9 所示。

2. 系统硬件设计原理

系统硬件设计原理图如图 4-10 所示。下面将对各个组成电路的设计进行详细说明。系统硬件主要组成电路：显示电路，看门狗电路，93C46 串行 EEPROM，蜂鸣器电路以及读卡器电路。

（1）单片机核心电路设计。单片机是整个系

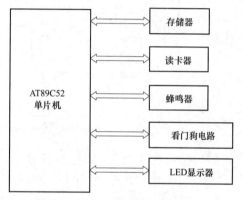

图 4-9　系统硬件设计框图

统的控制核心。在单片机的选取上采用美国 ATMEL 公司的 AT89C52 单片机，AT89C52 单片机各端口在系统设计中的接口如图 4-10 所示。

P1 口控制了 LED 显示器的段码显示，P2.4，P2.5，P2.6 控制了 LED 显示器的位选通端。ALE/PROG：具有地址锁存允许和输入编程脉冲。如图 4-10 所示，ALE/PROG 端与读卡器电路中的 MCM200 的 ALE（地址锁存使能端）相连。同时，ALE/PROG 端也与看门狗电路中的 DS1232 中的 ST 端相连，ST 端为看门狗定时器的周期信号输入端，若 ST 端在设置的周期时间内没有有效信号到来，RST 端将产生强制复位信号。这里选用 AT89C52 单片机中的 ALE 信号作为周期性的输入信号。AT89C52 单片机的读、写信号分别与读卡器电路中的 MCM200 的读、写信号相连。

P2.0 控制蜂鸣器，P2.0 置低，蜂鸣器响；P2.0 置高，蜂鸣器不响。P2.1，P2.7，P2.3，P2.2 分别与 93C46 串行 EEPROM 中的 DI（串行数据输入），SK（时钟信号），DO（串行数据输出），CS（片选信号）端相连。

P0 口：地址/数据复用端口。与读卡器电路中的 MCM200 的数据端 D0～D7 相连；P0.0～P0.3 同时也与地址端 A0～A3 相连。

P3.2（$\overline{INT0}$）端与读卡器电路中的 MCM200 的的 NIRQ 端相连。当有卡进入时，引起中断。

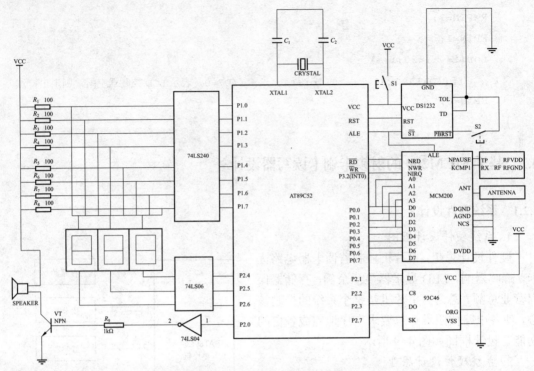

图 4-10　系统硬件设计原理图

（2）显示电路设计。如图 4-11 所示，采用共阴极 LED 显示器，显示 3 位数（从左至右

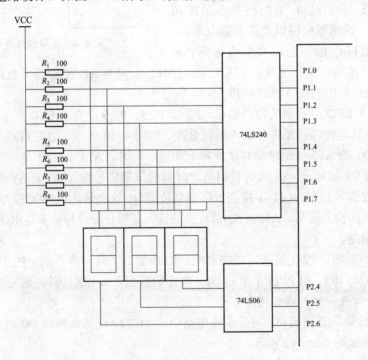

图 4-11　显示电路原理图

依次为第一位、第二位、第三位），即刷卡机中显示余额的百、十、个位。通过单片机 AT89C52 的 P2.4，P2.5，P2.6 口分别控制 3 个 LED 显示器的位选端。P2.4，P2.5，P2.6 口经过一个六高压输出反相驱动器 74LS06（选用其中 3 个反相器）连接到 LED 显示器。因此，P2.4（或 P2.5，P2.6）置 1 时，相应的 LED 显示器选中。共阴极 LED 显示器，即显示器的各发光二极管的阴极接在一起。P1 的 8 个端口经一个 8 路三态反相驱动器 74LS240 后控制 a、b、c、d、e、f、g、dp，则 P1 中相应的输入引脚置 0 时，对应段亮。

（3）串行存储器 EEPROM 设计。采用 93C46 串行 EEPROM 来保存刷卡机累计刷卡总额。其优势在于接口少，容量满足设计需要。93C46 可以用来存放营业总额，方便查询。

93C46 是一种低功耗、低电压、电可擦除、可编程只读存储器，其容量为 1KB，可重复写 100 万次。

在本次设计中只需使用读、写指令。93C46 引脚（DIP 封装），如图 4-12 所示，引脚功能如下。

1）CS：片选信号。高电平有效，低电平时进入等待模式。在连续的指令之间，CS 信号必须持续至少 250ns 的低电平才能保证芯片正常工作。

2）SK：串行时钟信号。在 SK 的上升沿，操作码、地址和数据位进入器件或从器件输出。

3）DI：串行数据输入。可在 SK 的同步下输入开始位、操作码、地址位和数据位。

4）DO：串行数据输出。在 SK 同步下读周期时，用于输出数据。

5）VSS：接地。

6）VCC：接+5V 电源。

7）ORG：存储器构造配置端。该端接 VCC 或悬空时，输出为 16 位；接 GND 时，输出为 8 位。

8）NC：空脚，不连接。

93C46 串行 EEPROM 的硬件连接如图 4-13 所示，P2.2 口与 CS 相连，控制片选信号；P2.1 口与 DI 相连，串行数据输入；P2.7 口与 SK 相连，写入时钟信号；P2.3 与 DO 口相连，串行数据输出；VSS 接地；VCC 接+5V 电源；ORG 接地，存储器为 8 位结构。

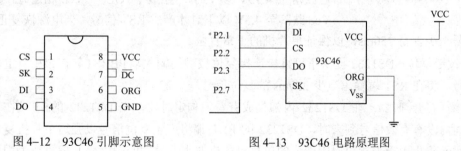

图 4-12 93C46 引脚示意图　　　　图 4-13 93C46 电路原理图

（4）蜂鸣器电路。如图 4-14 所示，蜂鸣器的正极性的一端连接到 5V 电源上，另一端连接到三极管的集电极，三极管的基级由单片机的 P2.0 引脚通过一个非门来控制，当 P2.0 引脚为低电平时，非门输出高电平，三极管导通，这样蜂鸣器的电流形成回路，发出声音。当 P2.0 引脚为高电平时，非门输出低电平，三极管截止，蜂鸣器不发出声音。这里采用非门是为了防止系统上电时蜂鸣器发出声音，因为系统复位以后，I/O 口输出的是高电平。

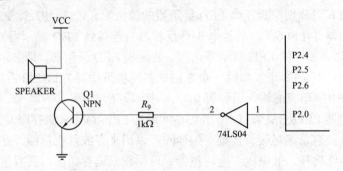

图4-14　蜂鸣器电路原理图

（5）看门狗电路。看门狗电路采用 DS1232 芯片。DS1232 引脚如图 4-15 所示。DS1232 引脚的功能如下。

1）$\overline{PBRST}$：按钮复位输入端。

2）TD：看门狗定时器延时设置端。

3）TOL：5%或10%电压监测选择端。

4）RST：高电平有效复位输出端。

5）$\overline{ST}$：周期信号输入端。

6）Vcc：电源。

7）GND：接地。

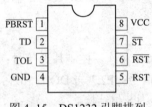

图4-15　DS1232 引脚排列

8）$\overline{RST}$：低电平有效复位输出。

DS1232 起三个作用。

1）电源电压监视：DS1232 能够实时监测向单片机供电的电源电压。当电源电压 Vcc 低于预置值时，输出复位信号 RST。预置值通过 TOL 来设定。当 TOL 接地时，RST 信号在电源电压跌落至 4.75V 以下时产生；当 TOL 与 Vcc 相连时，只有当 Vcc 跌落至 4.5V 以下时才产生 RST 信号。当电源恢复正常后，RST 信号至少保持 250ms，以保证单片机的正常复位。

2）按键复位：DS1232 提供了可直接连接复位按键的输入端 $\overline{PBRST}$，在该引脚上输入低电平信号，将在 RST 端输出至少 250ms 的复位信号。

3）看门狗定时器：在 DS1232 内部集成有看门狗定时器，当 DS1232 的 $\overline{ST}$ 端在设置的周期时间内没有有效信号到来时，DS1232 的 RST 端将产生复位信号以强迫单片机复位，这一功能对于防止由于干扰等原因造成的单片机死机非常有效。可选用 ALE 信号作为周期性的输入信号。看门狗定时器的定时时间由 DS1232 的 TD 引脚确定。

看门狗电路的硬件连接如图 4-16 所示，$\overline{ST}$ 端与 AT89C52 单片机的 ALE 端相连；RST 与 AT89C52 单片机的 RST 端相连；TD 接地，定时时间最小值、典型值、最大值分别为 62.5ms、150ms、250ms。TOL 接地，RST 信号在电源电压跌落至 4.75V 以下时产生。$\overline{PBRST}$ 用一个手动的触点式按键控制接地。按下按键，则手动复位。

（6）读卡器电路。系统采用 PHILIPS 公司的 MIFARE 射频技术。读卡器电路则以

MCM200 为核心。

MCM200 模块引脚如图 4-17 所示，各引脚的功能如下。

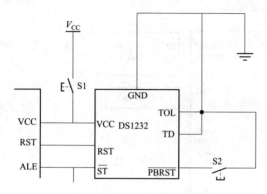

图 4-16　看门狗电路原理图

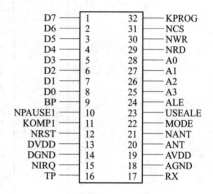

图 4-17　MCM200 电路原理图

1）D0～D7：8 位双向数据总线。

2）A0～A3：4 位地址线。

3）BP：后备电池输入端，用于保护 MCM 内部密码 RAM。

4）NPAUSE1：串行数据输出，用于驱动 RF 单元，该引脚必须连到 RF 单元的 TP 端。

5）NWR：写信号使能端。

6）NRD：读信号使能端。

7）NCS：该脚为低电平时选中 MCM。

8）KOMP1：RF 的比较器输入端，使用时必须连到 RF 单元的 RX 端。

9）NIRQ：MCU 数据处理控制端，当该端为低时，MCU 将用 MCM 状态寄存器中的内容来对 MCM 中的数据进行处理。

10）ALE：地址锁存使能端。

11）USEALE：选择从内部地址锁存器或 A0～A3 引脚取地址。

12）DGND：数字电路接地端；DVDD：+5V 电源端。

13）MODE：并行协议模式选择引脚，可用高电平驱动。

14）AVDD：+5V 模拟电源输入引脚，用于 RF 射频单元。

读卡器电路原理图如图 4-18 所示，NIRQ 为数据处理端，当其为低时，引起外部中断 0，转入中断服务子程序。P0 口为地址/数据复用端，地址为 4 位。KOMP1 与 RF1 模块的 RX 相连，NPAUSE1 与 RF1 模块的 TP 相连。引脚 ANT 和 GND 接口直接与正极性天线相连接。AT89C52 单片机的读写信号分别与 MCM200 的读写信号相连，ALE 信号也对应相连。

4.2.2　系统的软件设计

1. 主程序设计

首先是对系统进行初始化。然后有卡进入时，执行中断服务子程序，无卡时，蜂鸣器不响，显示器不亮。主程序流程图如图 4-19 所示。

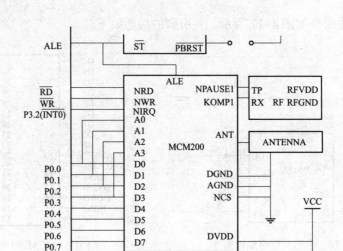

图 4-18　读卡器电路原理图

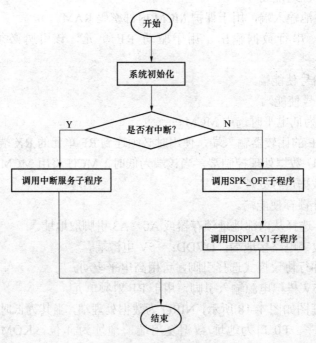

图 4-19　主程序流程图

2. 中断服务子程序设计

当有卡进入读卡器的工作范围后，会引起外部中断 0，执行中断服务子程序。中断服务子程序是十分重要的部分，其主要实现的功能是：读卡，正常情况下，卡内值减 2，LED 显示器中显示余额，蜂鸣器"嘟"一声，将 93C46 中的值读出加 2 后再写入保存；余额不足时，LED 显示器中同样显示余额，蜂鸣器"嘟嘟嘟……"，以示警报。

中断服务子程序流程图如图 4-20 所示。

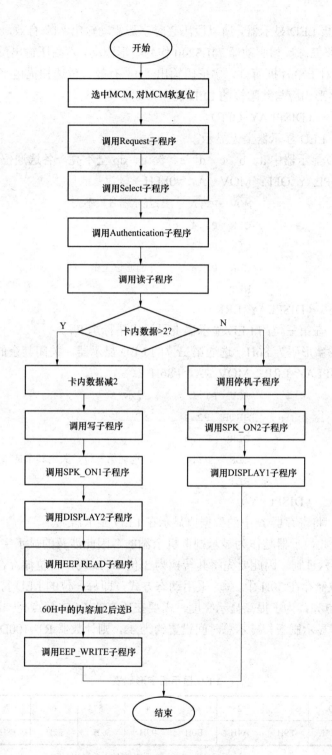

图 4-20　中断服务子程序流程图

3. 显示程序

由于应用共阴极 LED 显示器，所以段码亮时字形驱动输出"1"有效，位选驱动输出"0"有效。因为采用 8 路三态反相驱动器 74LS240 作为字形驱动，六高压输出反相驱动器 74LS06 作为位选驱动；则对于单片机而言，字形码输出"0"有效，位选扫描电平"1"有效。字形表 TAB 中的有效字形码应与共阳极的 LED 的字形码相同。

（1）显示程序一（DISPLAY_OFF）。

1）实现功能：LED 显示器上无显示。

2）分析：LED 显示器中 a、b、c、d、e、f、g、dp 全不亮，各选通位关闭。

3）程序：DISPLAY_OFF: MOV A，#0FFH

```
                MOV  P1,A    ;显示器各段不亮
                CLR  P2.4
                CLR  P2.5
                CLR  P2.6      ;选通位全部关闭
                RET
```

（2）显示程序二（DISPLAY_ERR）。

1）实现功能：在第三位的 LED 显示器上显示出错标志 E。

2）分析：E 的字形码为 86H，选通第三位的 LED 显示器，关闭其余的 LED 显示器。

3）程序：DISPLAY_ERR: MOV A，#86H

```
                MOV  P1,A    ;显示"E"
                SETB P2.4
                CLR  P2.5
                CLR  P2.6      ;选通第三位，关闭其余选通位
                RET
```

（3）显示程序三（DISPLAY）。

1）实现功能：将寄存器 A 中的数据值显示在 LED 显示器上。

2）分析：① 此显示器是作为显示刷卡机余额的，因此涉及的显示字符为 0～9；② A 中的数据格式是十六进制，因此要先将其转换为 3 位 BCD 码，百位储存在 32H 中，十位储存在 31H 中，个位储存在 30H 中。③ 采用动态方式，即每一位的 LED 持续点亮 10ms 后，其他位的 LED 再点亮；为了提高显示亮度，需要在所有的 LED 都点亮一次后，再重新开始点亮各位 LED，即显示刷新。显示总时间设置约为 4s，则计数器 R1=100D。字形表如表 4-4 所示。

表 4-4　　　　　　　　　　　　　　　LED 显示器字形码表

显示字符	0	1	2	3	4	5	6	7	8	9
字型码	C0H	F9H	A4H	B0H	99H	92H	82H	F8H	80H	88H

程序流程图如图 4-21 所示。

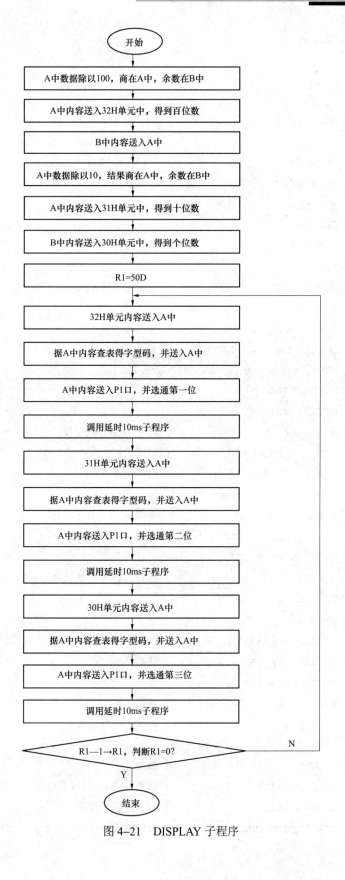

图 4-21　DISPLAY 子程序

程序清单（汇编语言）

```
          ORG 0000H
          LJMP START
          ORG 0003H
          LJMP INTERRUPT
          ORG 0100H
START:      SETB EA
            SETB EX0
            CLR EX1;
            CLR ES
            CLR ET1
            CLR ET0              ; 开全局中断，开外部中断 0，关闭其余中断
            MOV R2, 00H          ; 表明应采用 RQT_STD 指令
            SJMP $
            LCALL  SPK_OFF       ; 蜂鸣器不响
            LCALL  DISPLAY_OFF   ; 无显示
            END
INTERRUPT: MOV A,#80H
            MOV R0,#01H
            MOVX @R0, A          ; 对 MCM 进行软复位
            LCALL  REQUEST       ; 调用应答子程序
            LCALL  SELECT        ; 调用选择子程序
            LCALL  AUTHENTICATION ; 调用认证子程序
            LCALL  MCM_READ      ; 调用 MCM 的读子程序
            MOV A,50H            ; 将读到的数送入 A 中
            CJNE  A,#02H,D1
D1:         JC D2                ; 比较，若小于 2 就跳至 D2
            DEC A
            DEC A                ; 减 2
            LCALL  MCM_WRITE     ; 调用 MCM 的写子程序
            LCALL  SPK_ON1       ; 蜂鸣器响一声
            LCALL  DISPLAY       ; 显示
            LCALL  READ          ; 调用 93C49 的读子程序
            MOV B,60H            ; 将读到内容存入 B 中
            INC  B
            INC  B               ; 加 2
            LCALL  WRITE         ; 调用 93C49 的写子程序
D2:         LCALL  HALT          ; 调用停机子程序
            LCALL  SPK_ON2       ; 蜂鸣器连续响
```

```
                LCALL  DISPLAY_OFF    ; 无显示
                IRET
DISPLAY:   MOV  R0,#32H          ; 地址指向32H
           MOV  B,#64H           ; 令 B=100D
           DIV  AB               ; 得到百位数
           MOV  @R0,A            ; 百位数存入 32H 中
           DEC  R0               ; 地址指向 31H
           MOV  A,#0AH           ; 令 A=10D
           XCH  A,B              ; A，B 互换内容
           DIV  AB               ; 得到十位数
           MOV  @R0,A            ; 十位数存入 31H 中
           DEC  R0               ; 地址指向 30H
           MOV  @R0,B            ; 个位数存入 31H 中
           MOV  R1,#64H          ; 令计数值为 100D
F1:        MOV  DPTR,#TAB        ; 地址指向字型码表首址
           MOV  A,32H            ; 32H 单元中内容送入 A 中
           MOVC A,@A+DPTR        ; 查表得字型码
           MOV  P1,A             ; 字型码送 P1 口显示
           SETB P2.6             ; 选通第一位的 LED 显示器
           CLR  P2.5             ; 关闭第二位的 LED 显示器
           CLR  P2.4             ; 关闭第三位的 LED 显示器
           ACALL DELAY10MS       ; 调用 10ms 延时程序
           MOV  A,31H
           MOVC A,@A+DPTR
           MOV  P1,A
           SETB P2.5
           CLR  P2.6
           CLR  P2.4             ; 显示十位
           ACALL DELAY10MS
           MOV  A,30H
           MOVC A,@A+DPTR
           MOV  P1,A
           SETB P2.4
           CLR  P2.5
           CLR  P2.6             ; 显示个位
           ACALL DELAY10MS
           DJNZ R1,F1            ; 判断 R1=0?若为 0 则继续执行，为 1 则跳转至 F1
           RET
TAB:DB  C0H  F9H  A4H  B0H  99H  92H  82H  F8H  80H  90H
```

```
DISPLAY_OFF:MOV  A,#0FFH
            MOV  P1,A               ; 显示器各段不亮
            CLR  P2.4
            CLR  P2.5
            CLR  P2.6               ; 选通位全部关闭
            RET
DISPLAY_ERR:MOV  A,#86H
            MOV  P1,A               ; 显示"E"
            SETB P2.4
            CLR  P2.5
            CLR  P2.6               ; 选通第三位，关闭其余选通位
            RET
SPK_OFF:    SETB P2.0
            RET
SPK_ON1:    CLR  P2.0
            LCALL DELAY1S
            SETB P2.0
            RET
SPK_ON2:    MOV  R1, #0AH           ; 重复次数为10
F2:         CLR  P2.0
            LCALL DELAY500MS        ; 蜂鸣器响半秒
            SETB P2.0
            LCALL DELAY500MS        ; 蜂鸣器不响半秒
            DJNZ R1, F2
            RET
SEND:       CLR  P2.7
            SETB P3.4               ; CS=1
            MOV  A,R5               ; 要传送的数据送入A中
SENDLOOP:   RLC  A                  ; 高位送到A中
            MOV  P2.1,C             ; 传送至93C46
            SETB P2.7               ; 发脉冲
            SJMP $+2                ; 等待
            CLR  P2.7
            DJNZ R7,SENDLOOP        ; 全部数据发送完后跳出
            RET
REC:        SETB P2.7               ; 发脉冲
            SJMP $+2                ; 等待
            CLR  P2.7
            MOV  C, P3.5            ; 接收一位数据存至C中
```

```
                RLC  A                  ; 将 C 中内容移至 A 中低位
                DJNZ R7,REC             ; 全部数据接收完后跳出
                RET
EEP_WRITE:      MOV  R6,#29H            ; 写入 93C46 中得到地址
                MOV  R5,#0A0H           ; 发送写指令"101"
                MOV  R7,#03H            ; 发送 3 个数据
                ACALL SEND             ; 调用发送子程序
                MOV  A,R6               ; 地址送入 A 中
                RL   A                  ; 左移 A(地址只有 7 位)
                MOV  R5,A
                MOV  R7,#07H
                ACALL SEND             ; 发送地址
                MOV  R5,B
                MOV  R7,#08H
                ACALL SEND             ; 发送数据
                CLR  P3.4CS             ; 下降沿时自动擦除原数据并把数据存到指定单元
                SETB P3.4
EEP_READ:       MOV  R6,#29H            ; 需读出的数据在 93C46 中的地址
                MOV  R5,#0C0H
                MOV  R7,#03H
                ACALL SEND             ; 发送读指令"110"
                MOV  A,R6
                RL   A
                MOV  R5,A
                MOV  R7,#07H
                ACALL SEND             ; 发送地址
                MOV  R7,#08H
                ACALL REC              ; 接收数据
                MOV  60H,A
                RET
REQUEST:        MOV  A,#0CH             ; 设置 A 寄存器 = 0CH
                OV   R0,#01H            ; STACON 寄存器地址为 01H
                MOVX @R0,A              ; 将 A 寄存器内容送入 STACON 寄存器
                MOV  A,#0EH             ; 设置 MCM 中的 BAUDRATE 寄存器为:0EH
                MOV  R0,#05H
                MOVX @R0,A
                MOV  A,#0C0H            ; 设置 MCM 中的 ENABLE 寄存器为:0C0H
                MOV  R0,#02H
                MOVX @R0,A
```

```
              MOV  A,#0D6H          ; 设置 MCM 中的 MODE 寄存器为:0C6H
              MOV  R0,#07H
              MOVX @R0,A
              MOV  A, #02H          ; 设置 MCM 中的 RCODE 寄存器为 02H
              MOV  R0,#0EH
              MOVX @R0,A
              MOV  A,#07H           ; 设置 MCM 中的 BNCTS 寄存器为 07H
              MOV  R0,#03H
              MOVX @R0,A
              MOV  A,#10H           ; 设置 MCM 中的 BNCTR 寄存器为 10H
              MOV  R0,#04H
              MOVX @R0,A
JUDG1:        MOV  A,R2             ; 根据 R2 值，判断是执行 Request std 还是 Request
                                      all 操作
              XRL  A,#01H
              JNZ  RQT_STD
RQT_ALL:      MOV  A,#52H           ; 送 RQT_ALL 的指令代码
              AJMP _11_RQT_MCM
RQT_STD:      MOV  A,#26H           ; 送 RQT_STD 的指令代码
              MOV  R0,#00H
              MOVX @R0,A            ; 送入 DATA
              MOV  A, #0AH
              MOV  R0, #06H
              MOVX @R0,A            ; TOC = 0AH
RQT_RD_STACON:
              MOV  R0,#01H
              MOVX A,@R0            ; 读 STACON
JUDG_DV:      JNB  ACC.7,RQT_RD_STACON; DV=1 时，继续执行
              MOV  R7,A             ; 将 STACON 中的内容送入 R7 中保存
              MOV  A,#00H
              MOV  R0,#06H
              MOVX @R0,A            ; TOC=00H，关闭 TOC
              MOV  A,R7             ; 将 STACON 中的内容送会 A 中
JUDG_ERR:     JB   ACC.6,DISPLAY_ERR; 判断是否 TE，若出错，显示"E"
              JB   ACC.3,DISPLAY_ERR; 判断是否 BE，若出错，显示"E"
              MOV  R0,#00H          ; 读 TAGTYPE0
              MOVX A,@R0
              MOV  45H,A            ; 将 TAGTYPE0 值保存至 45H
              MOV  R0,#00H
```

```
                MOVX  A,@R0           ; 读 TAGTYPE1
                MOV   46H,A           ; 将 TAGTYPE1 值保存至 46H
                RET
SELECT:         MOV   A,#0CH          ; 设置寄存器 A = 0CH
                MOV   R0,#01H         ; STACON 寄存器地址为 01H
                MOVX  @R0,A           ; 将 A 寄存器内容送入 STACON 寄存器
                MOV   A,#0C0H         ; 设置 MCM 中的 ENABLE 寄存器为 0F0H
                MOV   R0,#02H
                MOVX  @R0,A
                MOV   A,#38H
                MOV   R0,#03H
                MOVX  @R0,A           ; 设置 BCNTS 为 56  D
                MOV   A,#08H
                MOV   R0,#04H
                MOVX  @R0,A           ; 设置 BCNTR 为 08H，接收 SIZE
                MOV   A,#93H
                MOV   R0,#00H
                MOVX  @R0,A           ; 发送选择指令 93H
                MOV   R7,#04H         ; R7 表示写入 DATA 的字节数
                MOV   B,#00H
                MOV   R0,#00H
                MOV   R1,#40H         ; 序列号保存的地址首址
LOOP:           MOV   A,@R1
                MOVX  @R0,A
                XRL   B,A
                INC   R1
                DJNZ  R7,LOOP         ; 前四位进行与操作
                MOV   A,B
                MOVX  @R0,A           ; 送第五位
                MOV   A,#0AH
                MOV   R0,#06H
                MOVX  @R0,A           ; TOC = 0AH
                MOV   R0,#01H
                MOVX  A,@R0           ; 读 STACON
                MOV   B,A
                JNB   ACC.7,SEL_RD_STACON; DV=1 时，继续执行
                MOV   B,A
                MOV   A,#00H
                MOV   R0,#06H
```

```
                MOVX @R0,A              ; TOC= 00H, 关闭 TOC
                MOV A,B
                JB  ACC.6,DISPLAY_ERR; 判断是否 TE, 若出错, 显示"E"
                JB  ACC.5,DISPLAY_ERR; 判断是否 PE, 若出错, 显示"E"
                JB  ACC.3,DISPLAY_ERR; 判断是否 BE, 若出错, 显示"E"
                JB  ACC.4,DISPLAY_ERR; 判断是否 CE, 若出错, 显示"E"
                MOV R0,#00H
                MOVX A,@R0             ; 读 SIZE
                MOV 44H,A              ; 将 SIZE 保存至 44H
                RET
AUTHENTIICATION:
                MOV A,#0CH             ; 设置寄存器 A = 0CH
                MOV R0,#01H            ; STACON 寄存器地址为 01H
                MOVX @R0,A            ; 将 A 寄存器内容送入 STACON 寄存器
                MOV A,#0C0H           ; 设置 MCM 中的 ENABLE 寄存器为 0C0H
                MOV R0,#02H
                MOVX @R0,A
                MOV A,#80H
                MOV R0,#0BH
                MOVX @R0,A            ; 令 KS1, KS0=00H, AL=1
                MOV A,#80H
                MOV R0,#0CH
                MOVX @R0,A            ; 选择扇区 0 进行认证, 选择 KEYA, AL=1
                MOV A,#60H
                MOV R0,#00H
                MOVX @R0,A            ; 发送认证指令 60H
                MOV A,#0AH
                MOV R0,#06H
                MOVX @R0,A            ; TOC = 0AH
                MOV R0,#01H
                MOVX A,@R0            ; 读 STACON
                MOV B,A
                JNB ACC.7,SEL_RD_STACON; DV=1 时, 继续执行
                MOV B,A
                MOV A,#00H
                MOV R0,#06H
                MOVX @R0,A            ; TOC= 00H, 关闭 TOC
                MOV A,B
                JB  ACC.6,DISPLAY_ERR; 判断是否 TE, 若出错, 显示"E"
```

```
                JB  ACC.5,DISPLAY_ERR;判断是否 PE，若出错，显示"E"
                JB  ACC.3,DISPLAY_ERR;判断是否 BE，若出错，显示"E"
                JB  ACC.4,DISPLAY_ERR;判断是否 CE，若出错，显示"E"
                JB  ACC.2,DISPLAY_ERR;判断是否 AE，若出错，显示"E"
                RET
    MCM_READ:   MOV  A,#06H
                MOV  R0,#03H
                MOVX @R0,A           ; 设置 BCNTS
                MOV  A,#08H
                MOV  R0,#04H
                MOVX @R0,A           ; 设置 BCNTR
                MOV  A,#30H
                MOV  R0,#00H
                MOVX @R0,A           ; 发送读指令 30H
                MOV  A,#0AH
                MOV  R0,#06H
                MOVX @R0,A           ; TOC = 0AH
READ_RD_STACON :
                MOV  R0,#01H
                MOVX A,@R0           ; 读 STACON
                MOV  B,A
                JNB  ACC.7,READ_RD_STACON; DV=1 时，继续执行
                MOV  B,A
                MOV  A,#00H
                MOV  R0,#06H
                MOVX @R0,A           ; TOC=00H，关闭 TOC
                MOV  A,B
                JB  ACC.6, DISPLAY_ERR;判断是否 TE，若出错，显示"E"
                JB  ACC.5, DISPLAY_ERR;判断是否 PE，若出错，显示"E"
                JB  ACC.3, DISPLAY_ERR;判断是否 BE，若出错，显示"E"
                JB  ACC.4, DISPLAY_ERR;判断是否 CE，若出错，显示"E"
                MOV  R0, #00H
                MOVX A, @R0
                MOV  50H,A           ; 读 DATA 中的数据保存至 50H
                MOV  R0,#00H
                MOVX A, @R0
                MOV  50H, A          ; 读 DATA 中的数据保存至 50H
                RET
    MCM_WRITE:  MOV  A, #08H
```

141

```
                    MOV  R0, #03H
                    MOVX @R0, A              ; 设置 BCNTS
                    MOV  A, #30H
                    MOV  R0, #00H
                    MOVX @R0, A              ; 发送读指令 A0H
                    MOV  A, #0AH
                    MOV  R0, #06H
                    MOVX @R0, A              ; TOC = 0AH
WR_RD_STACON:
                    MOV  R0, #01H
                    MOVX A, @R0             ; 读 STACON
                    MOV  B, A
                    JNB  ACC.7, WR_RD_STACON; DV=1 时，继续执行
                    MOV  B, A
                    MOV  A, #00H
                    MOV  R0, #06H
                    MOVX @R0, A              ; TOC= 00H，关闭 TOC
                    MOV  A, B
                    JB   ACC.6, DISPLAY_ERR; 判断是否 TE, 若出错，显示 "E"
                    JB   ACC.3, DISPLAY_ERR; 判断是否 BE，若出错，显示 "E"
                    MOV  A , 50H
                    MOV  R0, #00H
                    MOVX @R0,  A             ; 将 50H 中的内容写入卡中
                    RET
HALT:               MOV A, #10H
                    MOV  R0, #03H
                    MOVX @R0, A              ; 设置 BCNTS
                    MOV  A, #04H
                    MOV  R0, #04H
                    MOVX @R0, A              ; 设置 BCNTR
                    MOV  A, #50H
                    MOV  R0, #00H
                    MOVX @R0, A              ; 发送读指令 50H
                    MOV  A, #0AH
                    MOV  R0, #06H
                    MOVX @R0, A             ; TOC = 0AH
HALT_RD_STACON:
                    MOV R0, #01H
                    MOVX A, @R0             ; 读 STACON
```

```
                    JNB ACC.7, HALT_RD_STACON
                    MOV B, A
                    MOV A, #00AH
                    MOV R0, #06H
                    MOVX @R0, A           ; TOC = 00H
                    MOV A, B
                    JB  ACC.6, DISPLAY_ERR;   判断是否 TE，若出错，显示"E"
                    JB  ACC.3, DISPLAY _ERR; 判断是否 BE，若出错，显示"E"
                    RET
    DELAY10MS:      MOV  R7, #18H
    TM:             MOV  R6, #0FFH
    TM1:            DJNZ  R6, TM1
                    DJNZ  R7, TM
                    RET
    DELAY500MS:     MOV  R5, #32H;              ; R5=50D
                    ACALL  DELAY10MS
                    DJNZ  R5, DELAY500MS
                    RET
    DELAY1S:        MOV  R4, #02H
                    ACALL  DELAY500MS
                    DJNZ  R4, DELAY1S
                    RET
```

4.3　基于 MF RC522 射频卡的智能饮水机控制系统设计

4.3.1　设计思想

　　IC 卡饮水机主要是针对像学校这些公共场所饮水收费难的问题，跟以往的饮水机相比，优点更为突出。采取智能卡管理可达到有序合理使用水资源，让学生放心使用，家长省心，学校开心，政府放心，社会满意；有偿用水，改变学生随意饮水习惯，自小培养节约用水意识；使用方便，24 小时供给冷热饮用水，方便师生自主选择使用，尤其是在冬季也能随时喝上热水；费用低廉，适宜推广，其价格远远低于瓶装水，价格合理，学生家长易于接受，为人们提供了饮用水的安全保障。

　　IC 卡饮水机是通过对 IC 卡进行初始化操作，将使用权限、用水金额、IC 卡编号等信息，写入 IC 卡里。持卡人饮水时，将 IC 卡放在饮水机的刷卡区，饮水机则出水，并根据出水的时间，从卡中扣除相应的金额。所以本课题的关键技术在于对 IC 卡的读写操作。根据课题设计要求，本课题将开发一种基于飞利浦公司 MF RC522 读卡芯片的非接触式 IC 卡智能饮水机的收费系统，其具有以下特点：能识别 TYPEA 型卡片，读取卡号，并有防冲突功能；能对 TYPEA 的卡片进行高层操作，从而实现计费售水的功能。本设计完成后所要达到的主要指标如下。

（1）显示系统：LED 数码管显示，能显示操作模式和卡片中余下的时间。

（2）按键操作：能选择冷、热水和操作模式。

（3）机器读卡速度：0.5s 可完成一次读卡过程，读卡距离为 5～10cm。

（4）保密性和防伪性：能辨认卡的密码，非授权范围内的卡在系统内无法使用。

4.3.2 系统方案设计与实现

1. IC 卡选型

本系统中使用的是 PHILIPS 公司的 MF1 IC S50，属于 TYPEA 型卡，下面对其做一些简述：Mifare1 IC 卡的核心是 PHILIPS 公司 MF1 IC S50 系列微模块，它确定了卡片的特性以及卡片读写器的诸多性能。Mifare1 IC 智能卡内建有高速的 MCU，卡片上除了 IC 微晶片及一副高效率天线外，无任何其他元件；卡片上无源，工作时的电源能量由读写器天线发送无线电载波信号耦合到卡片上天线而产生电能；它与读写器通信使用握手式半双工通信协议。

2. 读卡模块介绍

非接触式 IC 卡读写模块以射频识别技术为核心，读写模块主要使用专用的读写处理芯片，它是读/写操作的核心器件，其功能包括调制、解调、产生射频信号、安全管理和防碰撞机制。其内部结构分为射频区和接口区：射频区内含调制解调器和电源供电电路，直接与天线连接；接口区有与单片机相连的端口，还具有与射频区相连的收发器、数据缓冲器、防碰撞模块和控制单元。这是与智能 IC 卡实现无线通信的核心模块，也是读写器读写智能 IC 卡的关键接口芯片。其工作时，不断地向外发出一组固定频率的电磁波，当有卡靠近时，卡片内有一个 LG 串联谐振电路，其频率与读写器的发射频率相同，这样在电磁波的激励下，LC 谐振电路产生共振，从而使电容充电有了电荷。在这个电容另一端，接有一个单向导电的电子泵，将电容内的电荷送到另一个电容内存储。当电容器充电达到一定电压值时，此电容就作为电源为卡片上的其他电路提供工作电压，将卡内数据发射出去或接收读写器发出的数据并保存。其工作过程如下：

1）读卡模块将载波信号经天线向外发送。

2）卡进入工作区域后，卡内天线和电容组成的谐振回路接收读卡模块发射的载波信号，射频接口模块将其转换成电源电压、复位信号，使卡片激活。

3）存取控制模块将存储器中信息调制到载波上，经卡上天线送给读卡模块。

4）读卡模块对接收到的信号进行解调、解码后送给单片机处理。

5）单片机根据卡号的合法性，针对不同应用做出相应的处理和控制。

3. 总体方案论证

（1）各模块方案选择与论证。

1）控制器的选择。采用宏晶科技的 STC12C5A32S2 单片机，该单片机是宏晶科技生产的单时钟/机器周期（1T）的单片机，是高速低功耗超强抗干扰的新一代 8051 单片机，指令代码完全兼容 8051，但速度快 8～12 倍，并且该型号单片机还提供 ISP（在系统可编程）/IAP（在应用可编程），无需专用的编程器和专用的仿真器，可通过串口直接下载用户程序，此外该单片机还具有 32KB 的用户程序空间和 28KB 的 EEPROM，片上还集成了 1280B 的 RAM，足够用户使用，并且具备了 AT89S52 的所有优点，且开发成本低，能更好地实现系统功能。

2）RFID 读卡芯片的选择。随着 RFID 市场的迅猛增长，各大传统 IC 芯片制造商都加入到 RFID 读卡芯片的开发当中，可供选择的芯片很多，下面介绍 NXP 公司的 RFID 读写芯片 MF RC522。

NXP 公司（原飞利浦半导体公司）是较早进入 RFID 芯片行业的国际半导体公司，在射频读写芯片上产品较全。MF RC522 芯片就是 NXP 公司生产的一款低电压、低成本、体积小的非接触式读写卡芯片。MF RC522 利用了先进的调制和解调概念，完全集成了在 13.56MHz 下所有类型的被动非接触式通信方式和协议。支持 ISO 14443A 的多层应用。其内部发送器部分可驱动读写器天线与 ISO 14443A/MIFARE 卡和应答机的通信，无需其他的电路。接收器部分提供一个坚固而有效的解调和解码电路，用于处理 ISO 14443A 兼容的应答器信号。数字部分处理 ISO 14443A 帧和错误检测（奇偶＆CRC）。此外，它还支持快速 CRYPTO1 加密算法，用于验证 MIFARE 系列产品。MF RC522 支持 MIFARE 更高速的非接触式通信，双向数据传输速率高达 424kbps。它与主机间的通信采用连线较少的串行通信，且可根据不同的用户需求，选取 SPI、I²C 或串行 UART（类似 RS232）模式之一，有利于减少连线，缩小 PCB 板体积，降低成本。

由于 MF RC522 能够满足设计需求，而且应用范围比其他的芯片更广，资料齐备，于是选择 MF RC522 作为本设计的射频接口芯片。

3）显示模块的选择。使用 LED 显示。数码管显示，对外界环境要求低，操作简单，成本低，亮度高，显示清晰可见，无热量，耐冲击，寿命长，并且容易编程实现，能显示数字和部分字符。

4）键盘模块的选择。采用独立式按键。独立式按键接口设计优点是电路的配置灵活，软件实现简单。但缺点也很明显，每个按键需要占用一跟口线，若按键较多，资源浪费将比较严重。因此本方法主要用于按键较少或对操作速度要求较高的场合。

（2）总体方案确定。根据上述分析，系统设计方案如下：本系统拟以宏晶科技公司的 STC12C5A32S2 单片机作为控制器，采用 MF RC522 芯片作为射频卡读/写模块，采用 LED 数码管显示和独立按键，并以 SPI 总线接口和 MF RC522 模块通信，组成一套 IC 卡饮水机收费控制系统。当 IC 卡在天线区域经过时，单片机自动对 IC 卡进行读写识别并开始扣费，同时饮水机出水，并根据出水的时间，从卡中扣除相应的时间。系统框图如图 4-22 所示。

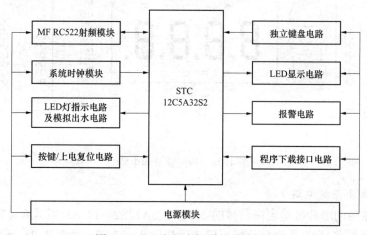

图 4-22　IC 卡饮水机系统结构框图

4.3.3 系统硬件设计与实现

1. 电源模块

该电源按常规设计，为系统工作提供所需电源，其输入为 220V、50Hz 交流电，输出电压等级为+5V，电路原理图如图 4–23 所示。该部分主要采用 78 系列稳压器，结构简单，调整方便，输出电压纹波小。市电交流 220V 经变压器降压为交流 12V，经过全桥整流输出直流电流，再经过 1000μF 的电解电容滤波，除去整流后的交流成分，送至各三端稳压器，输出需要的电压。经过各三端稳压器稳压后，在 LM7805 输出端输出+5V 直流电压。

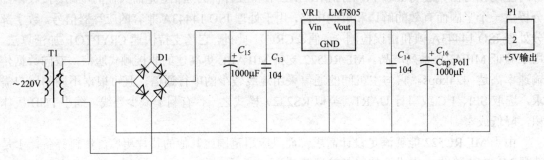

图 4–23　+5V 直流稳压电源

2. 数码管显示电路

本系统的显示部分采用数码管显示，用来显示饮水机实际消费时的余额情况。为了节省单片机 I/O 口资源，本设计采用动态显示的方法，所谓动态显示方式是指所要显示的数据在 LED 上一个一个逐个显示，它是通过位选端控制在哪个 LED 上显示数字，由于这些 LED 数字显示之间切换的时间非常短，使得人眼看起来它们是一起显示数字的，所以其能很好地实现设计所需的要求，同时动态显示方式所用的接口较少，节省了单片机的管脚资源。本电路中采用两片 74HC573 并口锁存器来实现显示电路，电路图如图 4–24 所示。

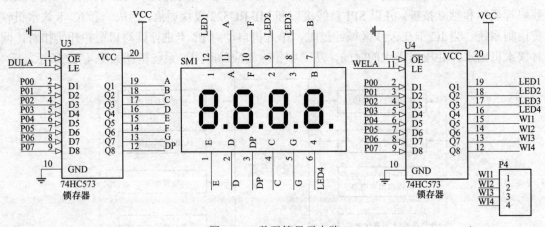

图 4–24　数码管显示电路

3. 单片机最小系统电路

本设计中采用的单片机是宏晶科技的 STC12C5A32S2，该单片机具有 1T 的机器周期，且指令代码完全兼容 8051 系列单片机，但速度却快 8～12 倍。如图 4–25 所示。

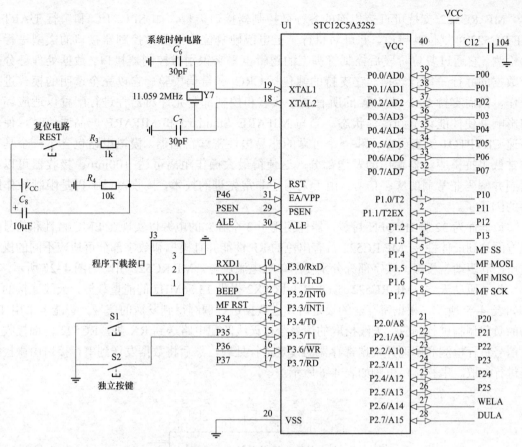

图 4-25　单片机最小系统电路

4. MF RC522 读写模块

（1）MF RC522 芯片介绍。PHILIPS 公司的 MF RC522 是应用于 13.56MHz 非接触式通信中高集成读卡 IC 系列中的一员。其利用先进的调制和解调概念，完全集成了在 13.56MHz 下所有类型的被动非接触式通信方式和协议。MF RC522 支持 ISO 14443A 的多层应用，其功能框图如图 4-26 所示。

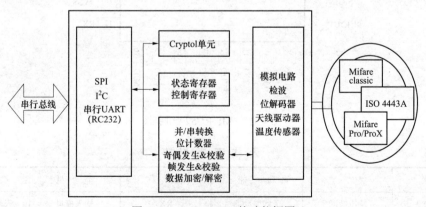

图 4-26　MF RC522 的功能框图

MF RC522 支持可直接相连的各种微控制器接口类型，如 SPI、I²C 和串行 UART。MF RC522 可复位其接口，并可对执行了上电或硬复位的当前微控制器接口的类型进行自动检测。它通过复位阶段后控制管脚上的逻辑电平来识别微控制器接口。数据处理部分执行数据的并行—串行转换。它支持的帧包括 CRC 和奇偶校验。它以完全透明的模式进行操作，因而支持 ISO 14443A 的所有层。状态和控制部分允许对器件进行配置以适应环境的影响并使性能调节到最佳状态。当与 MIFARE Standard 和 MIFARE 产品通信时，使用高速 CRYPTO1 流密码单元和一个可靠的非易失性密匙存储器。模拟电路包含了一个具有非常低阻抗桥驱动器输出的发送部分。这使得最大操作距离可达 100mm。接收器可以检测到并解码非常弱的应答信号。由于采用了非常先进的技术，接收器已不再是限制操作距离的因素了。

该器件为 32 脚 HVQFN 封装，器件使用了 3 个独立的电源以实现在 EMC 特性和信号解耦方面达到最佳性能。MF RC522 具有出色的 RF 性能并且模拟和数字部分可适应不同的操作电压，其驱动、模拟、数字部分分别使用单独电源供电。MF RC522 引脚如图 4–27 所示。

为了驱动天线，MF RC522 通过 TX1 和 TX2 提供 13.56MHz 的能量载波，天线连接的引脚如表 4–5 所示。根据寄存器的设定对发送数据进行调制得到发送的信号。智能卡采用 RF 场的负载调制进行响应。天线拾取的信号经过天线匹配电路送到 RX 脚，RC522 内部接收器对信号进行检测和解调并根据寄存器的设定进行处理，然后将数据发送到串行接口由微控制器进行读取。串行接口引脚如表 4–6 所示。

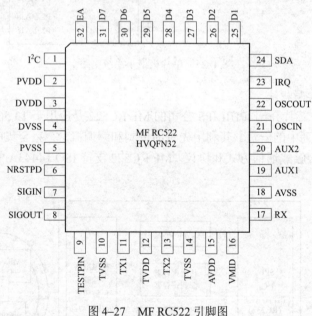

图 4–27 MF RC522 引脚图

表 4–5 天 线 连 接 引 脚

名　称	类　型	功　能	名　称	类　型	功　能
TX1，TX2	输出缓冲	天线驱动器	RX	输入模拟	天线输入信号
VMID	模拟	参考电压			

表 4–6 MF RC522 串行接口引脚描述

名 称	类 型	功 能	名 称	类 型	功 能
D1~D7	带施密特触发器的I/O	不同接口的数据线	I²C	输入	I²C 使能
SDA	带施密特触发器的I/O	串行数据线	EA	输入	外部地址：选择I²C 的地址

　　在每次上电或硬件复位后，MF RC522 也复位其接口模式并检测当前微处理器的接口类型。MF RC522 在复位阶段后根据控制脚的逻辑电平识别微处理器接口。这是由固定引脚连接的组合和一个专门的初始化程序实现的。表 4–7 给出了 MF RC522 接口类型的连接配置。

表 4–7 MF RC522 接口类型的连接配置

引脚名称	UART 方式	SPI 方式	I²C 方式	引脚名称	UART 方式	SPI 方式	I²C 方式
SDA	RX	NSS	SDA	D5	DTRQ	SCK	ADR1
I²C	L	L	H	D4			ADR2
EA	L	H	EA	D3			ADR3
D7	TX	MISO	SCL	D2			ADR4
D6	MX	MOSI	ADR0	D1			ADR5

　　（2）MF RC522 模块工作原理。首先，MF RC522 射频卡读写模块（下面简称读写模块）通过天线向射频卡（非接触卡）发送无线载波信号，这些信号经过射频卡的天线耦合接收后，先进行波形转换，然后对其整流滤波，由电压调节模块对电压进行进一步的处理（包括稳压等），最终输出到射频卡上的各级电路。此时，非接触卡接收到载波信号后就通过本卡片上的调制/解调电路对载波信号进行调制/解调，处理后的信号就送到卡片上的控制器以供控制及处理。非接触卡处理好数据后，也通过它本身的天线向 MF RC522 返回载波信号，MF RC522 也通过自身的调制/解调电路来对这些信号进行处理。这些返回的载波信号的频率与 MF RC522 发出的载波信号的频率是一致的。通过这样一个通信回路，MF RC522 就可以对非接触卡的内容进行读写操作。这里需要说明的是：非接触型 IC 卡本身是无源体，当读写器对卡进行读写操作时，读写模块发出的信号由两部分叠加组成，一部分是电源信号，该信号由卡接收后，与其本身的 LC 产生谐振，产生一个瞬间能量来供给芯片工作；另一部分则是结合数据信号，指挥芯片完成数据修改、存储等，并返回给读写模块。

　　如上所述可以看出，读写模块的性能与天线的参数有着直接的关系。天线的性能高低决定着读卡的距离远近。因此，下面将就影响天线性能的参数作一些探讨。

　　（3）读写模块的天线设计。电感耦合射频识别系统的读写模块中的天线用于产生交变磁通量，而交变磁通量用于向 IC 卡提供电源并在读写模块与 IC 卡之间传送信息。因此，天线的构造有以下几个基本要求：

　　1）使天线线圈的电流最大，用于产生最大的磁通量峰值；

　　2）功率匹配，最大程度地利用产生交变磁通量的可用能量；

　　3）足够的带宽，无失真地传送用数据调制的载波信号。

　　在天线设计中，品质因数 Q 是一个非常重要的参数。对于电感耦合式射频识别系统的天线，其特征值就是它的谐振频率和品质因数的值。较高的品质因数的值会使天线线圈中的电流强度大些，由此改善对 IC 的功率传送。与之相反，天线的传输带宽刚好与品质因数值成反比例变化，选择的品质因数过高会导致带宽缩小从而明显地减弱 IC 卡接收到的调制边带。计算品质因数的公式

$$Q = (2\pi f \cdot L_{coil})/R_{coil} \qquad (4\text{-}4)$$

式（4-4）中的 f 是工作频率，L_{coil} 是天线的尺寸，R_{coil} 是天线的半径。通过品质因数可以很容易计算出天线的带宽

$$B = f/Q \qquad (4\text{-}5)$$

从式（4-5）中可以看出，天线的传输带宽与品质因数成反比关系。因此，过高的品质因数会导致带宽缩小。从而减弱读写器的调制边带，会导致读写模块无法与卡通信。一般系统的最佳品质因数为 10～30，最大值不能超过 60。如果太高，卡将无法准确地识别复位响应。

（4）读写模块电路。MF RC522 模块电路如图 4-28 所示，其中包括系统电路、天线电路

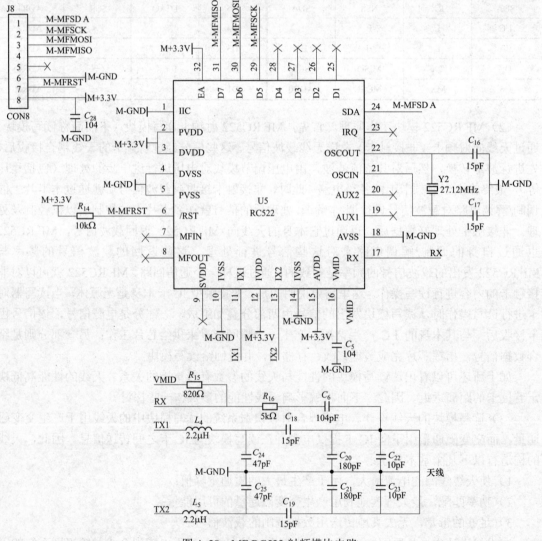

图 4-28 MF RC522 射频模块电路

150

和 SPI 接口电路。本模块的接口采用 SPI 总线，当然也可以选择 I²C 或 UART 方式，可以根据不同情况进行选择。

（5）MF RC522 模块与单片机接口电路。由于单片机系统电路使用的是 5V 电源，而 MF RC522 射频模块使用的是 3.3V 电源，为了使 MF RC522 射频模块与单片机系统之间能正常通信，给它们直接加了一个 390 Ω的电阻，经测试可以正常使用，工作非常稳定。同时还用了 LM1117–3.3 稳压芯片给 MF RC522 射频模块提供 3.3V 的电源。其电路连接如图 4–29 所示。

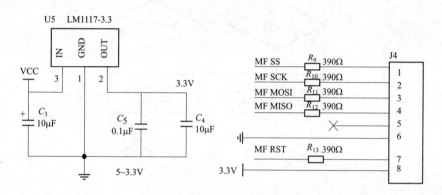

图 4–29　MF RC522 射频模块接口电路

4.3.4　系统软件设计与实现

非接触 IC 卡饮水机系统的软件设计可分为三部分，分别为主程序设计、RC522 的读/写程序的设计和读卡器外围基本电路的应用程序设计。主程序主要包括：系统初始化程序，IC 卡读/写、密码验证/擦除操作程序，键盘扫描处理程序，定时扫描显示程序等，对 MF RC522 的应用程序的设计即是对 MF RC522 操作指令的程序设计，对读卡器外围基本电路程序的设计包括数码管显示程序设计、键盘扫描程序设计、出水控制程序。

1. 主程序的设计

IC 卡饮水机工作的过程是一个复杂的程序执行过程，要执行一系列的操作指令，调用多个函数。主要包括键盘扫描、数码管显示、读/写卡及外围电路控制等。这一系列的操作必须按固定的顺序进行。在没 IC 卡进入射频天线有效范围内时，在数码管上显示工作模式标志，此时可以通过按键进行工作模式选择，当有 IC 卡进入到射频天线的有效范围内时，读卡程序验证卡及密码成功后，将根据具体的模式显示 IC 卡中的数据，当 IC 卡拿走后，将恢复当前模式显示，执行键盘扫描。主程序流程图如图 4–30 所示。

2. 读/写卡程序设计

（1）S50 卡数据存储结构介绍。M1 卡分为 16 个扇区，每个扇区由 4 块（块 0、块 1、块 2、块 3）组成，将 16 个扇区的 64 个块按绝对地址编号为 0～63，存储结构如图 4–31 所示。

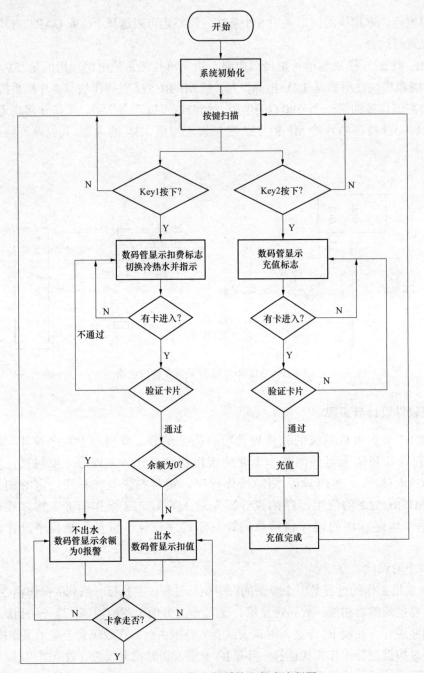

图 4-30　IC 卡饮水机系统主程序流程图

第 0 扇区的块 0（绝对地址 0 块），它用于存放厂商代码，已经固化，不可更改。每个扇区的块 0、块 1、块 2 为数据块，可用于存储数据。数据块可作两种应用。

1）用作一般的数据保存，可以进行读/写操作。

2）用作数据值，可以进行初始化值、加值、减值、读值操作。

每个扇区的块 3 为控制块，包括了密码 A、存取控制、密码 B。具体结构如图 4-32 所示。

	块 0		数据块	0
扇区 0	块 1		数据块	1
	块 2		数据块	2
	块 3	密码 A　存取控制　密码 B	控制块	3
扇区 1	块 0		数据块	4
	块 1		数据块	5
	块 2		数据块	6
	块 3	密码 A　存取控制　密码 B	控制块	7
	⋮			
扇区 15	0		数据块	60
	1		数据块	61
	2		数据块	62
	3	密码 A　存取控制　密码 B	控制块	63

图 4-31　存储结构

A0 A1 A2 A3 A4 A5	FF 07 80 69	B0 B1 B2 B3 B4 B5
密码A（6字节）	存取控制（4字节）	密码B（6字节）

图 4-32　密码数据结构

每个扇区的密码和存取控制都是独立的，可以根据实际需要设定各自的密码及存取控制。存取控制为 4 字节，共 32 位，扇区中的每个块（包括数据块和控制块）的存取条件是由密码和存取控制共同决定的，在存取控制中每个块都有相应的 3 个控制位，定义如下。

块 0：C10　　C20　　C30
块 1：C11　　C21　　C31
块 2：C12　　C22　　C32
块 3：C13　　C23　　C33

3 个控制位以正、反两种形式存在于存取控制字节中，决定了该块的访问权限（如进行减值操作必须验证 KEY A，进行加值操作必须验证 KEY B，等等）。3 个控制位在存取控制字节中的位置，以块 0 为例，对块 0 的控制见表 4-8。

表 4-8　　　　　　　　　　　　　　块 0 控制位分布

bit	7	6	5	4	3	2	1	0
字节 6				C20_b				C10_b
字节 7				C10				C30_b
字节 8				C30				C20
字节 9								

注　C10_b 表示 C10 取反。

存取控制（4 字节，其中字节 9 为备用字节）结构如表 4-9 所示。

表 4-9 控 制 位 分 布

bit	7	6	5	4	3	2	1	0
字节 6	C23_b	C22_b	C21_b	C20_b	C13_b	C12_b	C11_b	C10_b
字节 7	C13	C12	C11	C10	C33_b	C32_b	C31_b	C30_b
字节 8	C33	C32	C31	C30	C23	C22	C21	C20
字节 9								

注 _b 表示取反。

数据块（块 0、块 1、块 2）的存取控制如表 4-10 所示。

表 4-10 存取控制位组合定义

控制位（X=0～2）			访问条件（对数据块 0、1、2）			
C1X	C2X	C3X	Read	Write	Increment	Decrement, transfer, Restore
0	0	0	KeyA|B	KeyA|B	KeyA|B	KeyA|B
0	1	0	KeyA|B	Never	Never	Never
1	0	0	KeyA|B	KeyB	Never	Never
1	1	0	KeyA|B	KeyB	KeyB	KeyA|B
0	0	1	KeyA|B	Never	Never	KeyA|B
0	1	1	KeyB	KeyB	Never	Never
1	0	1	KeyB	Never	Never	Never
1	1	1	Never	Never	Never	Never

注 KeyA\|B 表示密码 A 或密码 B，Never 表示任何条件下不能实现。

例如：当块 0 的存取控制位 C10 C20 C30=1 0 0 时，验证密码 A 或密码 B 正确后可读；验证密码 B 正确后可写；不能进行加值、减值操作。

控制块块 3 的存取控制与数据块（块 0、1、2）不同，它的存取控制如表 4-11 所示。

表 4-11 数据块控制位组合定义

存取控制位			密码 A		存取控制		密码 B	
C13	C23	C33	Read	Write	Read	Write	Read	Write
0	0	0	Never	KeyA|B	KeyA|B	Never	KeyA|B	KeyA|B
0	1	0	Never	Never	KeyA|B	Never	KeyA|B	Never
1	0	0	Never	KeyB	KeyA|B	Never	Never	KeyB
1	1	0	Never	Never	KeyA|B	Never	Never	Never
0	0	1	Never	KeyA|B	KeyA|B	KeyA|B	KeyA|B	KeyA|B
0	1	1	Never	KeyB	KeyA|B	KeyB	Never	KeyB
1	0	1	Never	Never	KeyA|B	KeyB	Never	Never
1	1	1	Never	Never	KeyA|B	Never	Never	Never

例如：当块 3 的存取控制位 C13　C23　C33=001 时，表示密码 A 不可读，验证 KEYA 或 KEYB 正确后，可写（更改）；存取控制：验证 KEYA 或 KEYB 正确后，可读、可写；密码 B：验证 KEYA 或 KEYB 正确后，可读、可写。

（2）MF RC522 命令寄存器及指令说明。MF RC522 内部有 64 个寄存器，共分 4 页。

PAGE0：COMMAND AND STATUS；

PAGE1：COMMAND；

PAGE2：CFG；

PAGE3：TESTREGISTER。

MFRC522 通过内部寄存器的读写控制与 Mifare1 IC 卡数据通信。CommandReg 命令控制字如表 4–12 所示。

表 4–12　　　　　　　　　　　　　　　　CommandReg 命令控制字

CommandReg（address 01h）；Reset value：20h							
7	6	5	4	3	2	1	0
0	0	RcvOFF	Power Down	Command			

Command 命令类别如表 4–13 所示。

表 4–13　　　　　　　　　　　　　　　Command 命令类别

Command（命令）	命 令 代 码	Command（命令）	命 令 代 码
Idle（空闲）	0000	Receive（接收）	1000
CalcCRC（校验）	0011	Tranceive（收发）	1100
Transmit（发送）	0100	MFAuthent（认证）	1110
NoCmd Change（无命令改变）	0111	Soft Reset（软件复位）	1111

MCU 对 MIFARE 非接触式智能卡的控制是通过 MF RC522 来实现的，MF RC522 是 MCU 和 MIFARE 非接触式智能卡之间的通信载体。MCU 对 MF RC522 的控制是以 MCU 发出 MF RC522 的指令来达到的，MF RC522 收到指令之后执行这些指令。MF RC522 的指令主要有：Request Std，Request All，Anticollision，Select Tag，Authentication，Read，Write，Increment，Decrement，Restore，Transfer 等，它们可以完成 MCU 对 MIFARE 非接触式智能卡的很多应用场合的控制。

MCU 对 MF RC522 的某一指令操作不是简单的一条指令所能完成的，必须有一个程序的序列来完成，其中有对 MF RC522 硬件内核寄存器的读/写以及根据读出的硬件内核寄存器的内容进行语言软件上的判断和设置。不同的指令将设置不同的 MF RC522 内部寄存器以及应有不同的编程语言程序序列。MF RC522 主要指令说明如下。

1）"Answer to Request"（应答或复位应答）。复位应答指令见表 4–14。Request 指令将通知 MF RC522 在天线有效的工作范围内寻找 MIFARE 卡片。如果有 MIFARE 卡片存在，这一指令将分别与 MIFARE 卡片进行通信，读取 MIFARE 卡片上的卡片类型号 TAGTYPE，由 MF RC522 传递给 MCU，进行识别处理。Request 指令分为 Request std 和 Request all 两个指令。

表 4–14　　　　　　　　　　　　　复 位 应 答 指 令

指　　令	指令代码（hex）	相关的出错标志	接收卡片上数据
Request std	26	TE，BE	Tag type
Request all	52		

Request all 指令是非连续性的读卡指令，只读一次，它可以防止 MF RC522 选择同一卡片好几次。当某一张卡片在 MF RC522 天线的有效工作范围内，Request all 指令在成功地读取这一张卡片之后，将一直等待卡片的使用者拿走这张卡片，直到有新一张的卡片进入 MF RC522 天线的有效工作范围内。

Request std 指令的使用和 Request all 指令相反，Request std 指令是连续性的读卡指令。当卡片在 MF RC522 天线的有效工作范围内，Request std 指令在成功地读取这一张卡片之后，对卡进行其他操作。如果其他操作完成之后，程序又将 MFRC522 进入 Request std 指令操作，则 Request std 指令将连续性地再次进行读卡操作，而不管这张卡片是否被拿走。只要有一张卡片进入 MFRC522 之天线的有效的工作范围内，Request std 指令将始终连续性地再次进行读卡操作。

2）"Select Tag"（选择卡片操作）。选择卡片指令见表 4–15。

表 4–15　　　　　　　　　　　　　选 择 卡 片 指 令

指令	指令代码（hex）	相关的出错标志	接收卡片上数据
Select Tag（选择片）	93	TE，BE，PE，CE	Size

在一个成功的 AntiCollision 指令之后，或在任何时候当程序员想与已知序列号的卡片进行通信时，必须使用 Select 指令，以建立与所选卡的通信。Select 指令成功地完成后，MCU 将得到 MFRC522 的 DATA 寄存器传送来的一个字节长的卡片容量信息——Size。

3）"Authentication"（认证操作）。认证指令见表 4–16。

表 4–16　　　　　　　　　　　　　认 证 指 令

指　　令	指令代码（hex）	相关的出错标志	接收卡片上数据
Authentication		TE，BE，PE，CE	
Auth_la	60		
Auth_lb	61		

在 MCU 希望读取 MIFARE 卡上的数据之前，此操作必须是被允许的。这可以通过选择存储在 MFRC522 之 RAM 中的密码集中的一组密码来进行认证而实现。如果这一组密码与 MIFARE 卡片上的密码匹配，这一次操作被允许进行。卡片上的存储器的每一个块都分别地指定了该块的存取条件。这些存取条件是根据密码而定。用户必须在 KEYSTACON 寄存器中指定一套密码，即设置 KSO，KS1。KEYADDR 寄存器中的 AB 位用于选择 KEYA 和 KEYB。KEYADDR 寄存器中的 AB 设置必须匹配"Authentication"命令。

4）"Read"（读指令）。读指令见表 4–17。

表 4–17 读 指 令

指令	指令代码（hex）	相关的出错标志	接收卡片上数据
Read（读）	30	TE，BE，PE，CE	Data

Read（读）指令允许 MCU 通过 MFRC522 来读取 MIFARE 卡片上完整的 16 个字节的数据块（Data blocks）。

5）"Write"（写指令）。写指令见表 4–18。

表 4–18 写 指 令

指　　令	指令代码（hex）	相关的出错标志	接收卡片上数据
Write（写）	A0	TE，BE	

Write（写）指令允许用户写数据到 MIFARE 卡片上（完整的 16 个字节的数据块）。

（3）读/写卡程序流程图。读/写卡过程主要由以下几步组成。

1）复位应答：当一张 MIFARE 卡片处在读写器的天线的工作范围之内时，程序控制读写器向卡片发出 REQUEST all 命令。卡片的 ATR 将启动，将卡片 Block0 中的卡片类型共 2 个字节传送给读写器，建立卡片与读写器的第一步通信联络。如果不进行位选择操作，读卡器对卡片的其他操作将不会进行。

2）防重叠操作：有多张卡处在天线的工作范围之内时，RC522 将取得每一张卡片的序列号，由于每一张 MIFARE 卡片都具有其唯一的序列号，绝不会相同，因此 MFRC522 根据卡片的序列号来保证一次只对一张卡操作。该操作 MFRC522 得到 MIFARE 卡片的返回值和卡片的序列号。

3）选择卡片操作：选择被选中卡的序列号，并同时返回卡的容量代码。

4）认证操作：经过上述 3 个步骤，在确认已经选择了一张卡片时，MFRC522 在对卡进行读写操作之前，必须对卡片上已经设置的密码进行认证，如果匹配，才允许进一步的读写操作。

5）读写操作：在经过上述几个步骤之后就可以具体地对卡片进行相应的读、写、增值、减值、存储和传送等操作。读/写卡程序流程图如图 4–33 所示。

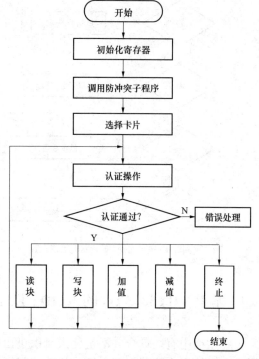

图 4–33 读/写卡程序流程图

4.3.5 系统外围基本电路程序的设计

1. 显示程序设计

本设计中的显示模块为 LED 数码管显示，采用动态显示的方式，为了稳定，需采用位扫描方式，即在某一时刻只选通显示器的某一位，并送出相应的段码，在另一时刻选通另一位，再送出相应的段码。为了能保证显示的效果，每位显示的时间间隔我们要确定好，为了不牺牲单片机的速度和精确显示间隔，采用定时器来实现它们之间的延时，初始化定时器为 2ms 产生一个中断，是标志位 a 的值加 1，这样各个位之间的显示时间间隔就为 2ms，经试验数码能稳定显示，并且效果较好，其流程图如图 4–34 所示。

2. 键盘程序设计

本设计中只用到两个按键，故选用了独立键盘，程序设计也相应地比较简单，键盘程序主要包括按键识别及识别按键后系统的相应动作。按键识别过程中主要遇到的问题在于按键抖动的消除，本设计采用的是软件消抖，具体操作为：当检测到有按键按下时，执行一段延时 10ms 的子程序，然后再确认电平是否仍保持闭合状态，如果保持闭合状态，则确认真正有按键按下，进行相应的处理工作；当按键释放时，一直检测按键是否仍保持闭合状态，若还保持，则继续检测，直到变为断开状态后返回。键盘扫描子程序流程图如图 4–35 所示。

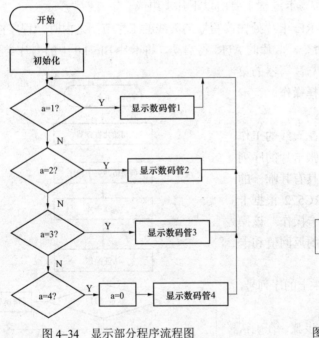

图 4–34　显示部分程序流程图　　　　图 4–35　按键扫描程序流程图

4.4　基于 YHY502ATG 的 RFID 门禁控制系统设计

在生活中有些场合并不是任人自由进出的，而只允许有进出权限者通行，这时，就得使用出入口管理系统即门禁系统。传统的门锁是最古老、最简单的门禁方式，一把锁配一把钥匙，几把锁就要配几把钥匙，使用不便。为了适应信息时代的需要，保证建筑内部的安全性，满足用户当时的各种需求，智能门禁系统应运而生。

4.4.1　设计方案确定

门禁系统又称门禁出入口保安自动化管理系统。智能建筑通过对四个基本元素，即结构、系统、服务和管理进行最优化的考虑，从而为用户提供一个高效和高经济效益的工作环境。它在功能上实现了通信自动化（CA）、办公自动化（OA）和楼宇自动化（BA），通过综合配置在建筑内的各功能子系统，以综合布线系统为基础，以计算机网络为桥梁，全面实现对通信系统、办公自动化系统、楼宇自动化系统的综合管理。门禁系统属于楼宇自动化系统的一部分，具有对门户出入控制，保安防盗，报警等多种功能，它主要方便内部员工或住户出入，杜绝外来人员随意出入，既方便了内部管理，又增强了内部的保安。一套现代化的、功能齐全的门禁系统，不只是作为进出口管理使用，而且还有助于内部的有序管理。它将时刻自动记录人员的出入情况，限制内部人员的出入区域，出入时间，礼貌的拒绝不速之客。同时也将有效地保护财产不受非法侵犯。

1. 设计思想

本系统针对的是拥有有效卡的用户，根据此项技术指标，硬件设计工作主要包括了读卡器读取卡序列号、LCD 液晶显示、键盘输入、AT24C04 串行 E^{2}PROM 和 MAX232 的工作原理，并由此设计出具体的硬件电路。在软件方面则是利用单片机组成控制系统，编程实现读卡器读卡程序、LCD 显示、键盘输入、串行 E^{2}PROM 的数据读写、RS232 串口发送数据等功能。本系统以 MCS–52 单片机为微控制器，利用无线读卡器与单片机组成数据采集系统，当有卡贴近读卡器时，读卡器便能读取到卡序列号，并将读取到的卡序列号与存储的卡序列号对比，若正确则开门并显示正确信息，若不正确则报警并显示错误信息。利用 AT24C04 串行 E^{2}PROM 或 Access 数据库来存储卡序列号，通过 RS232 串口实现数据的发送，通过按键来输入密码。本设计还选用了 1602 字符型 LCD 液晶显示器作为显示器件，实时显示正确或错误信息。

设计中利用 AT89C52 单片机和读卡器实现了门禁系统，有较高的实用价值。此外，不但可以通过 RFID 卡进入，还可以通过输入密码进入，人性化的设计免去了未带卡而产生的尴尬。

2. 系统模块总体设计

依据上述功能的分析，系统中模块分别为数据采集模块、数据处理模块、数据存储模块、显示模块、串口发送/接收模块、密码输入模块、报警机制模块。系统功能结构图如图 4–36 所示。

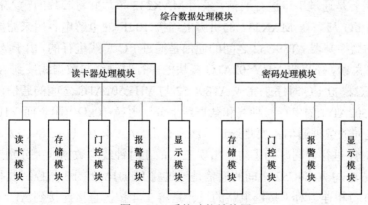

图 4–36　系统功能结构图

数据采集模块是在当 RFID 卡进入到读卡器读卡范围时，读卡器读取卡序列号的过程。数据处理模块是针对于采集到的数据处理，从而对得到的数据进行判断其有效性。数据存储模块是用来存储数据。显示模块用来接收单片机发送的数据，并对数据进行操作从而得到要显示的信息。串口发送/接收模块主要用来通过串口发送和接收数据。密码输入模块是针对于用按键输入密码，根据密码的正确与否进行相应的操作。报警机制模块是在当出现非法卡或输入的密码不正确时产生报警。

4.4.2 系统硬件设计

1. 系统电路结构设计

本系统的主要电路包括读卡器数据采集电路、串行 E²PROM 存储电路、LCD1602 显示电路、串口通信电路、报警电路、门控电路、键盘电路。硬件接口电路如图 4-37 所示。

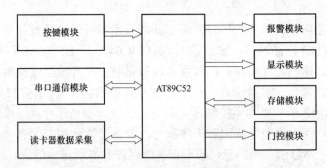

图 4-37　硬件接口的模块电路

系统硬件设计主要由 AT89C52 主控芯片和 YHY502ATG 读卡器模块构成。硬件电路由八部分构成：微控制器 AT89C52、读卡器模块 YHY502ATG、LCD1602 显示、串口通信 MAX232、按键电路、AT24C04 存储、报警电路、门控电路。

微控制器 AT89C52 负责 YHY502ATG 的初始化，上位机通过串口向 YHY502ATG 发送命令，YHY502ATG 根据上位机发送的命令做相应的操作，然后将得到的信息传送给微控制器 AT89C52，然后微控制器控制其他模块完成显示、报警、判断和门控操作。上位机与下位机之间的连接主要是通过串口进行通信，采用 MAX232 芯片并将芯片的输入和输出管脚连接到 AT89C52 的 I/O 口，在 MAX232 的引脚上连接 10μF 的电解电容用来滤波。读卡器模块 YHY502ATG 与微控制器 AT89C52 之间的通信是通过 I²C 总线进行的，由于 AT89C52 单片机本身并没有 I²C 总线，所以将 YHY502ATG 模块的串行时钟线与数据线接到 AT89C52 的两个 I/O 口，然后通过模拟 I²C 时序来完成 AT89C52 与 YHY502ATG 之间的通信，为了防止出现三态，在 YHY502ATG 的串行时钟线和数据线上分别上拉 10kΩ电阻。而 YHY502ATG 读卡器与 RFID 卡之间的数据通信主要是通过天线进行的。AT24C04 与 AT89C52 之间的通信也是通过模拟 I²C 时序进行，同时为了防止出现三态，在时钟线与数据线上分别连接 5.1kΩ的上拉电阻。LCD1602 与 AT89C52 之间的通信是通过将 LCD1602 的 3 条控制线和 8 条数据线与 AT89C52 的 I/O 口相连。对于按键电路的设计是将 3×4 按键直接连接到 AT89C52 的 7 位 I/O 口，采用线反转法通过查询方式进行工作。

2. 读卡器数据采集电路设计

本设计通过 AT89C52 控制读卡器进行数据的采集，设计的电路原理图如图 4–38 所示。

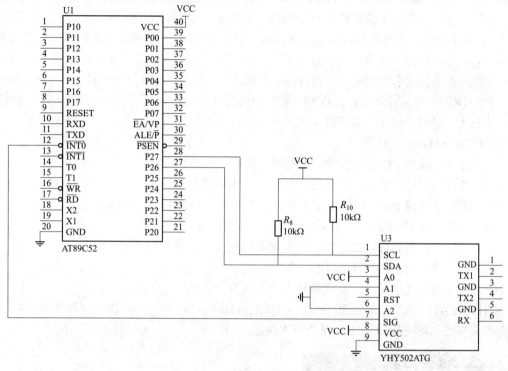

图 4–38　读卡器数据采集电路

单片机的复位信号的处理采用按键复位的方法，单片机为高电平复位，当按键按下时单片机的复位脚被拉高，从而使单片机复位。由于在该电路中要用到单片机的存储功能，用来保存从读卡器接收过来的处理数据，因此将引脚 $\overline{EA}$ 接高电平，选通片内程序存储区。在本设计系统中将 YHY502ATG 的串行数据线（SCL）和串行时钟线（SDA）接到 AT89C52 的 P27 和 P26 引脚上，用来相互之间传输数据。它们之间的数据传输是采用 I^2C 总线进行的，由于 AT89C52 单片机没有 I^2C 总线，所以将 SCL 和 SDA 接到两个 I/O 口线上，通过模拟 I^2C 总线时序来传送数据。为了防止 I^2C 总线出现三态从而产生错误，所以在 YHY502ATG 的时钟线和数据线上连接两个 $10k\Omega$ 的上拉电阻。在本系统中，YHY502ATG 的 A0、A1、A2 引脚是地址，当 A0 连接到高电平上，A1、A2 连接到低电平上时，表示只有一个 YHY502ATG。YHY502ATG 的 RST 引脚低电平有效，当 RST 引脚为低电平时复位，在本设计中将 RST 引脚悬空表示为上电复位。将 YHY502ATG 的 SIG 引脚连接到 AT89C52 的 $\overline{INT0}$ 引脚上，SIG 引脚为中断输出端，当 SIG 为 0 时表示有 RFID 卡进入到读卡器的读卡范围。对 YHY502ATG 的 VCC 电源输入引脚，外接上驱动+5V 电压。而 VDD 的输出引脚接地。YHY502ATG 的其他几个引脚为外接天线的引脚，当使用 YHY502ATG 内置的天线时，其他的几个引脚悬空即可。而在本设计中，使用的 YHY502ATG 内置的天线，所以其他引脚均悬空。

3. YHY502ATG 介绍

YHY502 系列射频读写模块采用基于 ISO 14443 标准的非接触卡读卡机专用芯片，采用 0.6μm CMOS E²PROM 工艺，支持 ISO 14443 type A 协议，支持 MIFARE 标准的加密算法。

芯片内部高度集成了模拟调制解调电路，只需最少量的外围电路就可以工作，支持 I²C 接口，UART 接口，SPI 接口，数字电路具有 TTL、CMOS 两种电压工作模式。特别适用于 ISO 14443 标准门禁、下水、电、煤气表、自动售货机、电梯、饮水机、电话机等计费系统或身份识别系统的读卡器的应用。YHY502 系列支持 Mifare 1 S50，S70，Ultra Light & Mifare Pro，FM11RF08 等兼容卡片。YHY502 系列是低功耗的模块，宽电压工作 3～5.5V，最低功耗仅需 3μA，采用一体化模块可以大大减少 PCB 体积。

YHY502ATG 特点如下：

（1）标准二线式 I²C 接口器件，带地址引脚可扩充多个在线。

（2）能自动感应到靠近天线区的卡片，并产生中断信号。

（3）采用高集成 ISO 14443 A 读卡芯片，支持 MIFARE 标准的加密算法。

（4）具有 TTL/CMOS 两种电压工作模式，工作电压 3～5.5V。

（5）采用工业级高性能处理器，内置硬看门狗，具备高可靠性。

（6）抗干扰处理，EMC 性能优良。

（7）把复杂的底层读写卡操作简化为简单的几个命令。

YHY502ATG 外形如图 4-39 所示，引脚配置如图 4-40 所示，引脚定义如表 4-19 所示，J1 为模块与控制器的接口，J2 为模块与天线的接口。

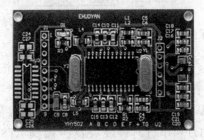
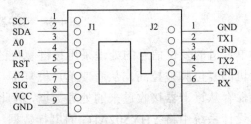

图 4-39　YHY502ATG 外形　　　　　图 4-40　YHY502ATG 引脚配置

表 4-19　　　　　　　　　　　　　　YHY502ATG 引脚描述

引脚	符号	I/O 类型	描述
J1-1	SCL	I/O	IIC 时钟线
J1-2	SDA	I/O	IIC 数据线
J1-3	A0	I/O	地址 A0
J1-4	A1	I	地址 A1
J1-5	RST	I	模块复位端，低电平有效，悬空默认上电复位
J1-6	A2	I	地址 A2
J1-7	SIG	O	中断输出端，0 表示有卡
J1-8	V_{CC}	电源	电源正端

引脚	符号	I/O 类型	描　　述
J1–9	GND	地	电源负端
J2–1	GND	地	地
J2–2	TX1	O	天线发送 1
J2–3	GND	地	地
J2–4	TX2	O	天线发送 2
J2–5	GND	地	地
J2–6	RX	I	天线接收

　　YHY502ATG 采用 I^2C 接口，只需要两根线，扩展灵活；3 位的可预置地址空间，最多可支持扩展 8 个模块和天线；速率高达 400kHz；噪声抑制电路可以抑制低于 50ns 的行刺；内部带上拉电阻，可以省掉外部的上拉电阻。

　　在对 YHY502ATG 进行读写操作时，需要在操作前发送一个 8 位的设备地址，设备地址包括位 YHY502ATG 模块地址和 1 位读写选择位。7 位 YHY502ATG 模块地址的高四位固定为 1010，模块地址的低三位由用户预置模块 A2、A1、A0 3 个引脚而成，一个系统中最多可以通过对 A2、A1、A0 的不同设定而连接 8 个 YHY502ATG 模块。在对指定的 YHY502ATG 模块进行读写操作时，发送的设备地址低四位必须与 A2、A1、A0、R/W 读写操作字一致。

　　例如一个 YHY502ATG 模块，A2、A1、A0 被预置为 0、0、1，则其读和写时的设备地址分别为：

　　读命令时，R/W 位为"1"，高七位模块地址为 1010001，则设备地址为 10100011，即 0xA3；写命令时，R/W 位为 "0"，高七位模块地址为 1010001，则设备地址为 10100010，即 0xA2。

　　基于 YHY502ATG 的射频系统是一个无源系统，即射频卡内不含电池，射频卡工作的能量是由射频读写模块发出的射频脉冲提供。射频读写模块在一个区域内发射能量形成电磁场，区域大小取决于发射功率、工作频率和天线尺寸。

　　射频卡进入这个区域时，接收到射频读写模块的射频脉冲，经过桥式整流后给电容充电。电容电压经过稳压后作为工作电压。数据解调部分从接收到的射频脉冲中解调出命令和数据并送到逻辑控制部分。逻辑控制部分接收指令完成存储、发送数据或其他操作。

　　如果需要发送数据，则将数据调制然后从收发模块发送出去。读写模块接收到返回的数据后，解码并进行错误校验来决定数据的有效性，然后进行处理，必要时可以通过 RS232 或 RS422 或 RS485 或 RJ45 或无线接口将数据传送到计算机。读写器发送的射频信号除提供能量外，通常还提供时钟信号，使数据同步，从而简化了系统的设计。有源系统的工作原理与此大致相同，不同处只是卡的工作电源由电池提供的。

　　4. 串行 E^2PROM 存储电路设计

　　在本设计中采用 AT24C04 作为存储设备，AT24C04 是 ATMEL 公司生产的 4K 位串行 CMOS E^2PROM，内部含有 512 个 8 位字节，先进的 CMOS 技术实质上减少了器件的功耗，AT24C04 有一个 16 字节页写缓冲器，该器件通过 I^2C 总线接口进行操作，有一个专门的写保护功能。本设计的串行 E^2PROM 存储电路原理图如图 4–41 所示。

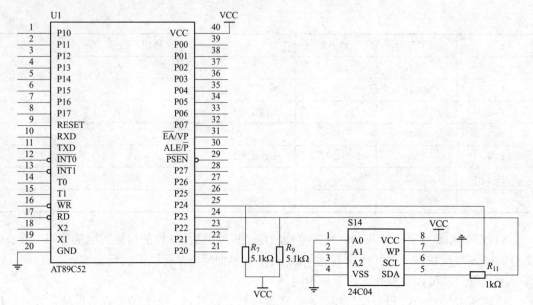

图 4-41　串行 E2PROM 存储电路原理图

在本设计中，采用 AT24C04 作为存储器件，用来存储从读卡器读取过来的 RFID 卡序列号。将 AT24C04 的 SCL 脚接 AT89C52 的 P24 脚，SDA 脚接 AT89C52 的 P23 脚，通过模拟 I^2C 时序来完成通信。在 SCL、SDA 引脚上分别接上 $5.1k\Omega$ 的上拉电阻，以防止出现三态。将 WP 写保护接上低电平，表示允许器件进行正常的读/写操作。将 A0、A1、A2 均接低电平，表示只有一个 AT24C04 器件被总线寻址。将 VCC 电源端接+5V 电源，VSS 地端接地。

AT24C04 支持 I^2C 总线数据传送协议，I^2C 总线协议规定，任何将数据传送到总线的器件作为发送器。任何从总线接收数据的器件为接收器。数据传送是由产生串行时钟和所有起始停止信号的主器件控制的。主器件和从器件都可以作为发送器或接收器，但由主器件控制传送数据（发送或接收）的模式，通过地址输入端 A0、A1 和 A2 可以实现将最多 4 个 AT24C04 器件连接到总线上。

由于 AT24C04 也是通过 I^2C 总线进行数据的传输，因此需要一个器件地址，AT24C04 器件地址的高四位为固定的 1010，低三位由 A0、A1 和 A2 预置，最后一位由读/写信号得到，1 为读，0 为写。因此可知，当要对 AT24C04 进行读操作时，器件地址为 10100001 即 0xA1；当要对 AT24C04 进行写操作时，器件地址为 10100000 即 0xA0。

5. LCD1602 显示电路设计

液晶显示器（LCD），具有功耗小，体积小，重量轻，超薄等许多其他显示器无法比拟的优点，近年来被广泛用于单片机控制的智能仪器、仪表和低功耗电子系统中，LCD 可分为段位式 LCD、字符式 LCD 和点阵式 LCD。其中段位式 LCD 和字符式 LCD 只能用于字符和数字的简单显示，点阵式 LCD 不仅可以显示字符、数字，还可以显示各种图形、曲线以及汉字，并且可以实现屏幕上下左右滚动、动画功能等功能，用途十分广泛。本次设计主要是用于显示正确及错误信息，因此从性价比上考虑，选择了字符式 LCD 显示器 1602，该显示器的显示容量是 16×2 个字符。本系统显示电路设计如图 4-42 所示。

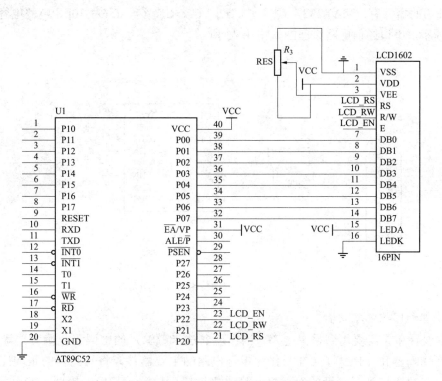

图 4-42　LCD1602 显示电路原理图

6. 串口通信电路设计

单片机与上位机的数据通信是通过串行口进行通信的，由于上位机是 RS232 电平，单片机使用的是 COMS/TTL 电平，因此计算机与单片机接口必须进行 RS232 电平和 COMS/TTL 电平的转换。

RS232 是异步串行通信中应用最早的，也是最广泛的标准串行总线之一。它原是基于公用电话网的一种串行通信标准，推荐电缆的最长长度为 15m。它的逻辑电平与公共地址对称，其逻辑 0 电平规定在+3～+25V 之间，逻辑 1 电平则在-3～-25V 之间，因而它需要使用正负极性的双电源。而传统的 COMS/TTL 电平，逻辑电平是以地为标准不对称设置，其逻辑 0 电平规定小于 0.7V，逻辑 1 电平规定大于 3.2V。因此两者之间的逻辑电平不兼容，两者之间通信时必须进行电平转换。

进行电平转换最典型的芯片就是 MAXIM 的 MAX232 芯片，其内部电荷泵电路先将+5V 提升到+10V，然后再用电压反转电路将+10V 变成-10V，这样就得到了 RS232 所需的±10V 的电压了。

本设计中，通过单片机的 10 引脚 P3.0（RXD）、11 引脚 P3.1（TXD）与电平转换芯片 MAX232 的 9 引脚（R2OUT）、10 引脚（T2IN）相连接，MAX232 的 7 引脚（T2OUT）、8 引脚（R2IN）与 9 针 D 型插座 2 引脚（RXD）、3 引脚（TXD）相连，MAX232 的 5 引脚接地。9 针 D 型插头与计算机的 9 针 D 型插头相连接来实现单片机与计算机通信的硬件连接。

所使用的器件有：MAX232 芯片一块、C_4、C_5、C_6、C_7、C_8 为 10μF 电解电容，一个 9 针 D 型插座。串口通信电路原理图如图 4-43 所示。

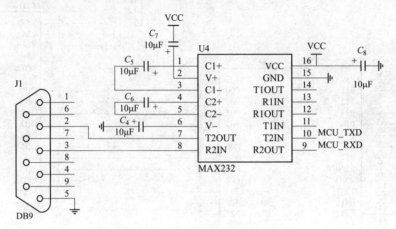

图 4-43　串口通信电路原理图

7. 报警和门控电路设计

在本设计中，需要用到报警电路，当出现非法卡或输入的密码不正确时，就会进行报警。采用蜂鸣器和 LED 灯（红）作为报警电路的主要器件，将蜂鸣器的正端连接到+5V 电源上，负端连接到三极管的发射极，集电极连接到地端，基极连接到 1kΩ电阻的一端，另一端连接到单片机的 26 引脚上。当给 0 时蜂鸣器响，当给 1 时蜂鸣器不响。将 LED（红）灯的正端通过 300Ω 的电阻连接到+5V 电源上，负端连接到单片机的 17 引脚上。当给 17 引脚送 0 时，LED（红）灯亮，送 1 时 LED（红）灯灭。在本设计中，三极管起到开关作用，与三极管相连的 1kΩ电阻是为了保护三极管，防止电流过大而烧毁三极管。与 LED 灯相连的 300Ω 电阻也是起保护 LED 灯的作用。报警电路和门控电路原理图如图 4-44 所示。

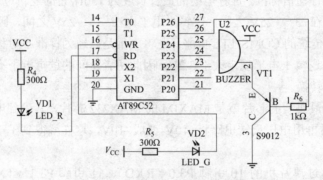

图 4-44　报警和门控电路原理图

本设计的门控电路用 LED（绿）灯模拟，当进入到读卡器读卡范围的 RFID 卡为有效卡时，LED（绿）灯亮，且 LCD 液晶显示正确信息；当 RFID 卡为非法卡时，报警并且 LCD

液晶显示错误信息。将 LED（绿）灯的正端通过 300Ω 电阻连接到+5V 电源上，负端连接到单片机的 16 引脚上。当给 16 引脚送 0 时，LED（绿）灯亮，送 1 时，LED（绿）灯灭。要本设计中，与 LED 灯连接的 300Ω 电阻是起保护 LED 灯的作用。

4.4.3　系统软件设计

系统软件设计是整个系统设计的重要部分，在硬件电路的基础上，加上软件编程才可以实现系统预期的功能。

软件主要实现数据的采集，数据的分析，模块之间的通信，以及相应的数据处理。数据采集就是读卡器 YHY502ATG 通过天线读取 RFID 卡的数据，然后将数据传送出去。数据分析就是 AT89C52 接收到数据后，将数据传送给 AT24C04 或上位机，AT24C04 或上位机对数据进行分析，从而判断数据的有效性。AT89C52 与 YHY502ATG/AT24C04 之间的通信都是通过模拟 I^2C 总线进行的，I^2C 总线的高效性、高实用性、高可靠性数据传输增强了系统的实时性和可靠性。针对数据的采集和分析的结果做出相应的处理，例如显示、报警、门控等。

1. 软件结构框图

在本系统中，软件的设计主要包括：数据采集模块、存储模块、显示模块、门控模块、报警模块、键盘模块和上位机软件的设计几个方面。本系统的软件结构框图如图 4-45 所示。各个模块作用如下：

数据采集模块：读卡器 YHY502ATG 通过天线读取 RFID 卡的数据，然后将数据传送出去。

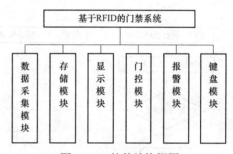

图 4-45　软件结构框图

存储模块：AT89C52 接收到数据后，将数据传送给 AT24C04 进行存储。

显示模块：AT89C52 接收到数据后，将数据与 AT24C04 里存储的数据进行对比，若两者完全相同，则液晶显示正确的信息；若不相同，则液晶显示错误的信息。

门控模块：AT89C52 接收到数据后，将数据与 AT24C04 里存储的数据进行对比，若两者完全相同，则进行开门操作；若不相同，则不开门。

报警模块：AT89C52 接收到数据后，将数据与 AT24C04 里存储的数据进行对比，若不相同则报警。

键盘模块：通过键盘输入密码，并根据输入密码的有效性做相应的操作。本系统的软件总体流程图如图 4-46 所示。

2. 密码子程序

密码子程序流程图如图 4-47 所示，当程序运行时，会一直判断是否有按键被按下，当有按键被按下时，系统会确定键值，关将键值存入到密码数组里，然后将输入的密码与本身的密码做比较，若相同，则执行开门和显示正确信息的操作；若不相同，则执行报警和显示错误信息的操作。

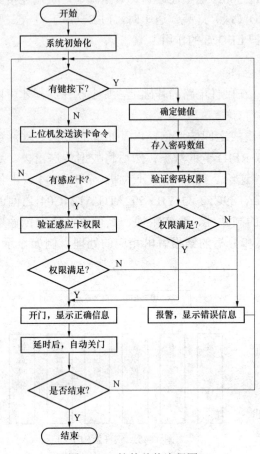

图 4-46　软件总体流程图

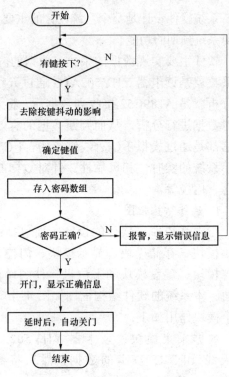

图 4-47　密码子程序流程图

密码子程序核心程序代码如下所示：

```
P1=0x0f;
if(P1!=0x0f) compare(P1);
for(n=0; n<10; n++)
   if(input[n]!=password[n]) break;
   if(n==10)
   {  if(m<10) continue;
      WriteLcdCom(0x01);              //清屏
      WriteLcdCom(0x80);              //第一行数据指针地址
      for(s=0; s<16; s++)
         WriteLcdDat(str2[s]);
      LEDG=0;
      BUZ=0;
      delay_10ms(20);
      LEDG=1;
```

```
    BUZ=1;
    WriteLcdCom(0x01);
    input[0]="        ";    }
else if((n<10)&&(P1==0xbd))
{  WriteLcdCom(0x01);       //清屏
   WriteLcdCom(0x80);    //第一行数据指针地址
   for(s=0; s<16; s++)
      WriteLcdDat(str4[s]);
   LEDR=0;
   for(s=0; s<5; s++)
   {  BUZ=0;
      delay_10ms(20);
      BUZ=1;
      delay_10ms(20); }
      LEDR=1;}
```

3. 数据采集子程序

执行程序之前，首先要设置串口波特率等相关串口参数，然后上位机通过串口向下位机发送命令，并进入串口中断。下位机根据接收 SBUF 的值做相应的处理。程序流程图如图4-48所示。

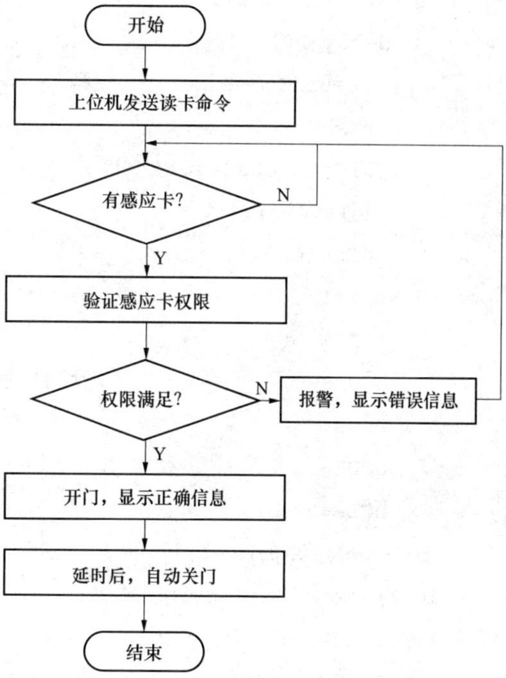

数据采集子程序核心程序代码如下所示：

```
uchar uart_process(void)
{uchar cmd;
uchar cStatus;
cmd = g_cReceBuf[1];
switch(cmd)
{case 0x20: //寻卡，防冲突，选择卡返回卡系列号（4B）
cStatus =IicSendHY502(g_cReceBuf);       //发送寻卡命令
cStatus =IicReadHY502(cp);        //读取卡号并存入到 CP
if((cStatus==SUCCESS)&&(cp[1]==CARD_SN))
{memcpy(&g_cReceBuf[0], &cp[2], 4);
eeprom(); }}//将读取到的卡序列号与E²PROM里存储的进行比较
return cStatus; }
```

4. 显示子程序

显示子程序的主要功能是对当前的门控状态进行显示，显示函数首先判断是写命令操作还是写数据操作，若是写命令操作，则根据命令进行相应的操作，如清屏、设置显示模式等；若是写数据操作，则在显示器上显示相应数据。程序流程图如图4-49所示。

图4-48　数据采集子程序流程图

显示程序核心程序代码如下所示：

```
void LcdShowError()
{       WriteLcdCom(0x38);    //显示模式设置
        WriteLcdCom(0x0c);    //开显示,无光标,光标不闪烁
        WriteLcdCom(0x06);    //读写字符后地址指针加一设置
        WriteLcdCom(0x80);    //第一行数据指针地址
        for(k=0;k<16;k++)
        {WriteLcdDat(str3[k]);
         delay(20); }
        WriteLcdCom(0xc0);    //第二行数据指针地址
        for(k=0;k<16;k++)
        { WriteLcdDat(str4[k]);
          delay(20);}
WriteLcdCom(0x01);        }
void WriteLcdCom(unsigned char c)
{       LCDRW =00;
        LCDRS=0;            //切换到写命令
        P0=c;
        LCDE=1;
        LCDE=0;
    for(a=0;a<20;a++);}
void WriteLcdDat(unsigned char d)
{       LCDRW=00;
        LCDRS=1;            //切换到写数据
        P0=d;
        LCDE=1;
        LCDE=0;
    for(a=0;a<20;a++);}
```

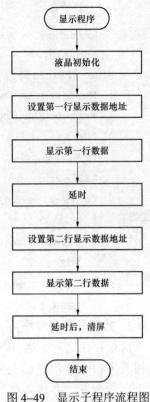

图 4-49 显示子程序流程图

5. 存储子程序

本设计中数据的存储芯片选用的是 AT24C04，该芯片是串行的 E²PROM，支持 I²C 总线数据传送协议。程序流程图如图4-50 所示。

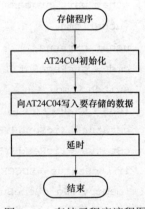

图 4-50 存储子程序流程图

存储程序核心程序代码如下所示：

```
void eeprom()
{write_byte(0,0x1e);
 write_byte(1,0xda);write_byte(2,0x62);write_byte(3,0xb6);
 write_byte(4,0x25);write_byte(5,0xee);write_byte(6,0xde);
 write_byte(7,0xb6);write_byte(8,0x05);write_byte(9,0xc8);
```

```
write_byte(10,0x43);write_byte(11,0xb8);write_byte(12,0x3a);
write_byte(13,0x04);write_byte(14,0x5d);write_byte(15,0xb6);}
bit shout(uchar write_data)//从MCU移出数据到AT24C04
{uchar i;bit ack_bit;
for(i = 0;i < 8;i++)//循环移入8个位
{SDA1 =(bit)(write_data & 0x80);
_nop_();
SCL1 = 1;
delayNOP();
SCL1 = 0;
write_data <<= 1;}
SDA1 = 1;           //读取应答
delayNOP();
SCL1 = 1;
delayNOP();
ack_bit = SDA1;
SCL1 = 0;
return ack_bit;       //返回AT24C04应答位
}
void write_byte(uchar addr,uchar write_data)//在指定地址addr处写入数据write_data
{start();
shout(OP_WRITE);
shout(addr);
shout(write_data);
stop();
delay_10ms(1);}}
```

6. 上位机设计

为了使本系统更加完善，在基本功能完成的基础上扩展了上位机。考虑到 Delphi 界面美观、简单、高效、功能强大等特点，因此采用 Delphi 软件来设计本系统的上位机，采用 Access 数据库存储用户信息。

Delphi7 是 Inprise 公司推出的面向对象的可视化编程语言，它提供了大量 VCL 组件，具有强大的数据库开发和网络编程能力，极大地提高了应用系统的开发速度，是目前最优秀的前端开发平台之一。MSComm 控件提供了功能完善的串口数据的发送和接收功能，MSComm 控件具有两种处理方式：一是事件驱动方式，由 MSComm 控件的 OnComm 事件捕获并处理通信错误及事件；二是查询方式，通过检查 CommEvent 属性的值来判断事件和错误。

在本系统中，上位机主要完成管理人员登录、向下位机发送命令、接收下位机返回数据、判断数据有效性和显示用户信息。上位机程序流程图如图 4-51 所示。在本设计中，由于用户信息是用户的隐私，并不是所有人员都对用户信息有管理权限，因此设计了用户登录界面，只有对用户信息有管理权限的管理者才能对用户做相关操作，如修改、查询等。

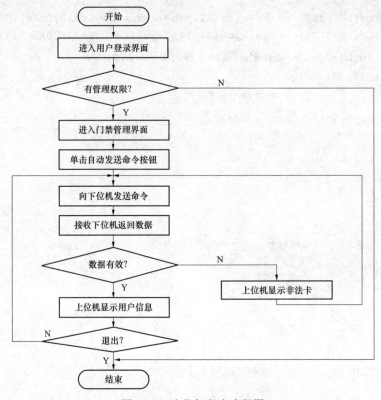

图 4-51 上位机程序流程图

4.5 基于 RI-R6C-001A 的高频 RFID 读写器设计

4.5.1 设计思想

为了实现对电子标签 I·CODE 2 进行读写，设计了一种基于单片机 AT89S51 和射频读写芯片 RI-R6C-001A 的高性能、低功耗的读写器。以射频芯片 RI-R6C-001A 为读写器的核心。在近距离识别的基础上，通过设计功率放大电路和射频接收电路来实现远距离的识别。功率放大器采用 C 类功率放大电路，实现了输出射频信号的放大，并且设计了相关的匹配网络，保证放大器稳定地工作；射频接收电路中设计了二极管检波电路以及副载波放大电路，实现了对接收信号的处理。通过 AT89S51 该读写器实现了与上位机的传输，并且执行相应的指令。为了实现 UART-USB 串口转换，采用用 Silicon Laboratories 公司生产的芯片 CP2102 与上位机进行数据通信。

4.5.2 读写器的硬件设计

1. 电子标签芯片的介绍

Philips 公司的 I·CODE 2 标签芯片是当前比较常用的一种非接触性的无源标签芯片。读写器的设计主要针对这款芯片，所以对电子标签芯片先做一些介绍。芯片符合 ISO/IEC15693 协议，工作频率是 13.56MHz。适用于长距离工作场合，主要应用在包裹运送、航空行李、租赁服务以及零售供应链管理等物流领域。此型号芯片读写方便，易于修改和保存数据，并且具有很高的安全性。

电子标签内部功能模块图如图 4–52 所示，首先，数据和电量通过非接触式传输；最大操作距离 1.5M（根据天线几何尺寸和读写器功率）；数据通过 16bit CRC 校验，具有高度完整性；标签内有容量为 1024bit 的 EEPROM，分为 32 块，每块 4 字节，较高 28 块为用户数据块；每个芯片具有不可改变的唯一标识符；快速数据传输达到 53kbit/s，具有防冲突能力；工作频率为 13.56MHz；擦写周期大于十万次。支持应用程序系列标识符（AFI），每个块具有锁定机制（写保护功能）。

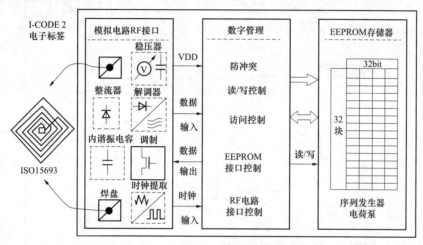

图 4–52　电子标签内部功能模块图

2. 单片机和射频芯片的选择

单片机是读写器的控制核心，控制着读写器的整个工作过程。综合考虑各种型号单片机芯片的性能、功耗以及性价比等，本设计采用 AT89S51。

13.56MHz 频率下的读写器通常是近距离读写，为了实现对电子标签进行中远距离的读写，读写器的设计选用了德州仪器（Texas Instrument）公司生产的 RI–R6C–001A 芯片，这款芯片是针对电子标签读写收发器开发的，工作频率为 13.56MHz。可以识别 Tag–it HF、ISO/IEC15693 和 ISO /IEC 14443（Type A）多种协议。芯片采用 SSOP20 封装，正常工作状态下使用 5V 电源供电。内部封装有两个调制器，负责信号的发送和接收。采用曼彻斯特编码的方式，通常的发送功率为 200mW，它的 ESD 保护符合 MILSTD–883 标准，有 3 种电源管理功能，分别是空闲、电源中断、全功率。本文选用 RI–R6C–001A 来设计组建射频识别系统的射频读写模块，采用 ISO/IEC15693 协议来读取电子标签的数据。与主机控制器接口使用串行方式，通过 SCLOCK，M_ERR、DIN 和 DOUT 4 条引线与控制器通信。此外芯片还有其他特点。

（1）使用寿命大于 10 年或读写 10 万次。

（2）工作电压为 3～5.5V。

（3）工作温度为–25～+70℃。

（4）存储温度为–40～+85℃。

射频读写器内部有一个低阻抗的场效应管，它是作为信号输出晶体管使用的，在芯片的 TX–OUT 脚会有电能的消耗，采用 5V 电源供电，可以驱动阻值为 50Ω 的天线。将一个简单的谐振电路或者匹配网络连接在输出端外侧，这样就可以使谐波抑制得到有效的降低。用方波驱动输出晶体管，可以达到 100%的调制深度。改变连接在输出晶体管上的电阻，就可改变调制深度，调制深度随着电阻的增大而增加。芯片内部功能结构如图 4–53 所示，引脚说明如表 4–20 所示。RI–R6C–001A 芯片的系统内有三种电源模式，分别是满载模式、空载模式和掉电模式。芯片主要的工作模式是满载模式，在电路或最小系统工作中的振荡器停止振动的时候才会使用空载模式，掉电模式是设备内部的偏置系统都停止工作。当引脚 SCLOCK 处在高电平时，在引脚 DIN 的输出脉冲的上升沿可以使电路重新工作。

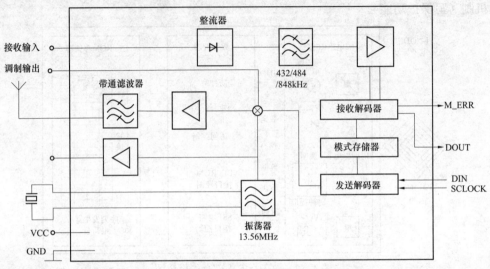

图 4–53　RI–R6C–001A 内部功能结构框图

表 4–20　　　　　　　　　　　RI–R6C–001A 的引脚功能

引脚号	信号名称	说　　明
1	VDD_TX	发送端的电源
2	TX_OUT	三极管输出
3	R_MOD	设置 10%调制模式的外接电阻
4	VSS_TX	发送端的接地
5	XTAL1	振荡器的引脚 1
6	XTAL2	振荡器的引脚 2
7	VSS_DIG	数字部分的接地
8	XTAL_CLK	缓冲过的时钟
9	未使用	正常情况下，接地
10	未使用	正常情况下，接地
11	DOUT	串口线的数据输出
12	VDD_DIG	数字部分的电源
13	DIN	串口线的数据输入
14	M_ERR	曼彻斯特编码错误标志位
15	SCLOCK	串口线时钟
16	FSK_RSSI	FSK 或者 RSSI 信号输出
17	VDD_RX	接收端的电源
18	未使用	正常情况下，空置
19	VSS_RX	接收端的接地
20	RX_IN	接收端的输入

3. 微控制电路和射频读写芯片电路的设计

读写器的控制电路采用了 ATMEL 公司生产的 AT89S51，单片机的引脚 RST 是芯片的复位输入端，在低电平时有效。常用的复位方式有手动复位和上电自动复位两种，本系统采用这两种方式的组合。引脚 XTAL1 和 XTAL2 为时钟信号的输入端，通过外部连接的晶振电路为单片机提供工作时钟，外接晶振的频率是 11.059 2MHz。外部石英晶体和电容 C_1、C_2 接在放大器的反馈回路中构成并联振荡电路。在使用时，对两个外接电容的大小虽然没有严格要求，但是电容容量的大小会轻微影响到振荡频率的高低、振荡器工作的稳定性等，在外接石英晶体时，通常采用 30pF±10pF，这里选用了 30pF 的电容。

射频芯片是读写器的关键部分，RI–R6C–001A 接口原理电路如图 4–54，芯片的工作频率是 13.56MHz，Y1 是一个频率为 13.56MHz 的石英晶体，它为芯片提供了时钟信号。芯片通过 SCLOCK，M_ERR，DIN，DOUT 四个引脚与单片机进行通信，微控制器直接通过 DIN 引脚对 13.56MHz 载波进行调幅，芯片也可以将调幅信号进行解调，然后从 DOUT 引脚将获得的基带信号传给单片机。SCLOCK 引脚是一个双向控制时钟线，当射频芯片发送数据时，它的时钟信号由单片机控制；当射频芯片接收数据时，时钟由芯片自己控制。引脚 M_ERR 用来表征通信的正确性，当读写器读取多个电子标签的时候体现出数据的冲突情况，发生冲突时为高电平，没有冲突时是低电平。射频读写芯片的外接电路中的输出信号端和射频功率放大电路相连接，输入射频信号与调制电路相连接。芯片 RI–R6C–001A 从 TX_OUT 引脚输出射频读写命令信号，信号通过一个滤波匹配网络电路后输送给功率放大电路。读写器天线接收到的电子标签的返回信号通过 RX_IN 引脚接传输到芯片内。电感 L_3 和电容 C_4 组成了谐振频率为 13.56MHz 的并联谐振电路，它对射频读写芯片输出的读写信号起到了频率选择和滤波的作用。电容 C_6 对漏极 LC 电路的直流电压起到了隔离的作用，同时把交流能量传送出去。电感 L_1、L_2 和电容 C_7 组成了 T 型滤波匹配电路，它可以使芯片的 TX_OUT 引脚的开漏输出与 50Ω 的接口实现阻抗的匹配。电阻 R_1 起到了调节读写芯片输出的射频信号调制深度

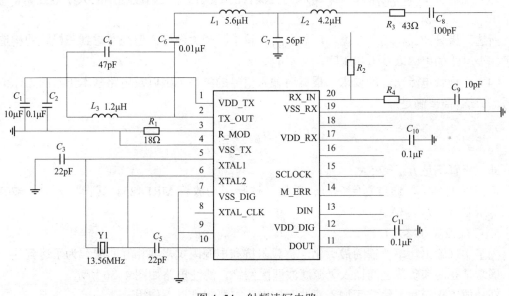

图 4–54　射频读写电路

的作用，选用 12Ω 的电阻时调制深度是 10%，18Ω 电阻是调制深度是 20%，25Ω 的电阻调制深度是 30%，电路设计中选用了 18Ω 的电阻。R_4 和 C_9 组成的滤波电路可以把电子标签返回的响应信号中的杂波过滤掉。

4. 射频功放电路的设计

在射频识别系统中，需要把指令信号加载在高频载波信号上，随着载波信号一起发送出去。通常情况下，高频振荡器产生的高频信号的功率不够大。如果不增加功率放大电路，那么只能构成近耦合射频识别系统的读写器。所以在实现近距离射频识别的基础上，为了达到远距离的识别读写，射频信号在发送出去之前先经过一个功率放大电路，这样就可以拥有足够的能量来实现远距离识别的目的了。图 4–55 是射频功率放大器的原理框图。

图 4–55　射频功率放大器电路框图

高频放大电路设计要求的工作电压为 15V，输出功率为 10W，选择 C 类放大器进行放大，信号的中心频率为 13.56MHz。功放管满足下列条件。

（1）为了避免信号频率对功放管的影响，功放管的特征频率 f_T 和信号的中心频率 f_s 需要满足 $f_T > 2f_s$，所以功放管的频率选择 $f_T > 27$MHz。

（2）三极管的管耗 P_C 满足

$$P_C = \frac{P_0}{\eta} - P_0$$

集电极允许的最大消耗功率 $P_{CM} \geq 2.5 P_C$，所以选择 $P_{CM} \geq 7$W 的三极管。

（3）三极管 $V_{(BR)CEO}$ 的要求。考虑到三极管的二次击穿及谐波电压的大小等因素，需要满足 $V_{(BR)CEO} \geq 2V_{CC}$。

所选三极管 $V_{(BR)CEO} \geq 24$V。$V_{(BR)CEO}$ 理论上是越大越好，但是考虑到三极管的构造，为了减少引线的电感以及饱和压降，又不能太大。

（4）三极管电流 I_{CM} 的要求。根据对输入信号的频率范围以及电路基本正常的工作情况的考虑。I_{CM} 需要满足

$$I_{CM} \geq 2I_{dc} = 2\frac{P_0}{\eta V_{CC}}$$

即三极管满足 $I_{CM} \geq 2.5$A。

根据以上分析，通过查阅三极管手册，选择了功放管 MRF425。其指标为 $P_{CM}=70$W，$V_{(BR)CEO}=35$V，$I_{CM}=3$A。

5. 滤波匹配电路设计

为了实现输出功率传输的最大化，负载阻抗和电源阻抗需要相互匹配。为了达到这一目的，通常是在源和负载之间加入无源滤波匹配网络，滤波电路如图 4–56 所示。

在功放三极管和天线之间加入滤波匹配电路主要起到以下作用。

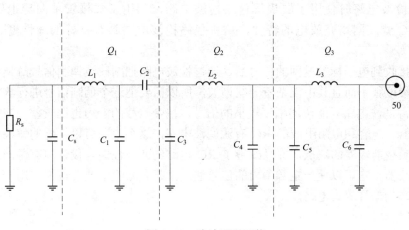

图 4-56　滤波匹配网络

（1）阻抗变换，是将放大器外接的负载阻抗等效变换成放大器最佳工作状态下的负载阻抗。

（2）滤波，把不需要的高次谐波充分的过滤掉，保证在外接负载上可以输出所需的基波功率。

（3）提高功率的传输效率，使功放管的输出功率高效地传输到负载上。

6. 射频接收电路设计

射频接收电路在提高射频识别系统读写距离上起到了关键的作用。在射频识别系统工作的时候，读写器通过天线将指令发送给电子标签，电子标签在接收到指令信号后产生响应。由于读写器发射的射频信号通过功率放大器后的载波幅度非常大，但是接收到的响应信号的幅度却很小。如果读写器把接收到的响应信号直接传输到射频 ASIC 单元电路中直接进行解调，那么因为灵敏度的原因，ASIC 电路不能正常的对接收到的响应信号进行解调。所以，响应信号不能直接送入读写器进行解调、解码，而是需要把副载波信号从经过调制的 13.56MHz 的载波信号中提取出来，然后对经过滤波后的调制信号的振幅进行放大，最后把经过放大的信号重新调制到 13.56MHz 的载波信号上，并且把接收的射频信号的幅度调整到符合 ISO15693 协议规定的大小，再传输到射频芯片中进行解调和解码。射频接收电路框图如图 4-57 所示。

图 4-57　射频接收电路框图

7. 检波电路和副载波调制信号放大电路设计

由于电子标签耦合距离的不同会引起调制度发生变化，但是这个变化量非常小，所以射频电路无法直接识别出这个信号；在给副载波进行调制的电路中，由于读写器和电子标签之间只有很弱的耦合强度，读写器天线上输出的有用指令信号的电压波动要比输出的射频信号的电压小，因此需要搭建一个检波电路来解决这两个问题。

在设计检波电路时使用了二极管包络检波电路，利用了二极管单向导电以及检波电路中负载 RC 滤波回路充放电的特性，这种包络检波电路具有良好的线性度、线路简单等优点。

读写器接收到电子标签返回的信号后，通过检波电路把副载波调制信号解调出来，因为这个信号的幅度很小而且其中混杂着一些谐波，所以需要把这个调制信号进行滤波和放大。通常 RC 无源滤波电路只能传递幅度较小的信号，携带负载的能力也比较差。在设计中，采用集成运放器、电容和电阻组成的 RC 有源滤波电路，这个电路可以很好的解决传递信号幅度小，携带负载能较差的缺点，并且改善了 RC 电路的滤波性能。设计中有源滤波电路使用的是带通滤波器，它可以使一定频率内的信号通过，起到滤除谐波的作用。用一个三极管两级放大电路作为信号放大电路。

8. USB 接口设计

随着计算机技术的快速发展，以及各种数码设备的广泛普及。USB（Universal Serial Bus）标准接口成为当今串行接口的主流形式，它可以即插即用和热拔插，使用起来方便、快捷。这里使用 Silicon Laboratories 公司生产的 CP2102 作为 RS232 和 USB 接口转换芯片，电路如图 4–58 所示。

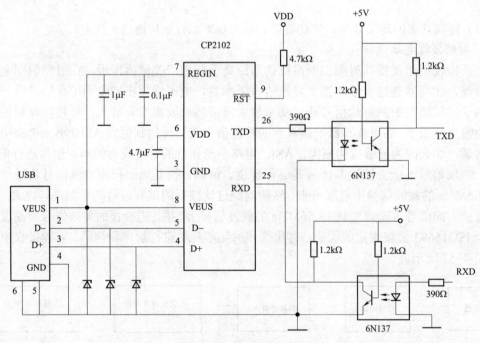

图 4–58　CP2102 接线图

CP2102 是一款高度集成的 USB–UART 桥接器，与具有相同功能的其他型号芯片相比具有能耗低、体积小、集成度高、价格便宜等优点。该芯片作为 USB–RS232 的双向转换器，不仅可以从主机接收 USB 形式的数据并把它转换成 RS232 形式信息格式发送给外部设备，而且还可以从外部设备接收 RS232 格式的数据转换成 USB 格式的数据再传送给主机，这些工作全部由芯片自动完成。芯片中包含一个 USB2.0 全速功能控制器，USB 收发器、振荡器、

EEPROM 以及异步串行数据总线（UART），支持调制解调器全功能信号，不需要任何外部的 USB 器件，采用了 5mm×5mmMLP–28 的封装。

USB2.0 功能控制器有三个作用：第一，用来管理所有的在 USB 和 UART 之间进行的数据传输；第二，用来管理控制器发出的命令；第三，管理 UART 功能控制的命令。芯片内部的 EEPROM 通过 USB 进行编程，擦写寿命高达 10 万次，通常把 USB 供应商的序列号、产品的序列号、产品的说明和电源参数等信息存储在里面。

CP2102 与其他的 USB–UART 转接电路的工作原理类似，通过驱动程序将计算机的 USB 口虚拟成 COM 口从而达到扩展的目的。芯片 CP2102 工作所需的电压是由上位机的 USB 接口提供的，REGIN 引脚上加了 1μF 与 0.1μF 的并联去耦电容。电路接线只用了 UART 总线上的 TXD 和 RXD 引脚，其余引脚都悬空。使用 6n137 光电耦合器可以确保数据传输的稳定性，避免产生干扰。

9. 警示电路设计

为了更方便地确认读写器是否正常识别到标签，设计了声光提示电路。在对电子标签进行识别时，如果成功识别了一个标签，那么读写器会发出声音。选用蜂鸣器作为这个声音提示器件。单片机 I/O 口的驱动能力有限，所以通过一个三极管对蜂鸣器进行驱动，这个电路直接接到单片机 AT89S51 的 P3.3 引脚上，当引脚输出高电平时，蜂鸣器会发出响声。在蜂鸣器发出声音的同时，这个指示灯也会发光。指示灯用了一个发光二极管，通过一个 1k 的限流电阻和单片机相连接。当与其相连接的 I/O 口是低电平时，二极管可以发光。

10. 天线及其相关电路设计

读写器与电子标签之间进行能量传输和数据交换是通过无线射频信号的接收与发送来实现的。RFID 系统是采用电感耦合的方式在读写器和电子标签之间进行信号的发送和接收，由于一个高频电流通过了读写器的天线，所以在天线周围的空间中产生了一个时变磁场，在这个感应磁场区域中产生了磁通量。通过电感耦合，无源电子标签在磁场中获得了工作所需要的能量，并且接收到了读写器发出的携带工作指令的射频信号。电子标签经过内部工作后向读写器发送操作后的副载波调制信号。所以天线在 RFID 系统进行无线通信的过程中起到了重要的作用。由于耳标是直接选用的，内部拥有自带的天线，所以在天线设计中只是把读写器的天线进行了研究。在设计天线的时候需要考虑很多的因素，包括天线要设计成什么类型、天线阻抗的大小、佩戴电子标签的物体的射频特性、读写器与电子标签周围是否有金属物体等。RFID 系统中的天线类型主要包括以下几种：偶极子天线、线圈天线、微带贴片天线等。

电磁场强度是衡量输出功率的重要标准。按照 ISO/IEC15693 协议中规定，在电磁场场强 100mA/m 时，才能实现对标签的正常操作。不同尺寸的天线产生的磁场强度是不同的，有实验表明尺寸小的天线周围的磁场强度要大于尺寸大的天线周围的磁场强度，然而当距离天线越来越远时，小尺寸天线产生的磁场强度的衰减速度要大于尺寸大的天线。综合考虑，选择了直径 15mm 的铜管，制作成 40cm×40cm 的方形天线。

方形线圈天线电感计算公式为

$$L_{\mu H} = r \times 0.008 \left[\ln \left(\frac{r \times 1.414}{2d} \right) + 0.379 \right]$$

r 是天线两边中心到线圈中心的距离，d 是铜管的直径。所以天线的电感为

$$L_{\mu H} = 38.5 \times 0.008 \left[\ln \left(\frac{38.5 \times 1.414}{2 \times 1.5} \right) + 0.379 \right] = 0.94 \mu H$$

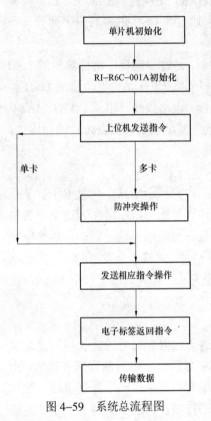

图 4-59 系统总流程图

天线的性能和 Q 值有很大的关系，当 Q 值越大，天线输出的功率就越强。但是品质因数 Q 和带宽 B 成反比，品质因数太高会导致带宽的减小，使读写器的调制边带信号幅度降低，从而影响到读写器数据传输的效率。ISO/IEC15693 协议中规定了 484.29kHz 和 424.75kHz 两种频率的副载波，所以天线的带宽需要大于 1MHz。根据 Q 与调制带宽的关系，当线圈天线负载的阻值是 50Ω 时，品质因数最好不超过 20。

4.5.3　读写器的软件设计

读写器的硬件结构很复杂，所以软件设计也有一定的难度，其中大量的程序也是相当地繁琐。为了使软件设计具有条理性和结构性，采用了模块化设计的思想。模块化设计就是把整个程序进行细分，分解成一个个的模块，每个程序模块都保持相对的独立性，并且可以完成具体的工作，这样单独的程序容易实现修改和调试。

1. 读写器软件总体流程

在读写器软件的设计中，各个程序模块协调工作构成了一个完整的系统。软件的总流程如图 4-59 所示。单片机通过上电后初始化，射频读写芯片也初始化。上位机通过串口将指令传输给单片机并且判断是否有多个标签，如果是一个标签，上位机直接将操作指令发送给电子标签；如果有多个标签的话，先进行防冲突处理，然后再发送操作指令。电子标签接收到指令后发出相应把数据传回给读写器。

2. 单片机主程序流程

主控制器单片机流程如图 4-60 所示。在系统上电后对各种参数进行初始化，并且对初始化信息进行读取，然后就开始等待上位机发送来的指令或者是射频读写芯片 RI-R6C-001A 发送来的调制信息。当读写器微控制器接收到信息时，它会进行指令信息来源的判断。如果是上位机向读写器主控制器发送的对电子标签的读写指令，主控制器单片机会把指令发送给芯片 RI-R6C-001A，芯片 RI-R6C-001A 经过相应的编码和调制后把指令通过射频天线发射出去；如果主控制器单片机接收到的指令信息是 RI-R6C-001A 传送的，那么这个指令信号是电子标签的响应信号，读写器天线接收到响应信号后传送给 RI-R6C-001A，经过解调和解码后传送给主控制器，最后主控制器将信号发送给上位机。每次进行指令通信时，不论通信过程是否成功，都会将信息返回给上位机，供操作人员进

行判断工作。

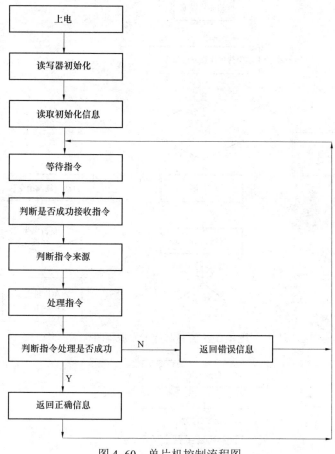

图 4-60　单片机控制流程图

3. 射频芯片工作流程

如图 4-61 是射频读写芯片的工作流程图，读写器上电后，射频芯片初始化，开始等待单片机发送的指令。当上位机有指令发送来时，单片机对指令的种类进行判断，产生相应的命令通过调制后把信息从天线发送出去。当天线的磁场感应区只有一个电子标签的时候，把返回的信息进行判断并且发送给控制器；如果磁场区有多个电子标签，控制器会经过防碰撞程序读取多个标签的信息。返回信息由单片机传给上位机进行判断处理。

4. 上位机系统设计

读写器通过与上位机连接进行工作，上位机系统的流程如图 4-62 所示。在上位机运行RFID 管理系统后，上位机和读写器之间通过串口连接，可以开始给读写器发送指令，或者等待接收读写器的返回信息。当电子标签进入读写器的工作范围后，读写器会将标签上的信息返回给上位机，上位机系统将返回的标签的卡号和数据库中保存的卡号相比较，如果出现相同的卡号，则将该卡号下的信息显示出来。并且可以完成一些添加、修改的工作。

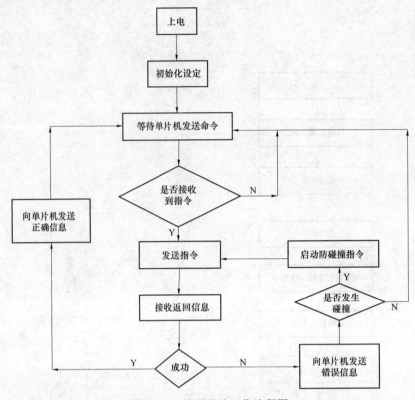

图 4-61　读写芯片工作流程图

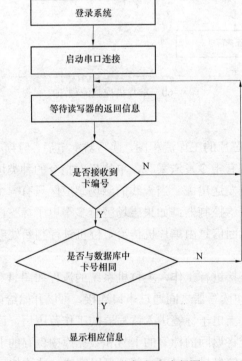

图 4-62　上位机程序流程图

第 5 章

电子标签 RFID 与 PIC 系列单片机接口设计

5.1 基于 FM1702SL 的射频卡电能表的设计

早期主要采用的是接触式存储卡预付费电能表，其不具备密钥管理体系，存在一定的安全隐患；现在常用的逻辑加密卡和 CPU 卡虽然具有较高的安全性，但容易出现机械触点变形生锈等问题。随着射频 IC 卡的诞生和应用，基于 RFID 技术的预付费电能表已经逐渐走向成熟，它可以有效解决上述诸多问题，同时电能表可以做成全封闭式来有效地防止人为攻击。本设计实现的预付费电能表以 PIC16F917 单片机为主控核心，采用目前应用最为广泛的 IC 卡技术，该系统不仅具有实时性强、安全性高的特点，而且具备脱线应用能力，在克服传统电能表功能单一、缺少智能化缺点的基础上，能满足不同程度的多种应用需求。

5.1.1 射频卡电能表的主要工作原理

本设计采用 Philips 公司的 MifareMFlS50 射频卡，符合 ISO 14443TYPEA 国际标准，是目前射频 IC 卡中的主流卡。包含一片容量为 8K bit 的 EEPROM，分为 16 个扇区，每个扇区为 4 块，每块 16 个字节，以块为存取单位。Mifare1 射频卡能有效防止卡口攻击；卡片具有唯一的序列号；在通信过程中所有数据都被加密；具有双向验证密码配置，在操作前要与电能表进行三次相互认证；卡中各个扇区都有一组独立的密码及访问控制，从而使其安全性能得到进一步提高。

电能表与 Mifare1 卡通过各自的天线建立起二者的信息传输通道，如图 5-1 所示。当 Mifare1 卡进入电能表的工作区域时，电能表向 Mifare1 卡发射载波为 13.56MHz 的电磁波，Mifare1 卡内有一个 LC 谐振电路，其谐振频率也是 13.56MHz 在电磁波的激励下，LC 谐振电路产生共振，从而使电容内有了电荷，在这个电容的另一端，接有一个单向导通的电子泵，将电容内的电荷送到另一个电容内储存，当所积累的电荷达到 2V 时，此电容可作为电源为其他电路提供工作电压。Mifare1 卡天线上负载的通断，促使电能表天线上的电压产生变化，从而将卡内数据发射出去。

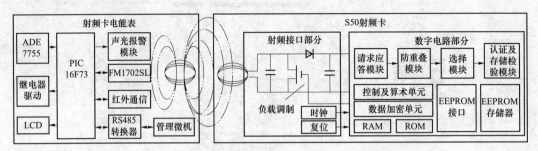

图 5-1　射频卡电能表原理及硬件结构框图

5.1.2　系统总体功能

电能表主要由电能计量单元及数据处理单元两个功能模块组成，通过光耦取样器获得与

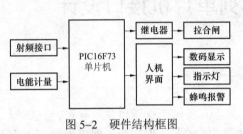

图 5-2　硬件结构框图

电能量相对应的脉冲，并通过专用微处理器，完成电能采集数据处理与卡显示及控制等功能。本系统由单片机、电能计量、射频接口、数码显示及鸣响提示等模块组成，主要模块所需的关键芯片及器件包括 PIC16F73 单片机、ADE7755 电能芯片、FM1702SL 射频接口芯片、XC2023 磁继电器拉合闸控制、数码管、发光二极管及蜂鸣器等。硬件系统总体框图如图 5-2 所示。

5.1.3　系统硬件电路设计

1. 电源电路

为提高系统的抗干扰性，设计了两个独立的电源电路，使计量与微控制器的电源相互隔离，达到互不影响的目的，如图 5-3 所示。

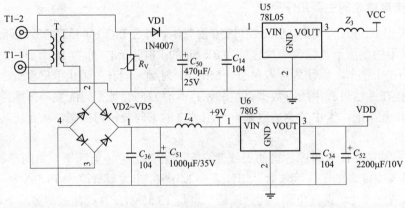

图 5-3　电源电路

2. 脉冲采集电路

计量芯片将累积的电能量以脉冲的形式输出，单片机通过计算此输出脉冲得到用户所用电量，并以此来判断是否欠费，是否需要鸣响报警等。脉冲采集电路如图 5-4 所示，将光电耦合器件的一端加 5V 上拉电压，没有脉冲时单片机检测引脚为低电平，当有脉冲通过时，

单片机检测引脚为高电平，单片机产生中断响应并完成计数。

3. 电能计量模块设计

电能计量选择美国 AD 公司推出的 ADE7755 脉冲输出高精度电功率测量芯片，它分别对线路电压和电流进行采样。

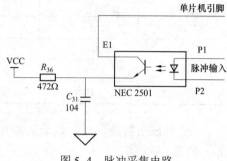

图 5-4　脉冲采集电路

（1）ADE7755 功能概述。ADE7755 是一种高准确度电能测量电路集成电路，主要用于单相电能表系统，其技术指标超过了 IEC1036 规定的准确度要求。它只在 ADC 和基准电路中使用了模拟电路，其他的信号处理都由数字电路完成，这使得在恶劣的环境下仍然可以保持极高的准确度和长时间的稳定性，通过引脚 F1、F2 以低频形式输出有功功率的平均值，可以直接驱动机电式计数器，或者与微控制器接口，从引脚 CF 以高频形式输出有功功率的瞬时值，用于电能计量表的校准。

1）ADE7755 的功能特点如下：

- 精度高，在 500 : 1 动态范围内误差低于 0.1%。
- F1、F2 输出频率表示平均有功功率。
- 高频输出 CF 用于校准，并提供即时有功功率。
- 逻辑输出引脚 REVP 能只是负功率或错误链接。
- 可直接驱动机电式计数器和两相步进电动机。
- 在片电源监控电路。
- 防潜动。
- 在片电压源 2.5V±9%。
- 单 5V 电源，低功耗。
- 采用 SSOP24 封装。

2）ADE7755 的功能和极限工作参数。ADE7755 的功能图如图 5-5 所示，极限工作参数见表 5-1。

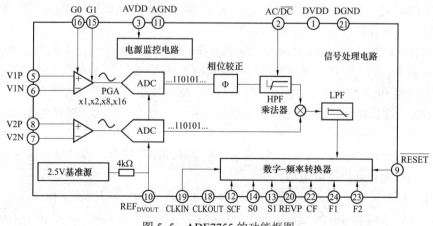

图 5-5　ADE7755 的功能框图

表 5-1 ADE7755 的极限参数

参数	符号	最小值	最大值	单位
工作电压	VDD–VSS	−0.3	7.0	V
管脚电流	IPIN	−150	+150	mA
储藏温度	TSTG	−65	+150	℃
工作温度	TO	−40	+85	℃

3）外部引脚及其功能说明。ADE7755 有 24 脚 DIP 和 SSOP 两种封装管脚排列图如图 5-6 所示。

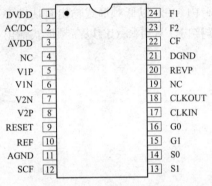

图 5-6 ADE7755 引脚图

引脚功能说明如下。

● DVDD，数字电源引脚。该引脚提供数字电路的电源，正常工作电源电压应保持在 5V±5%，该引脚应使用 10μF 陶瓷电容进行去耦。

● AC/DC，高通滤波器 HPF 选择引脚。当该引脚输入高电平时，通道 1（电流通道）内的 HPF 被选通，该滤波器所涉及的相位响应在 45Hz～1kHz 范围内在片内已得到补偿。在电能计量的应用中，应使 HPF 选通。

● AVDD，模拟电源引脚。该引脚提供模拟电路的电源，正常工作电源电压应保持在 5V±5%，当使电源的纹波和噪声减小到最低程度，该引脚应使用 10μF 电容并联 100nF 陶瓷电容进行去耦。

● NC（4 号引脚），与 6 脚短接。

● V1P，V1N，通道 1（电流通道）的正、负模拟输入引脚。完全差动输入方式，正常工作最大信号电平为±470mV。通道 1 有一个 PGA。这两个引脚相对于 AGND 的最大信号电平为±1V。两个引脚内部都有 ESD 保护电路，这两个引脚能承受±6V 的过电压，而不造成永久性损坏。

● RESET，复位引脚。当为低电平时，ADC 和数字电路保护复位状态，在 RESET 的下降沿，清除内部寄存器。

● REF IN/OUT，基准电压的输入、输出引脚。片内基准电压的正常值为 2.5V±8%，典型温度系数为 30ppm/℃。外部基准源可以直接连接到该引脚上。无论用内部还是外部基准源，该引脚都应使用 10μF 钽电容和 100nF 陶瓷电容对 AGND 进行去耦。

● AGND，这是模拟电路（ADC 和基准源）的接地参考点，该引脚应连接到印刷电路板的模拟接地面。模拟接地面是所有模拟电路的接地参考点，如抗混叠滤波器、电流和电压传感器等。为了有效地抑制噪声，模拟接地面与数字接地面只应有一点连接。星形接地方法有助于使数字电流噪声远离模拟电路。

● SCF，校验频率选择。该引脚的逻辑输入电平确定 CF 引脚的输出频率。

● S1，S0，这两个引脚的逻辑输入用来选择数字/频率转换系数，这为电度表的设计提供了很大灵活性。

● G1，G0，这两个引脚的逻辑输入用来选择通道 1 的增益，可用来选择增益是 1、2、8、和 16。

● CLKIN，外部时钟可从该引脚接入，也可把一个石英晶体接在 CLKIN 和 CLKOUT 之间，提供时钟源，规定时钟频率为 3.579545MHz。作为石英晶体负载的 33pF 陶瓷电容应和振荡器门电路连接。

● CLKOUT，如上所述，可把一个石英晶体接在 CLKIN 和 CLKOUT 之间，提供一个时钟源。当 CLKIN 上接有外时钟时 CLKOUT 引脚能驱动一个 CMOS 负载。

● NC，悬空。

● REVP，当检测到负功率时，即电压和电流信号的相位差大于 90°时，该引脚输出逻辑高电平。该输出没有被锁存，当再次检测到正功率时，该引脚的输出复位。该输出的逻辑状态随 CF 输出脉冲同时变化。

● DGND，这是数字电路（乘法器、滤波器和数字频率转换器）的接地参考点。该引脚应连接到印刷电路板的数字接地面，数字接地面是所有数字电路（如机械或数字计数器、微控制器和 LED 显示器）的接地参考点。为了有效地抑制噪声，模拟接地面与数字接地面只应有一点连接，如星形接地。

● CF，频率校验输出引脚。其输出频率反映瞬时有功功率的大小，常用于仪表校验。

● F2，F1，低频逻辑输出引脚，其输出频率反映平均有功功率的大小。这两个逻辑输出可以直接驱动机电式计数器或两相步进电机。

（2）ADE7755 工作原理。芯片内部两个 ADC 对来自电流和电压传感器的电压信号进行数字化。ADE7755 的模拟输入结构具有宽动态范围，大大简化了传感器接口（可以与传感器直接连接），也简化了抗混叠滤波器的设计。电流通道中的 PGA 进一步简化了传感器接口。电流通道中的 HPF 滤掉电流信号中的直流分量，从而消除了由于电压或者电流失调所造成的有功功率计算上的误差。

有功功率是从瞬时功率信号推导计算出来，瞬时功率信号是用电流和电压信号直接相乘得到的。为了得到有功功率分量（直流分量），只要对瞬时功率信号进行低通滤波就行了。图 5-7 示出了如何通过对瞬时功率信号进行低通滤波来获取有功功率。这个过程中所有的信号

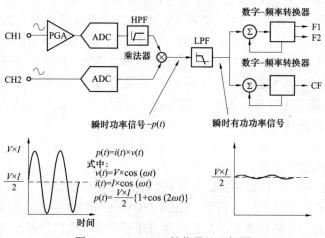

图 5-7　ADE7755 的信号处理框图

处理都是由数字电路完成的，因此具有优良的温度和时间稳定性。

ADE7755 的低频输出是通过对上述有功功率信息的累计产生，即在两个输出脉冲之间经过长时间的累加，因此输出频率正比于平均有功功率。当这个平均有功功率信息进一步被累加，就能获得电能计量信息。CF 输出的频率较高，累加时间较短，因此 CF 的输出频率正比于瞬时有功功率，这对于在稳定负载条件下进行系统校验是很有用的。

（3）ADE7755 的采样调校原理。采样信号送入乘法器电路，乘积信号再送到转化器，经过分频电路最终以频率的形式输出。由单片机完成频率计数和电能的计算，并将计算结果作相应的处理，从而达到有功功率的计算与计量。ADE7755 采样电路如图 5-8 所示，V1P 和 V1N 为电流采样输入通道，V2P 和 V2N 为电压采样输入通道，两个通道均采用完全差分输入方式。

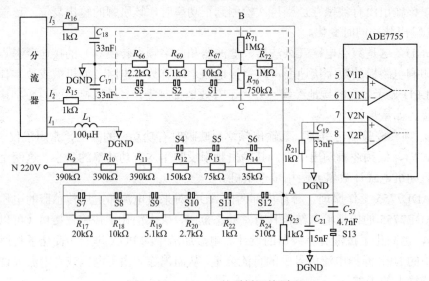

图 5-8　ADE7755 的采样调校原理

轻载调校一向是电能表误差调校的一个难点，如图 5-8 虚线框中所示，本设计中采用了一种新的轻载调校电路，能保证电能表在负载电流为 0.05%I_b 时候仍可以准确计量。从电压采样通道 A 点通过十字电阻网络，为电流采样通道提供一个微伏级的共模电压信号至 B 点和 C 点，通过短接三个电阻调校点 S1、S2 和 S3，可以降低共模信号当负载电流为 100%I_b 时，电流采样信号为毫伏级，短接 S1、S2 或 S3，共模电压的改变对计量精度产生的影响可以忽略不计；当负载电流为 0.05%I_b 时，电流采样信号为微伏级，通过短接电阻调校点可以降低共模信号，由于 R_{70} 和 R_{71} 阻值不同，B 点和 C 点两边的信号降低的幅度不一样，这样输入 V1 通道的差分信号就发生改变，从而完成轻载的调校。

4. 射频接口模块设计

射频收发芯片选用上海复旦微电子公司生产的 FM1702SL，该芯片支持 ISO 14443TYPEA 通信协议，支持多种加密算法。

（1）FM1702SL 简介。FM1702SL 是复旦微电子股份有限公司设计的，基于 ISO 14443 标准的非接触卡读卡机专用芯片，采用 0.6μm CMOS EEPROM 工艺，支持 ISO 14443TYPEA 协议，支持 MIFARE 标准的加密算法。芯片内部高度集成了模拟调制解调电路，只需最少量的外围电路就可以工作，支持 SPI 接口，数字电路具有 TTL、CMOS 两种电压工作模式。特别适用于 ISO 14443 标准下水、电、煤气表等计费系统的读卡器的应用。该芯片的三路电源都可适用于低电压。

FM1702SL 具有以下特点如下：

1）高集成度的模拟电路，只需最少量的外围线路。

2）操作距离可达 10cm。

3）支持 ISO 14443TYPEA 协议。

4）包含 512B 的 EEPROM。

5）支持 MIFARE 标准的加密算法。

6）包含 64B 的 FIFO。

7）数字电路具有 TTL/CMOS 两种电压工作模式。

8）软件控制的 powerdown 模式。

9）一个可编程计时器。

10）一个中断处理器。

11）启动配置可编程。

12）数字、模拟和发射模块都有独立的电源供电。

13）支持 SPI 接口。

FM1702SL 的引脚图如图 5-9 所示。引脚功能见表 5-2。

FM1702SL 的内部功能图见图 5-10，它内部包含一个 8×64 的并行 FIFO，保存微处理器和 FM1702SL 之间通信的数据。FIFO 通过 FIFOData 寄存器输入和输出数据。向这个寄存器里写 1B 数据即向 FIFO 里添加 1B 数据，同时 FIFO 写指针加 1。从这个寄存器读 1B 数据即从 FIFO 里读出 1B 数据，同时 FIFO 读指针加 1。FIFOLength 寄存器记录读/写指针之间的长度。当 FM1702SL 执行一条指令时，内部状态机可能会对 FIFO 进行内部读/写操作，所以除了指令本

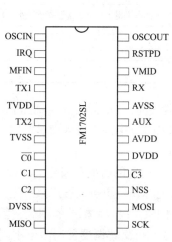

图 5-9　FM1702SL 引脚图

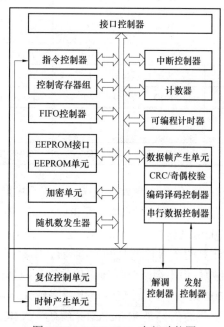

图 5-10　FM1702SL 内部功能图

身要求外，微处理器在 FM1702SL 指令执行过程中不要对 FIFO 执行不正确的访问。

表 5–2   **FM1702SL 引脚功能**

引脚序号	引脚名称	类型	引 脚 描 述
1	OSCIN	I	晶振输入：f_{osc}=13.56MHz
2	IRQ	O	中断请求：输出中断源请求信号
3	MFIN	I	串行输入：接收满足 ISO 14443 协议的数字串行信号
4	TX1	O	发射口 1：输出经过调制的 13.56MHz 信号
5	TVDD	PWR	发射器电源：提供 TX1 和 TX2 的输出能量
6	TX2	O	发射口 2：输出经过调制的 13.56MHz 信号
7	TVSS	PWR	发射器地
8	C0	I	控制信号：接低电平
9	C1	I	控制信号：接高电平
10	C2	I	控制信号：接高电平
11	DVSS	PWR	数字地
12	MISO	O	主入从出：数据输出
13	SCK	I	时钟信号
14	MOSI	I	主出从入：数据输入
15	NSS	I	接口选通：低电平有效
16	C3	I	控制信号：接低电平
17	DVDD	PWR	数字电源
18	AVDD	PWR	模拟电源
19	AUX	O	模拟测试信号输出：输出模拟测试信号，测试信号由 TestAnaOutSel 寄存器选择
20	AVSS	PWR	模拟地
21	RX	I	接收口：接收外部天线耦合过来的 13.56MHz 卡回应信号
22	VMID	PWR	内部参考电压：输出内部参考电压注意：该管脚必须外接 100nF 电容
23	RSTPD	I	复位及掉电信号：高电平时复位内部电路，晶振停止工作，内部输入引脚和外部电路隔离；下沿触发内部复位程序
24	OSCOUT	O	晶振输出

  FM1702SL 包含中断处理系统，如果有中断请求事件发生，FM1702SL 会将 PrimaryStatus 寄存器里的 IRQ 位置 1，同时激活 IRQ 引脚。IRQ 上的信号可以用来向微处理器发出中断请求。

  FM1702SL 包含一个 TIMER，选择芯片 13.56MHz 时钟的不同分频作为计时时钟。TIMER 可以用来计算两个事件的时间间隔或标识某一事件在某一精确的时间后发生。TIMER 可以被若干事件触发，但不会影响任何事件的进行。TIMER 相关的标识位也可以被用来产生中断请求。

  FM1702SL 采用了正交解调电路来解调 RX 脚上的 ISO 14443 标准的副载波信号。ISO 14443–A 副载波信号是 Manchester 编码、ASK 调制信号。正交解调器使用两个不同的时钟：Q 时钟和 I 时钟（相差 90 度）。两路副载波信号被放大、滤波后经相关求值数字化电路解调后送入数字模块。

FM1702SL 支持 SPI 微处理器接口，在 SPI 通信方式下，FM1702SL 只能作为 slave 端，SCK 时钟需由 master 端提供。在每一次上电或硬件复位后，FM1702SL 会复位微处理器接口处理模块，并且通过检测控制引脚上的电平来设置 SPI 接口。

FM1702SL 的内部寄存器按功能不同分成 8 组，每组为 1 页，包含 8 个寄存器。FM1702SL 每一个寄存器里的每一位按其功能都有不同的读写权限。寄存器位的权限及描述见表 5-3。

表 5-3　寄存器位的权限及描述

缩写	权限	描　　　述
r/w	读和写	这些位可以被微处理器读出和写入，他们只是用作控制，所以不会被内部状态机改写
dy	动态	这些位可以被微处理器读出和写入，并且他们可以被内部状态机自动改写
r	只读	这些位由内部状态机控制，只能被微处理器读出
w	只写	这些位用作控制，只能被微处理器写入

FM1702SL 内部的发射器不需要增加有源电路就可以驱动近距离的天线（可达 10cm），接收电路采用了正交解调方式来解调 RX 上信号。

（2）FM1702SL 接口电路。FM1702SL 的 TX1 和 TX2 引脚输出 13.56MHz 调制的信号，经过一级 LC 低通滤波器和电容耦合后，通过 13.56MHz 的 LC 并联谐振，由天线将输出信号最大限度地发射出去。TX1 和 TX2 输出的是幅度相同、相位相反的信号，保证天线的中间位置电位为零。FM1702SL 射频接口原理如图 5-11 所示。

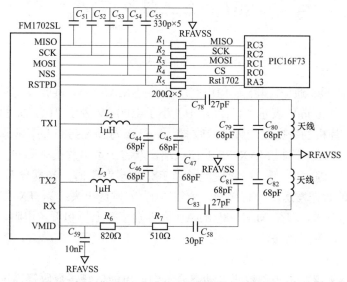

图 5-11　FM1702SL 的射频接口原理图

用户卡发送的信息通过天线接收，经电容耦合后送至 RX 引脚，内部解调并处理得到卡片内的数据，VMID 引脚是为 RX 输入信号提供一个偏置电压。

FM1702SL 在使用时需要在 TVDD 和 TVSS 之间接入一个 0.1μF 的电容。VMID 引脚的接地电容为标称值 10nF。对于数字与模拟电源的 5V 和地分别另加磁环做滤波处理。TX1、TX2 及 RX 引线应尽量短，并用数字地做屏蔽处理，以免干扰电源信号。天线为 13.56M，线圈面积用标准卡大小，圈数为 3～5 圈。

5. 通信模块设计

PIC16F73 的 PA0 和 PA1 红外通信电路如图 5-12（a）所示，TXhw 为发射脚，内部实现 38kHz 的载波调制。RPM6938 为红外接收管，接收红外掌机发射的 38kHz 的调制信号，将其解调成矩形波信号，IRFVCCCTRL 脚接单片机，通过三极管 VT2 来控制 RPM6938 电源脚的通断。有市电时是电源电路供电，不消耗电池能量，IRFVCCCTRL 脚置"0"，此时可进行红外通信；停电时是电池供电，IRFVCCCTRL 脚置"1"，关闭红外接收管，节省电池能量。

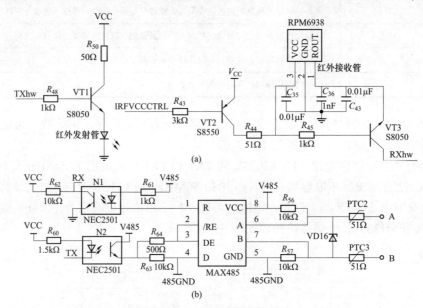

图 5-12　通信模块原理图

RC6 和 RC7 接 485 通信。485 通信电路的核心是 MAX485，其收发均采用差分方式传输信号，（A–B）大于+200mV 表示"1"；（A–B）小于–200mV 表示"0"。如图 5-12（b）所示，TX、RX 分别是单片机的数据发送脚和接收脚，A 和 B 为 MAX485 的数据脚。本设计采用自动换向电路，使用 TX 来控制 MAX485 的使能端，节省一个单片机引脚和一个光耦。单片机上电时，TX 为高，/RE 脚为低，接收使能。当 TX 发送"0"时，光耦导通，DE 为高，发送使能，MAX485 的数据发送脚一直接地，所以"0"就发送出去；当 TX 发送"1"时，/RE 脚为低，此时禁止发送，但是 MAX485 的 AB 脚分别接有上拉和下拉电阻，（AB）仍然大于+200mV，即将"1"发送出去。

6. 显示报警及继电器执行模块设计

系统显示电路采用共阴极型数码管动态显示当前电能信息。数码管通过 1kΩ 限流电阻与单片机 PB 口连接，数码管控制端用三极管 9013 的开关特性，当 9013 基极为高时，集电极和发射极导通，从而控制相应位的数码管导通。

报警电路是使用单片机控制三极管来驱动发光二极管和蜂鸣器报警；继电器采用的是带磁保持功能的继电器，采用 4 个三极管组成的 H 桥即可驱。

5.1.4　射频卡电能表的软件设计

电能表的软件系统是整个系统的灵魂，起控制和指挥作用。系统由程序初始化模块、程序数据结构模块、时钟及显示处理模块、通信处理模块、电量处理模块和射频卡处理模块六大部分组成，各个部分都有其特殊的任务，在电表系统中完成它们相应的功能。

Mifare1 射频卡与电能表的通信过程可以分为下面几个过程。

（1）请求应答：电能表上电复位后，就处于请求应答模式。此时其会对在其有效工作范围内的射频卡进行通信，验证卡片的类型。

（2）防冲突：FM1702SL 使用 MANCHESTER 编码，支持位冲突检测。如果有多张 Mifare1 卡片处在电能表的天线工作范围之内，FM1702SL 能检测出来并通知到 MCU。此时 MCU 通过防冲突算法来与每一张卡进行通信。由于每一张 Mifare1 卡片都具有其唯一的序列号且绝不会相同，因此，MCU 根据卡片的序列号来保证一次只对一张卡进行操作。

（3）选择卡片：电能表根据控制逻辑选中一张卡片，得到其序列号，被选中的卡片将卡片上存储在 Block0 中的卡片容量"Size"字节传送到电能表。

（4）三次认证：选定要进行操作的卡片后，电能表根据命令选择要访问的扇区号，并对该扇区的密码进行校验，校验方式使用三次认证令牌机制。

（5）数据操作：通过认证后，就可以对扇区中的块进行操作，Mifare1 的操作包括读、写、加、减、存储、传输等操作。

（6）停卡：当一系列的操作完成后，MCU 发送一个停卡命令给卡片，使其退出工作。

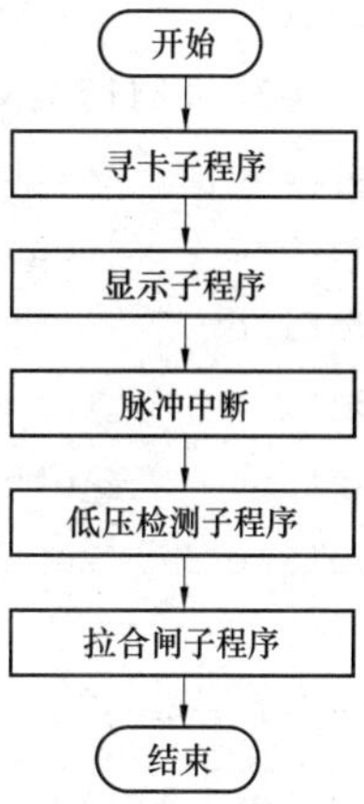

系统主程序流程图如图 5-13 所示。电能表加额定电压时首先进行初始化操作，包括变量设置、周围设备配置，设置 I/O 口输出方向及输出值等。主程序中包含多个子程序，如寻卡子程序、显示子程序、脉冲中断子程序、掉电检测子程序、拉合闸子程序以及电压监测子程序、读/写 EEPROM 子程序、电量处理子程序等。

ADE7755 发出的电能脉冲经光电耦合器送入 PIC16F73 的电平变化中断端口，当有电平变化时，单片机产生中断响应，并进行电平毛刺处理。根据设置的脉冲当量（1kWh 对应的脉冲数），由单片机对脉冲计数。将电量显示的最低小数位（通常为 0.01kWh）对应的脉冲数设置为一个计数周期，每当单片机的计数达到这个数值时，置电量标志位为"1"，以备主程序对电量进行存储。当赊欠电量标志为"1"时，说明剩余电量已经计完，则剩余电量将不再递减，而是在赊欠电量中递加，程序流程图如图 5-14 所示。

部分程序代码如下：

（1）FM1702SL 控制寄存器定义。

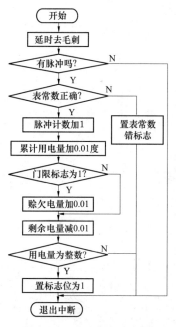

图 5-14　脉冲中断流程图

图 5-13　主程序流程图

```
#define        Page_Reg                    0x00
#define        Command_Reg                 0x01
#define        FIFO_Reg                    0x02
#define        FIFOLength_Reg              0x04
#define        SecondaryStatus_Reg         0x05
#define        InterruptEn_Reg             0x06
#define        InterruptRq_Reg             0x07
#define        Control_Reg                 0x09
#define        ErrorFlag_Reg               0x0A
#define        BitFraming_Reg              0x0F
#define        TxControl_Reg               0x11
#define        CwConductance_Reg           0x12
#define        RxControl2_Reg              0x1E
#define        ChannelRedundancy_Reg       0x22
#define        RxWait_Reg                  0x21
```

（2）FM1702SL 发送命令代码。

```
#define        WriteEE           0x01
#define        LoadKeyE2         0x0B
#define        Transmit          0x1A
#define        Transceive        0x1E
#define        Authent1          0x0C
#define        Authent2          0x14
//////////////////////////////////////////////////////////
bit rf_over;
char ack,retc,m,buff[48],Card_UID[5];
char mm[6]={0xff,0xff,0xff,0xff,0xff,0xff};
```

（3）FM1702 读写和初始化的子程序。

```
char SPIRead(char SpiAddress,char *ramadr,char width);
char SPIWrite(char SpiAddress,char *ramadr,char width);
char SPI_Init();
char FM1702SL_Init();
char Clear_FIFO();
char Write_FIFO(char *ramadr,char width);
char Read_FIFO(char *ramadr);
char Request();
char Command_Send(char comm,char *ramadr,char width);
char Get_UID();
char Select_Tag();
char Load_Key(char n,char *ramadr);
```

```c
char Load_Key_EE(char n);
char Authentication(char n);
char rdbuff(char sq,char n);
char Read_Block(char n);
char Write_Block(char *ramadr,char n);
///++++++++++++++++card++++++++++++++++++++++++///
void wiegend(char *ramadr,char n);
void inisub();
void  rddel();
void  delay50us();
void  delay1ms(char k);
void wiegend(char *ramadr,char n)
 {char i,j;
    CLRWDT();
    for(j=0;j<n;j++)
        for(i=8;i>0;i--)
            {if(testbit(ramadr[j],i-1))
               {data1=0;
                  delay50us();delay50us();
                data1=1;//    delay50us();
                            rddel();
                            rddel();
                  }
            else
               {data0=0;
                  delay50us();delay50us();
                data0=1;
                            rddel();//    delay50us()
                            rddel();
                  }
            }
    }
char FM1702SL_Init()
{char acktemp,temp[1];
    temp[0]=0x7f;
    acktemp=SPIWrite(InterruptEn_Reg,temp,1);
    if(acktemp) return(1);
  temp[0]=0x7f;
    acktemp=SPIWrite(InterruptRq_Reg,temp,1);
```

```
    if(acktemp) return(1);
    temp[0]=0x5b;
    acktemp=SPIWrite(TxControl_Reg,temp,1);
    if(acktemp) return(1);
    temp[0]=0x1;
    acktemp=SPIWrite(RxControl2_Reg,temp,1);
    if(acktemp) return(1);
    temp[0]=0x7;
    acktemp=SPIWrite(RxWait_Reg,temp,1);
    if(acktemp) return(1);
    return(0);
    }
```

（4）SPI 读写和初始化程序。

```
char SPIRead(char SpiAddress,char *ramadr,char width)
{   char i,j,adrtemp;
    adrtemp=SpiAddress;
    if((adrtemp&0xc0)==0)
      {adrtemp=((adrtemp<<1)|0x80);
        cs=0;
        for(i=0;i<8;i++)
        {if((adrtemp<<i)&0x80)so=1;
            else so=0;
            sck=1;nop();nop();nop();nop();
            sck=0;
            }
        for(j=0;j<width;j++)
            {if(j!=width-1)  adrtemp=(SpiAddress|0x40)<<1;
                    else    adrtemp=0;
                        ramadr[j]=0;
            for(i=0;i<8;i++)
                {if((adrtemp<<i)&0x80)so=1;
                 else so=0;
                    sck=1;
                    ramadr[j]=ramadr[j]<<1;
                    if(si)ramadr[j]+=0x1;
                    sck=0;
                    }
                }
        cs=1;
```

```
            return(0);
            }
 else return(1);
    }
// SPI 写入程序入口
//SpiAddress:    要写到 FM1702SL 内的寄存器地址[0x01~0x3f]
//*ramadr    要写入的数据在 Ram 中的首地址
//width:     要写入的字节数
//出口: 0:成功,1:失败
char SPIWrite(char SpiAddress,char *ramadr,char width)
{char i,j,adrtemp;
    adrtemp=SpiAddress;
    if((adrtemp&0xc0)==0)
      {adrtemp=((adrtemp<<1)&0x7e);
        cs=0;
        for(i=0;i<8;i++)
        {if((adrtemp<<i)&0x80)so=1;
            else so=0;
            sck=1;nop();nop();nop();
            sck=0;
            }
        for(j=0;j<width;j++)
          {adrtemp= ramadr[j];
              for(i=0;i<8;i++)
            {if((adrtemp<<i)&0x80)so=1;
              else so=0;
                sck=1;  nop();nop();nop();
                sck=0;
              }
          }
        cs=1;
        return(0);
        }
 else return(1);
    }
char SPI_Init()
{
        char acktemp,temp[1];
        acktemp=SPIRead(Command_Reg,temp,1);
```

```
    if(acktemp) return(1);
    if(temp[0]) return(1);
     else
      { temp[0]=0x80;
        acktemp=SPIWrite(Page_Reg,temp,1);
        if(acktemp) return(1);
        acktemp=SPIRead(Command_Reg,temp,1);
        if(acktemp) return(1);
        if(temp[0]) return(1);
        acktemp=SPIWrite(Page_Reg,temp,1);
        if(acktemp) return(1);
        return(0);
        }
}
```

5.2　基于 RC500 和 PIC16F876 的智能门禁系统的设计

非接触式 IC 卡技术已广泛地应用于各种行业，特别是公共交通、无线通信、身份识别、金融交易和安全防卫等行业。门禁系统是一种管理人员进出的数字化管理系统。非接触式 IC 卡由于其较高的安全性、较好的便捷性和性价比成为门禁系统的主流。

5.2.1　门禁系统的 Mifarel 非接触式 IC 卡简介

1. Mifarel IC S50 卡介绍

本设计中采用的非接触式 IC 卡为 Mifarel IC 智能射频卡，其核心是 PHILIPS 公司的 Mifarel IC S50 系列微芯片。它决定了射频卡的特性以及射频卡读写设备的诸多性能。卡片上无源（无任何电池），工作时的电源能量由卡片读写器天线发送无线电载波信号耦合到卡片上天线而产生电能，一般可达 2V 以上，供卡片上 IC 工作。工作频率 13.56MHz。Mifarel 射频卡所具有的独特的 Mifare RF（射频）非接触式接口标准已被制定为国际标准：ISO/IEC 14443TYPEA 标准。

Mifarel 芯片内建有高速的 CMOS EEPROM，MCU 等。卡片上除了 IC 微晶片及一副高效率天线外，无任何其他元件。Mifarel IC 射频卡上具有先进的数据通信加密和双向验证密码系统，具有唯一的射频卡序列号；且具有防重叠功能，即能在同一时间处理重叠在射频卡读写设备天线的有效工作距离内的多张重叠的射频卡。

射频卡与读写设备通信使用握手式半双工通信协议，射频卡上有高速的 CRC 协处理器，符合 CCITT 标准。Mifarel 射频卡上内建有 5K bit 存储容量的 EEPROM，并划分为 16 个扇区，每个扇区划分为 4 个数据存储块。每个扇区有多种密码管理方式。

Mifarel 射频卡上还内建了具有增值/减值功能的专项数学运算电路，非常适合诸如公交、地铁等行业的检票收费系统。典型的操作时间最长不超过 100ms，其中包括射频卡的认证，6 个扇区的读操作（768bit，2 个扇区的认证），2 个扇区的写操作（256bit）。Mifarel 射频卡上的 EEPROM 可擦写次数超过 10 万次以上，数据保存期可达 10 年以上，且射频卡抗静电保护能力达 2kV 以上。

2. Miaferl 非接触式 IC 卡的功能组成

如图 5-15 所示为 Mifarel S50 非接触式 IC 卡的功能组成图。整个卡片包含了两个部分，RF 射频接口电路和数字电路部分。

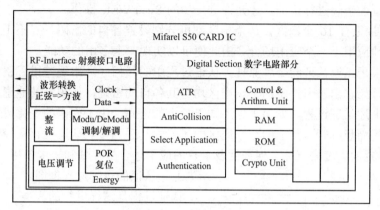

图 5-15　Mifarel S50 非接触 IC 卡的功能组成图

（1）RF 射频接口电路。射频接口电路部分主要包括有波形转换模块。它可接收卡片读写器上的 13.56MHz 的无线电调制信号，一方面送调制/解调模块，另一方面进行波形转换，将正弦波转换为方波，然后对其整流滤波，由电压调节模块对电压进行进一步的处理，包括稳压等，最终输出供给卡片上的各电路。

POR（复位）模块主要是对射频卡上的各个电路进行 POWER-ONR ESET（上电复位），使各电路模块同步启动并工作。

（2）数字电路部分。Mifarel 非接触式 IC 卡的数字电路部分主要有应答请求模块（Answer to Request）、防冲突模块（Anticollision）、选择确认模块（Seleet Application）、认证及存取控制模块（Authentication & Access Control）、控制及算术运算单元（Control & Arithmetic Unit）等七个模块。射频卡通过这七个模块具体完成对处在射频卡读写设备天线工作范围之内的 Mifarel 卡进行初步选择、确认选择、密码验证、算术操作功能。

1）应答请求模块。当一张 Mifarel 卡片处在卡片读写器天线的工作范围之内时，程序员控制读写器向卡片发出 Request all（或 Request std）命令后，卡片的 ATR 将启动，将卡片 Block 0 中的卡片类型号（Tagtype）共 2 个字节传送给读写器，建立卡片与读写器的第一步通信联络。如果不进行第一步的 ATR 工作，读写器对卡片的其他操作（Read/write 等）将不会进行。

2）防冲突功能模块。如果有多张 Mifarel 卡片处在卡片读写器天线的工作范围之内时，防冲突功能模块的防冲突功能将被启动工作。在程序员控制下的卡片读写器将会首先与每一张卡片进行通信，而取得其序列号。由于序列号是唯一的，卡片读写器的防冲突功能配合卡片上的防重叠功能模块，可根据卡片的序列号来区分已选的卡片。这样，由程序员来控制读写器就可以根据卡片的序列号来选定一张卡片了。被选中的卡片将直接与读写器进行数据交换，未被选择的卡片处于等待状态。

防冲突功能模块启动工作时，卡片读写器将得到卡片的序列号（Serial Number）。序列号存储在卡片的 Block 0 中，共有 5 个字节，实际有用的为 4 个字节，另一个字节为校验字节。

3）选择确认模块。主要用于射频卡片的选择。当卡片与读写器完成了上述两步骤时，程序员控制的读写器要想对卡片进行读写操作，必须对卡片进行"Select"操作。被选中的卡片将存储在 Block 0 中的卡片容量（Size）传送给读写器后，读写器即可对卡片进行深一步的操作。

4）认证及存取控制模块。经上述 3 个步骤确认已经选择了一张卡片后，程序员还必须对卡片上已经设置的密码进行认证，才允许进一步的 Read/Write 操作。

Mifarel 卡片上有 16 个扇区，每个扇区都可分别设置各自的密码，互不干涉。因此，每个扇区可独立地应用于一个应用场合。由此便可以实现一卡多用的功能。

认证过程采用三遍认证的令牌原理。认证过程中的任何一环出现差错，整个认证将告失败，必须重新开始。由于卡片中的每一扇区均有其各自的密码，如想对其他扇区进行操作，必须分别完成上述认证过程。如果事先不知卡片上的密码，由于密码的变化可以极其复杂，因此靠猜测密码而想打开卡片上的一个扇区的可能性几乎为零。认证及存取控制模块充分保证了 Mifarel 卡片的高度安全性、保密性及卡片的应用场合多样性和一卡多用。如图 5-16 所示为三遍认证的令牌原理框图。

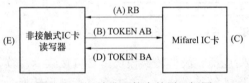

图 5-16 三遍认证的令牌原理框图

认证过程是这样进行的。

第一步：由 Mifaerl 卡片向读写器发送一个随机数据 RB。

第二步：由读写器收到 RB 后向 Mifarel 卡片发送一个令牌数据 TOKEN AB，其中包含了读写器发出的一个随机数据 RA。

第三步：Mifarel 卡片收到 TOKEN AB 后，对 TOKEN AB 的加密部分进行解密，并校验第一次由第一步中 Mifarel 卡片发出去的随机数 RB 是否与第二步中接收到的 TOKEN AB 中的 RB 相一致。

第四步：如果前一步校验是正确的，则 Mifarel 卡片向读写器发送令牌 TOKEN BA。

第五步：读写器收到令牌 TOKEN BA 后，读写器将对令牌 TOKEN BA 中的 RB（随机数）进行解密，并校验第一次由第二步环中读写器发出去的随机数 RA 是否与第四步环中接收到的 TOKEN BA 中的 RA 相一致。

如果上述的每一个步都为"真"，都能正确通过验证，则整个的认证过程将成功。读写器将能对刚刚认证通过的卡片上的这个扇区进入下一步的操作。卡片中的其他扇区由于有其各自的密码，因此不能对其进行进一步的操作。如想对其他扇区进行操作，必须完成上述的认证过程。

认证过程中的任何一环出现差错，整个认证将告失败。必须重新开始。如果事先不知卡片上的密码，则由于密码的变化可以极其复杂，因此靠猜测密码而想打开卡片上的一个扇区的可能性几乎为零。

5）控制及算术运算单元模块。这一单元是整个卡片的控制中心，是卡片的"大脑"。它主要对整个卡片的各个单位进行微操作控制，协调卡片的各个步骤；同时还对各种收/发的数据进行算术运算处理、递增/递减处理、CRC 运算处理等。控制及算术运算单元模块是芯片中内建的中央微处理机（MCU）单元。

6）RAM/ROM 单元。RAM 主要作用是辅助控制及算术运算，暂时存储运算的结果。如果某些数据需要存储到EEPROM中,则由控制及算术运算单元从RAM中取出送到EEPROM存储器中;如果某些数据需要传送给读写设备,则由控制及算术运算模块从RAM中取出,经过RF射频接口电路的处理,通过射频卡上的天线传送给射频卡读写设备。RAM中的数据在射频卡掉电后(射频卡离开读写设备天线的有效工作范围)自动被清除。

同时,ROM中还固化了射频卡运行所需的必要程序指令,由控制及算术运算单元取出指令对每个单元进行控制。使射频卡能有条不紊地与射频卡的读写设备进行数据通信。

7)数据加密模块。该单元完成对数据的加密处理及密码保护。加密的算法可以为DES标准算法或其他算法。

8)存储器及接口电路模块。该模块主要用于存储数据。EEPROM中的数据在射频卡掉电后(射频卡离开读写设备天线的有效工作范围内)仍将被保持。用户所需存储的数据被存放在该模块中。

3. Mifarel卡片的存储结构

Mifarel卡片的存储容量为8192bit×1位字长(1K×8位字长),采用EEPROM作为存储介质,整个结构划分为16个扇区,编为扇区0~15。每个扇区有4个块(Block),分别为块0、块1、块2和块3。每个块有16个字节。一个扇区共有16B×4=64B。如图5-17所示。

每个扇区的块3(即第四块)包含了该扇区的密码A(6B)、存取控制(4B)、密码B(6B),是一个特殊的块。其余3个块是一般的数据块。

但扇区0的块0是特殊的,是厂商代码,已固化,不可改写。

(1)第0~4个字节为卡片的序列号。

(2)第5个字节为序列号的校验码。

(3)第6个字节为卡片的容量"SIZE"字节。

(4)第7、8个字节为卡片的类型号字节,即Tagtype字节。

其他字节由厂商另加定义。

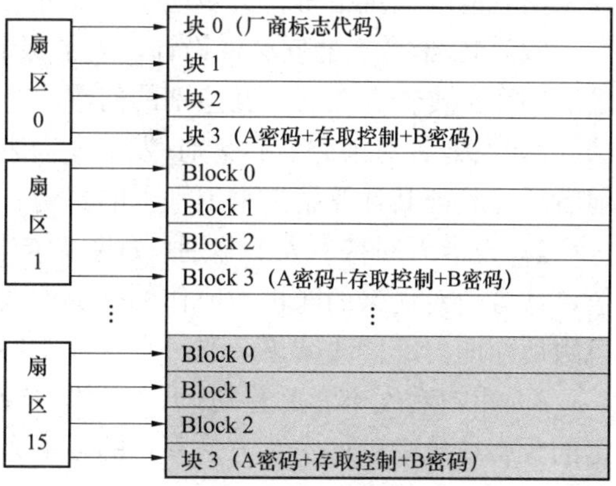

扇区0	块0(厂商标志代码)
	块1
	块2
	块3(A密码+存取控制+B密码)
扇区1	Block 0
	Block 1
	Block 2
	Block 3(A密码+存取控制+B密码)
⋮	⋮
扇区15	Block 0
	Block 1
	Block 2
	块3(A密码+存取控制+B密码)

图5-17 Mifarel卡片的存储结构

4. Mifarel卡密码系统和安全性设计

(1)IC卡密码系统概述。所有的密码系统都按相同的基本方式工作:把一个原本的消息(明文)通过加密算法和加密密钥转换成编码的消息(密文)。它仅能被解密算法和解密密钥所译码。秘密通常保留在密钥上,不在算法上。

密码系统可分为不同的两类,即保密密钥系统和公开密钥系统。实际上,二者都要使用保密的密钥。保密密钥的关键点在于算法是完全可逆的(对称的),所以又被称为对称密钥系统。如果对密码电文执行加密操作,将再次获得原本的普诵电文。保密密钥系统的工作方式如图5-18所示。

图5-18 保密密钥系统的工作方式

保密密钥系统的核心是密钥,它有着高度的机密性。问题在于如果一个人知道了密钥之后,他就可以破译该密钥所加密的消息,而系统无法查明该密钥是这个人自己的还是非法得到的。另外,当有着许多对的发送者和接收者时,由于每一对之间都需要一个单独的相互同意的密钥,这就成了一个十分繁琐的不实际的问题了。因为密钥的数量可能达到人数的平方的数量级。

由此，人们引入了非对称密码系统的概念，即加密和解密算法是不同的。使密码电文再次通过加密系统时，不能产生出原本的消息，因而系统是不对称的。在这种情况下，需用两个不同的密钥，一个用于加密，一个用于解密。这些密钥有着数学上的联系，并可能设计出一种算法使得加密密钥可以公开，然而用这种方法确定的解密密钥则不能公开。具有这种性能的密码系统称为公开密钥系统。在这种系统中要发送一则加密的消息时，发送者应先从一张公开的表中查到接收者的加密密钥，并用此密钥对消息加密。然后发送者可用不保密的通信方法来发送这份密文。接收者则用他保密的解密密钥予以译解。公开密钥系统的工作方式如图 5-19 所示。

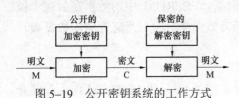

图 5-19　公开密钥系统的工作方式

公开密钥有两个非常重要的优点，首先是大大地简化了密钥的分布和管理，因为每个人只需记住它自己的解密密钥就可以了。其次是提供了实现"电子签名"的可能性，这是一种在应用中诸如家庭银行和电子邮件等特别重要的性能。在 IC 卡的保密系统中，目前采用得最多的是保密密钥系统。而对于公开密钥系统的使用由于在硬件上的限制，目前的使用还非常地少。然而，随着 CPU 卡的不断发展，在将来的智能卡系统中将会更多地采用公开密钥系统以便实现电子签名在 IC 卡中的使用。

（2）IC 卡数据的安全性设计。为了保证 IC 卡的安全使用，IC 卡的发行者与卡的持有者之间的数据传输存在着相互鉴别的问题。

1）发卡者对来访卡的鉴别：发卡者向来访卡发一串随机数，后者用它的密钥对该数计算，前者通过验证其计算结果来识别卡的真伪。

2）发卡者对持卡人的鉴别：如果持卡人能够恢复发卡者送来的、经过修改的随机数的原值，或者他对送来的随机数所作的外部修改，跟卡中保密代码副本（由发行者预制）对该随机数所作的内部修改结果一致，那就证明持卡人是合法的。

3）用户对发卡者的鉴别：用户对发卡者的密码算法作逆运算，若得出了只能由发卡者导出的预言结果，就证实对方是真正的发卡人。

5.2.2　智能门禁系统主要功能设计和系统组成

1. 智能门禁系统主要功能

如今的门禁系统早已超越了单纯的门道及钥匙管理，它已经逐渐发展成一套完整的出入管理系统。完整的门禁监控系统需要实现的功能相当多，本系统所能够实现的主要功能如下：

（1）电子钥匙：发行授权后的 IC 卡，可以当作电子钥匙，将非接触式 IC 卡在感应器前一晃，感应器内指示灯由红变绿，门锁便自动打开。同时控制器记录开门的日期、时间及持卡人姓名等。

（2）开门权限：可以根据人员权限需要设定开门区域（数量），可设置有效日期，期间内每天可设置多个时间段，每个时间段起始值任意定义，每张卡均可设置节假日。

（3）记录和查询信息：当持卡人读卡后，系统将记录读卡人的个人信息、读卡时间、卡号等信息；管理人员也可以根据需要，随时查询本部门人员的出入门状况。

（4）操作密码和权限：每个操作人员可以修改自己的密码，提高系统的安全性；可以设置操作人员及分别授予不同的操作权限。

2. 系统的组成

本智能门禁系统由非接触式 IC 卡、发卡器、读卡器和主控 PC 机组成，此外还包括外部门禁设备，如出门按钮、报警传感器、电子磁力锁等。主控 PC 机与发卡器连接构成发卡管理系统，与读卡器连接构成门禁管理系统，实现对读卡器的数据进行加工处理，进行数据库管理，供管理者查询和决策。发卡器与读卡器在硬件设计上基本相同，这里重点以读卡器的设计来介绍软硬件设计。

5.2.3　智能门禁的系统设计

在智能门禁应用系统中，采用实惠型的 PIC16F87X 系列单片机为核心制作 IC 卡的读写设备，单片机通过串口 RS232 或 RS485 与微处理机结合，可以充分发挥微处理机的强大功能，组成实用的 IC 卡读写系统。

硬件设计通用型的核心是 IC 卡读写设备和主控 PC 机，两者通过 RS232 或 RS485 实现串行通信。主控 PC 机主要完成人机交互功能，接受由用户输入的指令和数据，通过串行通信口与 IC 卡读写设备进行通信，实现对 IC 卡的具体操作。IC 卡读写设备以当前较为流行的 PIC16F87X 系列单片机为核心。软件设计通用型的门禁系统的软件主要包括人机交互软件、主控 PC 机与 IC 卡通信软件和 IC 卡读写程序三部分。人机交互软件主要用于接收用户输入的 IC 智能卡操作指令及相关操作数据，并将这些指令和数据传递给通信软件部分，然后由读写设备具体实现。

主控 PC 机和读写设备一般采用中断方式工作，其数据格式、数据传输速率、串口选择方式和定时器方式等应具体根据不同的系统、设计要求和系统软件的设计方法而确定。晶振频率多选为 13.56MHz。主控 PC 机中运行的人机交互软件可以采用 Delphi 等工具编写。

非接触式 IC 卡读写设备与通信程序的框架，主要包括数据发送子程序、数据接收子程序、中断服务子程序和读写程序。不同生产厂家的 IC 卡读写时序不同，一般需要根据生产厂商提供的产品技术说明，按照特定的时序才能进行读写等操作。

5.2.4　门禁系统硬件设计

根据系统要实现的具体功能，系统硬件设计框图如图 5-20 所示。系统硬件由读写模块、时钟模块、存储模块、电控模块、键盘显示模块、通信模块和处理器模块组成。

1. 微处理器 PIC16F876 简介

微处理模块中的主芯片选用 MICROCHIP 公司的 PIC16F876。PIC16F876 具有 8K×14 个并行可编程的非易失性 FLASH 程序存储器字节，其数据存储器被分成通用寄存器（GPR）和特殊功能寄存器（SFR）。数据收

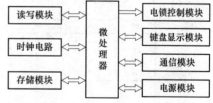

图 5-20　系统硬件组成框图

发时涉及到可读写的中断控制寄存器（NITCON），它包括各种对于 TMR0 寄存器溢出，RB 端口变化和外部 RB0 引脚中断的使能位和标志位。

PIC16F876 单片机内建 368×8 个数据存储器（RAM）字节，256×8EEPROM 字节，内设 3 个输入输出端口：端口 A、端口 B 和端口 C。对端口读写时，都要涉及到相应端口的数据方向寄存器 TRISA 的状态。

2. 读写模块

非接触式 IC 卡读卡器主要由单片机控制系统和 Mifarel 读写模块两部分组成，读写模块

是非接触式 IC 卡读卡器的关键部件，它包括相应的射频天线部分。

（1）读写芯片 MF RC500 概述。读写模块中的关键部件 MF RC500 是 PhiliPS 公司生产的用于读写 Mifarel 非接触式 IC 卡的专用读写芯片。系统单片机对读写模块的操作就是对 MF RC500 进行控制，通过 MF RC500 实现对 Mifarel 卡操作。它是单片机与 IC 卡之间数据传输的桥梁。

MF RC500 是应用于工作频率 13.56MHz 非接触式通信中高集成读卡 IC 系列中的一员。该读卡 IC 系列利用了先进的调制和解调概念，完全集成了在 13.56MHz 下所有类型的被动非接触式通信方式和协议。MF RC500 支持 ISO 14443A 所有层内部的发送器部分，不需要增加有源电路就能够直接驱动近操作距离的天线（可达 100 mm）。

接收器部分提供一个坚固而有效的解调和解码电路，用于 ISO 14443A 兼容的应答器信号。数字部分处理 ISO 14443A 帧和错误检测。此外，它还支持快速 CRYPTO1 加密算法用于验证 Mifarel 系列产品。方便的并行接口可直接连接到任何 8 位微处理器，这样给读卡器/终端的设计提供了极大的灵活性。

MF RC500 特性如下：

1）无线传送数据和能量（不需要电池）。

2）工作频率 13.56MHz。

3）工作距离最高可达 100mm（由天线的结构决定）。

4）数据高度可靠：16 位 CRC，奇偶校验，位编码，位计数。

5）真正的防冲突机制。

6）1K 字节，分成 16 个区，每区又分成 4 段，每一段中有 16 个字节。

7）数据可以保持 10 年，可写 100 000 次。

8）需要通过 3 轮确认。

（2）MF RC500 存储结构。EEPROM 存储器被分成 16 个区，每个区中有 4 个段，每段有 16 字节。

在擦除状态时，读 EEPROM 单元的值是逻辑"0"；在写状态时，读 EEPROM 单元的值是逻辑"1"，如图 5-21 所示。

区	段	密码 A						访问位				密码 B					
		0	1	2	3	4	5	6	7	8	9	10	11	12	13	14	15
15	3 2 1 0																
14	3 2 1 0																
⋮	⋮																
1	3 2 1 0																
0	3 2 1 0																

图 5-21　MF RC500 存储结构

1）厂商段，它是存储器第一个区的第一个数据段（段 0）。它包含了 IC 卡厂商的数据，基于保密性和系统的安全性，这一段在 IC 卡厂商编程之后被置为写保护。

2）数据段，所有的区都包含 3 个段（每段 16 字节）保存数据（区 0 只有两个数据段和一个只读的厂商段）。数据段可以被以下的访问位配置：

读/写段，用于无线访问控制等。

值段，用于电子钱包，它需要额外的命令，像直接控制保存值的增加和减少，在执行任何存储器操作前都要先执行确认命令。值段可以实现电子钱包的功能。值段有一个固定的数据格式，可以进行错误检测和纠正并备份管理。值段只能在值段格式的写操作时产生。值表示一个带符号 4 字节值。这个值的最低一个字节保存在最低的地址中，取反的字节以标准 2 的格式保存。为了保证数据的正确性和保密性，值被保存了 3 次，两次不取反保存，一次取反保存。

地址 Adr，表示一个 1 字节地址，当执行强大的备份管理时用于保存存储段的地址。地址字节保存了 4 次，取反和不取反各保存 2 次。在执行增、减、恢复、传送操作时地址保持不变。它只能通过写命令改变。

每个区都有一个区尾，它包括密钥 A 和 B（可选），读密钥时返回逻辑"0"。访问这个区中 4 个段的条件（保存在第 6～9 字节）。访问位也可以指出数据段的类型（读/写或值）。

如果不需要密钥 B，那么段 3 的最后 6 字节可以作为数据字节。用户数据可以使用区尾的第 9 字节，这个字节具有和字节 6、7 和 8 一样的访问权。

（3）MF RC500 引脚图及说明。MFRC500 芯片外形为双列直插式，有 32 个引脚。如图 5-22 所示。它采用并行微控制器接口自动检测连接的 8 位并行接口的类型。它包含一个易用的双向 FIFO。缓冲区和一个可配置的中断输出。这样就为连接各种 MCU 提供了很大的灵活性，即使使用非常低成本的器件也能满足高速非接触式通信的要求。

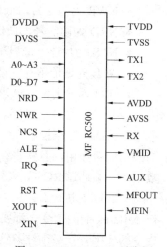

图 5-22　MF RC500 引脚图

数据处理部分执行数据的并行串行转换，它支持的帧包括 CRC 和奇偶校验。它以完全透明的模式进行操作，因而支持 ISO 14443A 的所有层。状态和控制部分允许对器件进行配置以适应环境的影响并使性能调节到最佳状态。

当与 MIFARE standard 和 MIFARE 产品通信时，使用高速 CRYPTO1 流密码单元和一个可靠的非易失性密钥存储器。模拟电路包含了一个具有非常低阻抗桥驱动器输出的发送部分，这使得最大操作距离可达 100mm。接收器可以检测到并解码非常弱的应答信号，由于采用了非常先进的技术，接收器已不再是限制操作距离的因素了。

各个引脚的功能如下。

1）天线接口。

● TX1，TX2 为输出缓冲引脚，天线驱动器。

● Rx 为模拟量输入，天线输入信号。

RC500 通过 TX1 和 TX2 提供 13.56MHz 的载彼，发送调制信号。RX 脚接收射频信号送给 RC500，RC500 对信号进行解调处理后，送到 I/O 接口供外部 MCU 读取。

2）天线驱动电源。

● TVDD 为发送器电源电压，3.3～5.5V。

● TGND 为发送器电源地。

3）电源。

● AVDD 为模拟电源电压，4.5～5.5V。

● AGND 为模拟电源地。

● DVDD 为数字电源电压，4.5～5.5V。

● DGND 为数字电源地。

4）辅助引脚 AUX。可选择内部信号驱动该引脚，它可作为设计和测试之用。

5）复位引脚 RSTPD。如果 RSTPD 释放，RC500 执行上电时序。

6）振荡器。

● XIN 为振荡器缓冲输入。

● XOUT 为振荡器缓冲输出。

7）Mifare 接口。

● MFIN 为 Mifare 接口输入。

● MFOUT 为 Mifare 接口输出。

8）并行接口。

● D0～D7 为 8 位 I/O 口，双向数据总线和地址线复用。

● NWR 为写信号，低电平有效。

● NRD 为读信号，低信号有效。

● NCS 为片选，低电平有效。

● ALE 为地址锁存使能。

● IRQ 为输出中断请求信号。

（4）读写芯片的控制。RC500 内部共有 16 个特殊寄存器，单片机通过对 RC500 内部特殊寄存器的读写来控制 RC500 读写芯片。在对 RC500 进行读写操作时，各寄存器担负着不同的功能和作用，有些寄存器只能读不能写，有些则反之。读卡上的数据，或写进卡片上的数据均必须通过 RC500 来传递。

RC500 能执行有限的一些指令，这些指令构成 RC500 通信基本指令集。但是每一个要操作 Mifarel 卡的指令，都要设置几个内部特殊寄存器，由一个指令序列组成。因此对 RC500 指令的底层开发必须注意这些步骤的正确顺序。

（5）微处理模块与读写模块的接口电路。从系统主要功能组成而言，读卡器主要是由微处理模块 PIC16P876 和读写模块 MF RC500 组合设计的。接口电路如图 5-23 所示。

其中，单片机 PIC16F876 作为控制核心，主要完成数据采集、处理、存储及控制电路工作；该读写器采用地址数据总线复用方式，片中使用信号 NCS 选择芯片；PIC16F876 的 RC0 和 RA5 引脚分别与 MFRC500 的 NWR 引脚和 NDS 引脚相连来控制读写使能；RA4 引脚与 MERC500 的 IRQ 引脚相连用以接收并处理中断请求；工作频率由石英晶体振荡器产生，同时与 OSCIN 引脚相连可作为外部时钟；RC6 和 RC7 引脚分别与 RS232 发送接收端口连接，可提供以 RS232 方式与上层主控界面进行通信的标准配置。

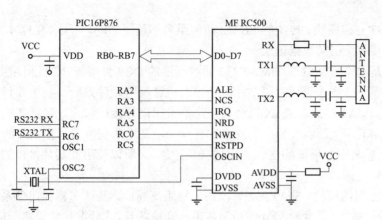

图 5-23　PIC16P876 和 RC500 接口电路

3. 存储模块设计

在门禁管理统计记录中一个完整的记录数据应该包括：编号 ID、年、月、日、星期、小时、分钟信息。但在实际应用中，同一个用户在同一天的年、月、日的时间信息具有重复性。如果重复记录不但大大增加了数据的冗余度，而且浪费了大量的 EEPROM 存储资源。在资源有限的情况下，这种记录方式并不可行。因此，设定在一天中，仅仅记录一次年、月、日的时间信息。考虑到实际应用的复杂情况，如断电后上电复位，可能漏记年、月、日时间信息，所以在每次系统开机的时候，也记录一次。程序上约定数据记录的起始地址为 000aH。

考虑到门禁管理系统需要键盘输入用户的编号 ID 时也要同时显示用户的刷卡时间等信息，因此必须具有个人数据的资料库。鉴于读卡器在系统中具有一定的独立性，平时读卡器独立工作，将刷卡记录存入读卡器的存储器中，主控 PC 管理机每隔一定时间轮询各读卡器，向读卡器发出请求，这时候读卡器才将所存的数据一次性传送给 PC 机。PC 机轮询读卡器的时间间隔越长要求读卡器的存储器容量越大，单位管理的人员越多，平均单位刷卡次数越多要求存储器越大。

存储器有并行存储器和串行存储器之分，并行存储器存储容量大，数据传送速度快，但芯片体积大、引脚多，需要占用 CPU 大量的 I/0 脚，外部扩展复杂。串行存储器体积小，与CPU 接口简单，一般只要占用 CPU 的 2～3 根 I/O 口线。因此我们选用高性能的可电擦除只读存储器 AT24C64 芯片，该芯片采用了 ATMEL 先进的非易失性 CMOS 技术。工作时功耗为220mW，存取时间为 120ns。待机电流小于 200μA。可擦除次数有 1 万次。数据保存期大于10 年。5V 直流电源供电。并且它与更高容量的存储器（如 AT24C128/256）兼容，更换方便。AT24C64 是双线制串行 EEPROM 存储器，支持 I^{2}C 总线数据传输协议，8KB 存储容量，只用两根线与 CPU 构成串行接口。

4. 通信模块设计

单独的门禁硬件系统只能完成门禁数据的收集、存储和进行一些简单的数据处理，并不能构成一个完整的应用系统。主控微处理机具有无与伦比的数据分析处理能力，并能编制用户界面良好的应用软件，可以完成门禁数据资料的统计、分类等复杂的任务。编制员工姓名、工号和个人信息的数据资料库等。充分利用主控微处理机的功能，可以提高整个门禁系统的智能化。RS232 和 RS485 通信模块的使用提供了结合门禁读写设备和主控微处理机的途径，它们可用来具体实现对门禁硬件系统的发送控制指令等功能。

（1）RS232 通信模块。传统的 RS232 通信至多不超过 20m，可以将门禁控制设备送交主控微处理机直接收集门禁数据记录。

通信部分是用串行接口芯片 MAX232 通过标准的 DB9 直接与 PC 机相连实现的，同时用它调试读卡器系统，省去设计阶段制作多个单片机读写卡硬件系统，将主要精力用在解决关键技术问题上。MAX232 是 MAX 以公司生产的专用串行接口芯片，包括 2 路接收器和驱动器，我们只要用其中一路收发器。芯片内部有一个电源电压变换器可把输入的+5V 电源电压变换为 RS232 输出电平所需的±10V 电压（负逻辑）。所以使用此芯片接口的串行通信系统只需单一的+5V 电源。

（2）RS485 通信模块。MAX232 只能用于短距离通信，若读卡器在门禁系统中距离主控 PC 管理机比较远时，可采用 MAX485 长距离串行通信芯片，其数据传输距离一般可达 1200m。RS485 以差分平衡方式传输信号，具有很强的抗共模干扰的能力。RS485 收发器以半双工方式、单一+5V 电源工作，内部一个接受器 R，一个驱动器 D。MAX485 接口芯片是 MAXIM 公司的一种 RS485 产品，8 个引脚 DIP 封装。在 RS485 总线型网络系统中，数据传输采用主从站的方式，主机为主控 PC 机，从机为读卡器单片机。每个从机拥有自己的固定的地址，由主机控制完成网上的每一次通信。

开始所有从机处于监听状态，等待 PC 机的呼叫。当 PC 机向网上发某一从机的地址时，所有从机接收到该地址并与自己的地址相比较，如果相符说明 PC 机在呼叫自己，应发回应答信号，表示该从机已准备好，可以接收后面的命令和数据。若不是呼叫自己，则不予理睬，继续监听呼叫地址。PC 机收到从机的应答后，则开始一次通信。通信完毕，从机继续处于监听状态，等待呼叫。

5. 时钟电路设计

（1）时钟芯片概述。刷卡时要记录刷卡的时间，可以用单片机的定时器实现，这叫软件时钟。它有一定的局限性，在设置时间间隔不当，CPU 掉电等都会影响时钟的正常运行。用外接实时时钟芯片的办法，不仅能为系统提供一个准确可靠的时钟，而且节省 CPU 的资源，用备用电池供电能保证在 CPU 掉电时也不影响它的正常运行。PC 机会每隔一定时间校核单片机内的时间。校核办法是由 PC 机将时间数据通过串口传送给单片机，单片机将该时间写入时钟芯片的内部时钟单元，以新的时钟为准计时。

硬件实时时钟根据数据传送方式分为两种，一种是并行接口方式的，如 DS12887，DS1387。并行接口方式数据传送快，但引脚多，与 CPU 的接口连线多，而且体积大。另一种是串行接口方式的，如 DS1302，PHILPS 公司的 PCF8563 等。这种芯片通常为 8 脚 DIP 封装，占用空间小，连线简单，一般只需占用 CPU 的 2～3 条 I/O 口线。我们采用体积小、接口简单的串行实时时钟 PCF8563 芯片作硬件时钟。

PCF8563 是低功耗的 CMOS 实时时钟日历芯片，它提供一个可编程时钟输出，一个中断输出和掉电检测器，所有的地址和数据通过 I^2C 总线接口串行传递。最大总线速度为 400kbps，每次读写数据后，内嵌的字地址寄存器会自动产生增量。时钟的运行可采用 24h 或带 AM（上午）和 PM（下午）的 12h 格式。数据可按单字节方式或多字节突发方式传送。

（2）PCF8563 特性。PCF8563I261 特性如下：

1）低工作电流：典型值为 0.25μA（VDD 电压为 3.0V，T_{amb}=25℃）；

2）大工作电压范围：1.0～5.5V；

3）400kHz 的 I²C 总线（VDD 电压为 1.5～5.5V）；

4）可编程时钟输出频率为 32.768kHz，1024Hz，32Hz，1Hz；

5）报警和定时器；

6）掉电检测器；

7）内部集成的振荡器电容、片内电源复位功能、掉电检测器；

8）I²C 总线从地址，读 0A3H；写 0A2H。

（3）PCF8563 功能描述。PCF8563 有 16 个 8 位寄存器：一个可自动增量的地址寄存器，一个内置 32.768kHz 的振荡器（带有一个内部集成的电容），一个分频器（用于给实时时钟 RTC 提供源时钟），一个可编程时钟输出，一个定时器，一个报警器，一个掉电检测器和一个 400kHz I²C 总线接口。

所有 16 个寄存器设计成可寻址的 8 位并行寄存器，但不是所有位都有用。前两个寄存器（内存地址 00H，01H）用于控制寄存器和状态寄存器，内存地址 02H～08H 用于时钟计数器（年、月、日、小时、分钟计数器），地址 09H 控制 CLKOUT 引脚的输出频率，地址 0AH 和 0BH 分别用于定时器控制寄存器和定时器寄存器。其中，分钟、小时、日、月、年编码格式为 BCD，星期不以 BCD 格式编码。当一个 RTC 寄存器被读时，所有计数器的内容被锁存，因此，在传送条件下，可以禁止对时钟日历芯片的错读。

5.2.5　智能门禁系统软件设计

读卡器软件编程采用标准 C 语言程序实现对非接触式 IC 卡的一系列操作，主要有 PIC 单片机初始化、MFRC500 初始化、防冲突程序、卡片的读写程序以及对卡片 BOLKC（数据块）操作等。读卡程序的设计思想是上电初始化后，射频场一旦检测有 Mifarel 卡进入射频天线的有效范围，读卡程序按顺序启动防冲突程序和认证程序，验证成功后最后操作卡片读写程序。程序设计流程图见图 5-24。下面对部分软件设计进行描述如下。

1. 初始化程序设计

初始化部分包括对读卡模块复位以及单片机和 MF RC500 各硬件寄存器设定初始值，各端口设定方向和初始值，打开 RF 场以及看门狗复位等操作。

1）读卡模块复位。读卡模块上的 RST 引脚是复位脚，高电平有效，由单片机来控制。程序先送高电平，延时一段时间后再拉回到低电平。

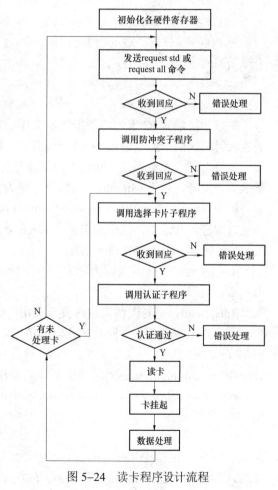

图 5-24　读卡程序设计流程

2）寄存器设定初始值。MF RC500 芯片的内部寄存器按页分配，并通过相应寻址方法获得地址。内部寄存器共分 8 页，每页有 8 个寄存器，每页的第一个寄存器称为页寄存器，用于选择该寄存器页。每个寄存器由 8 位组成，其位特性有四种：读/写、只读、只写和动态。其中动态属性位可由微控制器读写，也可以在执行实际命令后自动由内部状态机改变位值。

微控制器 MCU 通过对内部寄存器的写和读，可以预置和读出系统运行状况。寄存器在芯片复位状态为其设定初始值。例如，对卡片进行读操作，则必须对 MF RC500 内部的 BCNTR 寄存器、BCNTS 寄存器、STACON 寄存器等进行设置，对每个状态进行判别，对最终读得的数据还必须进行校验等。以下是初始化时对寄存器的部分相应设置。

```
rergiestr_write(RegClockQConrtol,0x0); //设置时钟控制初始值
register_ write(RegClockQConrtol,0x40);
register_ write (RegTxConrtol,0x58;);//设置发送控制初始值
register_ write (RegRxConrtol, 0x73);
register_ write(RegDecoderConrtol,0x08);//设置译码控制初始值
register_ write (RegBitphase,0xad);//初始化位相
register_ write (RegThreshold,0xff);//初始化最小阀值
register_ write (RegRxConrtol2,0x01);//根据运行环境的处理速率可调整该值
register_ write (RegFIFOLevel,0x08);//初始化 FIFO 缓存
register_ write (RegTimerClock,0x07);//定时器初始值装载
register_ write (RegTimerReload,0x0a);
```

2. 发送询问指令

根据非接触式 IC 卡的功能组成及工作原理可知，Mifarel 卡是一种以被动方式工作的卡，刚进入射频区的卡上电进入 IDLE 状态，它通过吸收感应区内的磁场能量来工作，不会首先发出信号，读卡设备必须不断地发出请求信号，符合条件的卡才会响应。卡响应会返回 2 字节卡的类型号，对于 Mifarel 卡返回类型号为 0x0004。

程序设计用 Mf500PiccCommonRequest()函数不断循环发请求信号，看感应区是否有卡，一旦有卡进入并选中，程序退出循环 Rqeuest 过程进入下一步防冲突操作。Request 指令分为 Request std 和 Request all 两个指令。

Reuqestall，在天线范围内所有符合条件的卡，无论是处于 IDLE 状态还是 HALT 状态的卡，都会响应。

Rqeueststd，只对天线范围内处于 IDLE 状态的卡有效，对 HALT 状态的卡无效。

考虑到至少有两张卡同时响应时的情况，设计采用 Rqeuestall 机制，多张卡同时进入感应区，选中其中一张，读卡后将该卡挂起，转向处理其他的卡。相关过程见 Mf500PiccCommnoReuqest()函数主要代码及相关注释：

```
Unsigned char Mf500PiccCommonRequest(int req_code,int*atq)
{
......
regwrite(RegInterruptEn,0x7F);//禁止所有中断
regwrite(RegInterruptRq,0x7F);//使能 request 中断
regwrite(RegCommand,PCD_IDLE);//中止可能正在运行的其他程序
```

```
regwrite(RegControl,regread(RegControl) | 0x01);//清空 FIFO
regwrite(RegFIFOData,req_code);//写入 request 命令代码
regwrite(RegCommand,PCD_TRANSCEIVE);//命令开始执行
regwrite(RegInterruptEn,0x7F);//禁止所有中断
regwrite(ReglnterruptRq,0x7F);//使能 request 中断
mrc500 cnt=0x00;
while( (!(regread(RegPrimaryStatus)&0x08)) &&(mrc500_cnt<50))
{mrc500 cnt+=1;}//等待命令执行完或超时退出
if(mrc500 cnt>40)   //mrc500 timeout (about 18ms)
{
  regwrite(RegCornmand,0x00);//中止程序
    status= MI_ACCESSTIMEOUT;
    return status;
}
    status=regead(RegErrorFlag)&0x07;//读取错误标志
    if(status)
    {
      if(status&0x01)
         status=MI_COLLERR;//判断为冲突检测错误
      if(status&0x02)
         status = MI_PARITYERR;//判断为校验错误
      if(status&0x04)
         status=MLFRAMINGERR;  //判断为帧错误
    }
    else
    {
    if(regead(RegFIFOLength)==0x02)//判断接收到的数据长度
      {
        status=MI_OK;
        atq[0]=regead(RegFIFOData);//读取 ATQ
        atq(1)=regead(RegFIFOData);
      }
      else
      status=MI_BITCOUNTERR;
    }
    regwrite(RegCommand,PCD_IDLE);//程序终止
    return status;
    }
```

3. 防冲突

防冲突就是从多张卡中选出一张卡来操作，又叫防碰撞、防重叠。如果知道卡的序列号，则可跳过此步，直接执行下一步选卡命令。若不知道卡的序列号，则必须调用防碰撞 M500PiccCascAnticoll()函数，得到感应区内卡的序列号 SN。若同时有多张卡在感应区内，防碰撞函数能检测到，并且从中选出一张卡的序列号来。

防冲突指令只是获得一张 Mifare 1 卡的序列号，并没有真正选中这张卡。选中应由下一步 Select 指令完成。SN 为 40 位长 5 字节，实际有意义的只有前 4 字节，最后一字节是 SN 的异或校验的校验码。M500PiccCascAnticoll()函数主要代码及相关注释如下：

```
unsigned char M500PiccCascAnticoll(unsigned char bcnt,unsigned char *snr)
{
  unsigned char complete=0;
  unsigned char status=MI_ OK;
......
  complete==0;
  while((complete==0)&&(status==MI_OK))
    {
      nBytesReceived=0;
      /*禁止 RxCRC 和 TxCRC,校验使能*/
      regwrite(RegChannelRedundancy,0x03);
      nbits = bcnt % 8;//位个数
      if (nbits)
      {
        regwrite(RegBitFraming,nbits<<4|nbits);
        nbytes=bcnt / 8 + 1;//字节个数
      }
      else nbytes=bcnt/8;
      for(i=0;i<nbytes;i++)
         snr_in[i]=coll_ data[i];
      NVB=0x20+((bcnt/8)<<4)+nbits;//要发送的字节数
      regwrite(RegInterruptEn,0x7F);//禁止所有中断
      regwrite(RegInterruptRq,0x7F);//复位 request 中断
      regwrite(RegCommand,PCD_IDLE);  //中止可能正在运行的程序
      regwrite(RegControl,regread(RegControl)|0x01);//清空 FIFO
      regwrite(RegFIFOData,0x93);//写入"SEL",命令代码
      regwrite(RegFIFOData,NVB);//写入"NVB"命令代码
      for (i=0;i< nbytes; i++)//发送 snr
    regwrite(RegFIFOData,snr}in[i]);
regwrite(RegInterruptEn,0x84);  // TimerIRq 和 IdleIRq 使能
regwrite(RegCommand,PCD_TRANSCEIVE);//命令开始执行
```

```
mrc500_cnt=0x00;
while((!(regread(RegPrimaryStatus)&0x08))&&(mrc500_cnt<200))
{mrc500_cnt+=1;}//超时或命令结束判断
if( mrc500_cnt>150)//超时判断
{
  regwrite(RegCommand,PCD_IDLE);//中止程序
    status= MI_ACCESSTIMEOUT;
    return status;
}
status=regread(RegErrorFlag)&0x07;//读取错误标志
......            //错误判断
  nBytesReceived=regread(RegFIFOLength);//读取数据长度
  for(i=0;i<nBytesReceived;i++)
     coil_data(i)=regread(RegFIFOData);
  if(regread(RegFIFOLength)  >= 0x04)//判断接收的数据长度是否正确
  {
    for(status=0;status<4;status++)
     snr_in(status]=regread(RegFIFOData);
     status=MI_OK;
  }
......}
if (status==MI_OK)
{
 memcpy(snr,snr_in,4);//保存 snr
}
else
 memcpy(snr,"0000",4);
/*冲突禁止后置 0 */
regwrite(RegDecoderControl,regread(RegDecoderControl)&(~0x20));
regwrite(RegCommand,PCD_IDLE);//中止程序
return status;
}
```

4. 选择卡片

选卡选出已知序列号的卡，并返回一字节的卡容量编码 Size（88H）。经过这一步后才真正选中了一张要操作的卡，以后的操作都是对这张卡进行的。选择卡片过程是通过 Mf500PiccCascSelect() 函数实现的，其主要程序代码及相关注释如下：

```
unsigned char Mf500PiccCascSelect(int snr[])
{
......
```

```
regwrite(RegInterruptEn,0x7F);//禁止所有中断
regwrite(RegInterruptRq,0x7D);//复位 request 中断
regwrite(RegCommand,PCD_IDLE);//中止可能正在运行的其他程序
regwrite(RegControl,regread(RegControl)|0x01);//清空 FIFO
regwrite(RegFIFOData,0x93);//写入，"SEL"，命令代码
regwrite(RegFIFOData,0x70);//写入，"NVB"，命令代码
for(status=0;status<4;status++)
  regwrite(RegFIFOData,snr[status]);//写 snr 到 FIFO
status=snr[0]^snr[1]^snr[2]^snr[3];//计算 BCC
regwrite(RegFIFOData,status);//将 BCC 写入 FIFO
regwrite(RegInterruptEn,0xA4);//使能 TimerIRq 和 IdleIRq
regwrite(RegCommand,PCD_TRANSCEIVE);//命令开始执行
mrc500_cnt=0x00;
while( (!(regread(RegPrimaryStatus)&0x08))&&(mrc500_cnt<110))
{mrc500_cnt+=1;}//超时或命令结束判断
if(mrc500_cnt>100)//超时判断
{
  regwrite(RegCommand,PGD_IDLE);//中止程序
  status= MI_ ACCESSTIMEOUT;//置超时标志
  return status;
}
status=regread(RegErrorFlag)&0x07;//读取错误标志
if(status)
{
  if (status&0x01)
    status=MI_COLLERR;      //判断为冲突检测错误
  else if(status&0x02)
    status = MI_PARITYERR;//判断为校验错误
  else if(status&0x04)
    status=MI_FRAMINGERR;//判断为帧错误
}
else
{
  if(regread(RegFIFOLength)==0x01)//判断接收数据长度是否正确
  {
    if (regread(RegFIFOData)&0x04)
      status = MI_SAKERR;//判断为 SAK 错误
    else status= MI_ OK;
  }
```

```
    else
        status= MI_BITCOUNTERR;//数据长度不符合则为计数错误
}
regwrite(RegCommand,PCD_IDLE);//程序终止
return status;
    }
```

5. 认证

将用 **M500PiccLoadKey()** 函数装载到 RC500 中的密码与卡中指定扇区的密码进行认证，如果密码相同，则认证成功，卡允许进行读写操作。其主要代码及相关注释如下：

```
unsigned char M500PiccLoadKey(unsigned char key[])
{
......
regwrite(RegInterruptEn,0x7F);//禁止所有中断
regwrite(RegInterruptRq,0x7F);//复位 request 中断
regwrite(RegCommand,PCD_IDLE);//中止可能正在运行的其他
regwrite(RegControl,regread(RegControl) | 0x01);//清空 FIFO
for(status=0;status<12;status++)
    regwrite(RegFIFOData,key[status]);//写入 key 到 FIFO
regwrite(RegInterruptEn,0x84);//使能 Id1eIRq 中断
regwrite(RegCommand,PCD_LOADKEY);//写入 loadkey 命令
do
{
    status=(regread(RegErrorFlag)&0x40);
}
while ((!(regread(RegPrimaryStatus)&0x08)));//等待命令执行完毕
if(status)
    status=MI_WRONG_LOAD_MODE;//判断错误类型
else
    status=MI_ OK;
regwrite(RegCommand,PCD_IDLE);//程序终止
return status;
}
```

6. 读取卡片

前面几个步骤完成后，说明卡是本系统的卡，安全检查全部通过，Mifarel 卡可以正常读写了。PiccRead ()函数一次读已通过密码认证扇区的一个数据块，共 16 字节。卡号只要用其中的一两个字节就可以了，其他字节写入的都是 0。读到这 16 字节的数据在数组 bankdata[16]中，取前一个字节 bankdata[0]即可得到卡号。单位人多可以多用几个字节作卡号。PiccRead()函数主要代码及相关注释如下：

```
unsigned char PiccRead(unsigned char block add,unsigned char value[])
```

```
{
Restart_wdtn;  //复位看门狗
.....
regwrite(RegInterruptEn,0x7F);//禁止所有中断
regwrite(ReglnterruptRq,0x7F);    !!复位 request 中断
regwrite(RegCommand,PCD_IDLE);//中止可能正在运行的其他程序
regwrite(RegControl,regread(RegControl)|0x01);//清空 FIFO
regwrite(RegFIFOData,PICC_READ);//写入 read 命令
regwrite(RegFIFOData,block_add);//写入 block_ add 参数
regwrite(RegInterruptEn,0x84);//使能 Id1eIRq 中断
regwrite(RegCommand,PCD_TRANSCEIVE);//写入命令代码
mrc500_cnt=0;
while((!(regread(RegPrimaryStatus)&0x08))&&(mrc500_cnt<300))
{mrc500_cnt+=1;}//超时或命令结束判断
if (mrc500_cnt>200)
{
    regwrite(RegCommand,PCD_IDLE);//超时判断
    status= MI_ACCESSTIMEOUT;
    return status;
}
status=regread(RegErrorFlag)&0x0E;//读取错误标志
if(status)
{
    if(status&0x02)
      status = MI_PARITYERR;//判断为校验错误
    else if(status&0x04)
      status=MI_FRAMINGERR;//判断为帧错误
    else if(status&0x08)
      status=MI_CRCERR;//判断为 CRC 错误
}
else
{
if(regread(RegFIFOLength)==16)//判断所接收到的数据长度是否正确
  {
  for(status=0;status<16;status++)
    value[status]=regread(RegFIFOData);  //读取一个 BLOCK 中的 16 个字节
    status=MI_OK;
  }
  else
```

```
        status=MI_BITCOUNTERR;  //数据长度不符合则为计数错误
}
regwrite(RegCommand,PCD_IDLE);  //程序终止
return status;
```

7. 卡挂起

当读完卡号的卡数据处理完后，程序将使卡处于 HALT（挂起）状态，此时卡即使在射频区，读卡器也不会再读该卡。M500PiccHalt()函数用来实现卡挂起功能，其主要代码及相关注释如下：

```
unsigned char M500PiccHalt()
{
  unsigned char status=MI_ CODEERR;
  regwrite(RegInterruptEn,0x7F);//禁止所有中断
  regwrite(RegInterruptRq,0x7F);//复位 request 中断
  regwrite(RegCommand,PCD_IDLE);//中止可能正在运行的其他程序
  regwrite(RegControl,regread(RegControl)|0x01);//清空 FIFO
  regwrite(RegFIFOData,PICC_ HALT};//写入命令代码
    regwrite(RegFIFOData,0x00);
  regwrite(RegInterruptEn,0x84);//使能 TimerIRq 和 IdleIRq
  regwrite(RegCommand,PCD_TRANSCEIVE);//命令开始执行
    mrc500_cnt=0x00;
    while( (!(regread(RegPrimaryStatus)&0x08))&&(mrc500_cnt<100))
  {mrc500_cnt+=1;}//超时或命令结束判断
  if(mrc500_cnt>90)//超时判断
{
  regwrite(RegCommand,PCD_IDLE);//中止程序
    status= MI_ACCESSTIMEOUT;
}
if (status= MI_CCESSTIMEOU)
  status=MI_OK;
regwrite(RegCommand,PCD_IDLE);
return status;
}
```

8. 刷卡记录程序设计

表 5-4　　　　　　　　　　　刷卡记录的数据格式

刷卡记录数据	描　述	刷卡记录数据	描　述
User_time[0]	分钟	User_time[3]	日
User_time[1]	小时	User_time[4]	月
User_time[2]	星期	User_time[5]	年

刷卡记录数据	描　述	刷卡记录数据	描　述
User_id[0]	卡号第一个字节	User_id[2]	卡号第三个字节
User_id[1]	卡号第二个字节	User_id[3]	卡号第四个字节

　　根据读卡程序的整个流程，当 Mifarel 卡进入射频天线区内，读卡程序将通过一系列的流程操作读出卡中数据，并进行相应处理。其中卡中数据由卡号和操作反馈标志组成，卡号用来鉴别使用者的身份，操作反馈标志是对读卡器读写卡片操作的状态检测。通常将卡号和刷卡时间合并成条刷卡记录存入 AT24C64 存储器中。刷卡记录的数据格式为 10 个字节，前 6 个字节为刷卡时间 user_time[0]～user_time [5]，后 4 个字节为卡号 user id[0]～user id[3]。刷卡时间为 BCD 码，卡号为十六进制数。数据格式顺序如表 5-4 所示。

　　9. EEPROM 读写

　　AT24C64 存储器可以解决单片机片内 EEPROM 不足的问题，用以保存诸如用户设置参数、采集到的数据等资料。由于本系统中采用到的 PIC16F876 单片机不具备 I^2C 总线接口，因此采用软件法加以解决。

　　在硬件上使用 PIC16F876 的 RA6 和 RA7 与 AT24C64 相连接，其中 RA6 作为数据 SDA线，RA7 作为时钟 SCL 线，两个端口均接 22kΩ上拉电阻。

　　在软件编写时遵循 I^2C 总线规则：初始状态时，SCL、SDA 两线都为高；当 SCL 为高电平时，如果 SDA 线跌落，认为是"起始位"；当 SCL 为高电平时，如果 SDA 线上升，认为是"停止位"；除此之外，在发送数据的过程中当 SCL 为高电平时，SDA 应保持稳定。ACK应答位指在此时钟周期内由从器件（EEPROM）把 SDA 拉低，表示回应。这时主器件（PIC16F876）的 SDA 口属性应该变为输入以便检测。EEPROM 主要读写程序如下：

```
#define SDA_DIR TRISA6
#define SCL_DIR TRISA7
#define SDA RA6
/*启动总线*/
void I2c_ Start_Create (void)
{
    Setup_adc_Ports(no_ analogs);//设 PORTA 为数字口
    PORTA=0;
    SCL_DIR = 0;//确保时钟,数据线置低
    SDA_DIR=0;
    SDA_DIR=1;//先停止总线
    delay_us(2);//延时 2μs
    SCL_DIR=1;
    Delay_us(2);
    SDA_DIR=0;//再启动总线
    Delay_us(2);
    SCL_DIR=0;
```

```
}
/*停止总线*/
void I2c_Stop_ Create (void)//停止总线
{
    SCL_DIR=1;
    SDA_DIR=1;
}
/*应答信号*/
void I2c_Ack(void)
{
    SDA_DIR=0;
  SCL_DIR=1;
  delay_us(2);
  SCL_DIR=0;
}
/*写一个字节到 EEPROM 中*/
void I2c_Send_Byte (unsigned char Send Data)
{unsigned char i;
    for(i=8;i!=0;i-)
  {SCL_DIR=0;
    if(Send_Data&0x80){SDA_DIR=1;}//接收到数据
    else {SDA_DIR=0;}
    delay_us(2);
      SCL_DIR=1;
    Send_ Data=(Send_ Data +1);//数据左移一位
  }
  do         //接收应答信号,防死循环
  {
    SCL_DIR=0;
    SDA_DIR=1;
    delay_us(2);
      SCL_DIR=1;
  }
  while(SDA!=0);//停止位
  SCL_DIR=0;
  SDA_DIR=0;
}
/*从 EEPROM 中读取一个字节*/
unsigned char I2c_Receive_Byte (void)
```

```
{unsigned char i;
 unsigned char Rec_Data;
 SDA_DIR=1;
 for(i=8;i!=0;i-)
 {Rec_Data = Rec_Data +1;//数据左移一位
    SCL_DIR=1;
    delay_us(2);
    if(SDA==1)
  {Rec_Data=Rec_Data |0x01;}//发停止位
      else
  {Rec_Data=Rec_Data &0xfe; }//发数据
    SCL_DIR=0;
 }
 SDA_DIR=0;
 return(Rec_Data);
}
```

10. 写刷卡数据

刷卡数据的写入是通过对 AT24C64 存储器写操作来实现的，每次产生刷卡记录，程序将数据写入 AT24C64EEPROM 中存储起来，以备门禁管理系统数据库调用。AT24C64 写操作是按多字节写方式进行，按时序要求依次为起始信号、器件地址、存储器地址高、存储器地址低、数据、应答、…停止信号。起始信号是在 SCL=1，SDA 下跳时产生的，停止信号是在 SCL=1、SDA 上跳产生的。器件地址由系统硬件设计决定，写入时固定为 11000000B（A2AlA0=000），最低位决定读写方向，为"0"表示写操作，为"1"表示读操作。存储器地址由两个字节组成，实际所用到的地址由存储器 EEPROM 容量决定，AT24C64 是 8K 字节的存储器，需要用 13 位地址，分为地址高字节和地址低字节。

程序通过调用 At24c64 Write（Write_Start_Addr，*Write_Buf，Write_Length）数将刷卡记录 10 个字节一次写入 AT24C64 的 EEPROM 中，下一次的刷卡数据写入地址应是记录数 Write Length 乘以 10。每写入 8 位数据后，AT24C64 都必须要释放数据总线 SDA，然后接收器件的应答信号（ACK）。AT24C64 写刷卡数据的主要程序如下：

```
void At24c64_Write(unsigned int Write_ Start_Addr, unsigned char * Write_Buf,
unsigned char Write_ Length)
{
    unsigned char i=0;
    I2c_Start_Createn;//起始信号
    I2c_Send_Byte(0xa0);//写入器件地址
    I2c_Send_Byte(Write_Start_Addr/256);   //写入存储器地址高字节
    I2c_ Send_ Byte(Write_Start_Addr%256);//写入存储器地址低字节
      do
      {
```

```
        I2c_Send_yte(*(Write_Buf+i));
        i++;
    }while(i< Writese_Length);
    I2c_Stop_ Create;//停止信号
}
```

11. 读刷卡数据

　　程序每次要读取存储在 AT24C64 EEPROM 中的刷卡记录采用连续读方式进行。连续读操作时为了指定首地址，需要两个伪字节写来给定器件地址和片内地址，重复一次启动信号和器件地址，就可读出该地址的数据。由于伪字节写中并未执行写操作，只是将要读的单元的地址写入存储器，作为当前地址，地址没有加1。以后每读取一个字节，地址自动加1，程序设计按时序依次为起始信号、器件地址、存储器地址高、存储器地址低、起始信号、器件地址、数据、应答、…数据、非应答、停止信号。由伪字节写和读数据两个步骤组成，读到一个字节数据后，单片机要发应答信号 0 给存储器，这样一直进行下去。单片机收到最后一个字节后，要发非应答信号 1（保持 SDA 高电平），再发停止信号以结束本次读操作。

　　器件地址固定为 11100001B。AT24C64 串行数据传送无论是读还是写都是高位先传。其时序要根据外部电压的不同而不同。程序通过调用 At24c64 Read（Read_Start_Addr，*Read_Buf, Read_Length）读取刷卡记录，一次读 8 个字节，存放在 Read_Buf 中。AT24C64 读刷卡记录的主要程序如下：

```
void At24c64_Read(unsigned int Read_Start_Addr, unsigned char *Read_Buf,
unsigned char Read_ Length)
{
    unsigned char i=0;
  I2c_Start_Create0;//起始信号
  I2c_Send_ Byte(0xa0);//送器件地址,读取控制位
  I2c_Sendes_Byte(Read_Start_Addr/256);//存储器地址高字节
  I2c_Send_Byte(Read_Start_Addr/256);//存储器地址低字节
    SDA_DIR=1;
    SCL_DIR=1;
  I2c_Start_Create();//起始信号
    I2c_Send_ Byte(0xal);//器件地址
    do
    {
    Read_Buf[i++]=I2c_Receive_ Byte(); //读取刷卡数据
      Read_Length-;
if(Read_Length!=0){I2c_Ack(); }  //送应答信号
else{I2c_Stop_Create;} //停止信号
}while(Read_Length);
```

5.3 基于 AS3992 的多标准的 UHF RFID 读写器系统设计

5.3.1 UHF RFID 系统的组成概述

射频识别系统主要包括 RFID 标签、RFID 读写器系统、数据管理系统和通信网络，如图 5-25 所示。

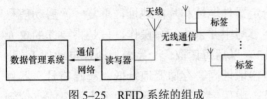

图 5-25 RFID 系统的组成

1. UHF 的标签

UHF 标签是 RFID 系统的数据承载单元，被识别物体的相关信息都是存储在标签内部的，标签通常根据需要贴在需要被识别的物体上，并可与读写器之间进行数据的交互。其组成如图 5-26 所示。

时钟为所有电路模块提供时间同步信号，时序化所有模块的功能，以便各个模块能在特定的时间里精确地完成规定的操作，如在规定的时间里返回标签的数据；标签存储器中存有标签的唯一序列号，在标签被安装在被识别物体之前，这些唯一的序列号已经被写入到标签的存储器中。读标签时，在控制器的控制下，编码发生器对需要发送的数据进行编码，编码后的数据经调制器调制后，通过天线将信息发送出去；写标签时，天线接收到的无线信号经解调器解调后，传送到解码器，在控制器的控制下，解码后的信息被写入到存储器中，完成写操作。

RFID 标签按照供电方式的不同，可以有多种存在形式：有源标签具有电池，标签靠电池的供电来工作；半有源标签内部也装有电池，与有源标签不同的是，半有源标签的电池仅仅只是用来激活芯片系统；无源标签内部没有电池，标签工作所需的能量是由读写器产生的，天线接收特定的电磁波，经接收、整流后给标签供电。

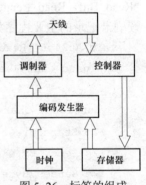

图 5-26 标签的组成

2. UHF 读写器

UHF 读写器又称询问器，其主动发送询问信息，读写天线周围出现的 RFID 电子标签。读写器内部组成如图 5-27 所示。

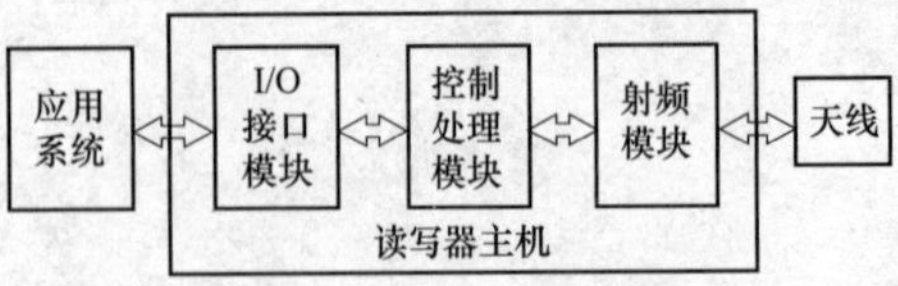

常见的读写器系统由射频收发部分、基带控制部分、I/O 接口部分以及天线和应用系统等组成。基带控制部分主要完成信号的编解码，对交互的数据进行加密和解密以及标签和读写器之间的握手，并对整个通信过程进行控制；射频收发部分完成对数据的调制

图 5-27 读写器的组成

与解调，对发送和接收的信号进行放大与滤波，并产生能量驱动标签工作；I/O 接口部分主要包含 RS232、RS485、以太网接口、USB 接口和 UART 接口等，用于与其他系统的通信。读写器严格按照主从方式来与标签进行数据交换，即读写器和标签之间的通信完全按照通信协议或者软件来控制，在实际的 RFID 系统中，读写器所有的操作均是由软件来控制的，读写器只是对软件发出的指令做出响应，一般不自主操作。读写器还具有状态控制、检验与更正

以及防碰撞等功能，它可以是独立的整机，实现标签数据的读写、显示和上传等处理，也可以作为一个部分，以模块的形式嵌入到其他系统中。读写器一般与计算机系统或者其他系统一起，构成复杂的应用系统。

读写器可以分为壁挂式读写器和手持式读写器。固定式读写器是市场上比较常见的读写器，针对不同的应用场景，它可以有屏幕、键盘和存储系统，也可以单纯作为信息采集器。一般的固定式读写器都配置了多个天线，用户可以根据需求不同，在不同的空间配置天线，以达到覆盖不同区域的目的。

便携式读写器是适合用户手持的 RFID 读写器，一般集成了多个模块，并具有操作系统。根据使用环境的不同，便携式读写器还可以具有特殊功能，如防水、防尘等。便携式具有自带电池，内置天线，方便使用，可全方位识别等特点，特别适合物品的盘点操作。

读写器操作流程：在读写器与上位机应用服务系统连接良好的情况下，读写器的操作（包括读、写操作）命令由应用程序发出，读写器接收到读标签的命令后，经过命令解析后传到读写器的 MCU，由 MCU 控制射频前端电路的工作频率、发射功率、工作方式、编码方式、调制方式和数据速率等参数，调制后的射频信号通过天线发射到自由空间，在天线的周围形成一个有效的辐射区，在辐射区的标签会对读写器进行响应并返回标签信息；标签信息返回到读写器后，读写器对返回的信息进行滤波、放大、变频等操作后，数字基带部分对信号进行 A/D 转换并进行校验，用来判断数据的有效性，经过解析的返回信息返回后台应用服务系统。写标签的操作过程不同于读操作，读写器会先完成一次读操作，完成相关握手机制，然后才发送包含需要写入到标签中的信息，写操作完成后，标签会返回操作提示信息，使读写器可以判断写操作是否成功，在完成写操作后，一般还有一次读操作，用来验证是否已经写入需要写的信息。

3. 数据管理系统

RFID 数据管理系统主要由企业应用软件和 RFID 中间体以及相应的计算机网络构成，应用软件是针对不同的应用需求由软件人员编写的实时应用系统。RFID 中间体是运行在主机和读写器之间的软件，如图 5-28 所示。它为 RFID 读写器和企业应用软件提供数据交换的中介，是 RFID 应用系统的核心组成部分。RFID 中间体可以处理读写器获取的原始数据，降低应用系统需要处理的数据量，同时为读写器的管理提供接口。

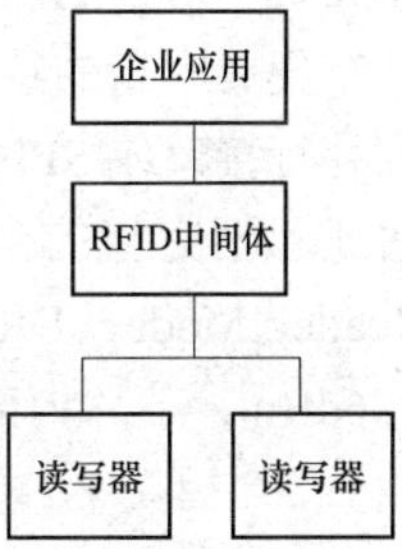

RFID 中间体主要由读写器适配器、事件管理系统和应用级接口构成，读写器适配器提供读写器与 RFID 中间体的连接性，事件管理系统处理由读写器适配器传来的原始 RFID 观测，应用级接口为中间体提供一个规范化的接口机制，使应用程序能够处理从多台读写器那里得到的被过滤的 RFID 事件，它还提供一个标准 API（应用程序接口）。

图 5-28　RFID 中间体

4. UHF RFID 系统简介

UHF RFID 读写器系统由 UHF 读写器、UHF 电子标签和天线构成，工作频率为 840～960MHz。这个频段的标签和读写器的通信有效距离较远，传输速率高，并可同时读取多个标签。UHF RFID 系统组成如图 5-29 所示。

UHF 频段的读写器系统一般采用无源标签，在该系统中，标签的能量由读写器提供，读写器发出的带有调制信息的电磁波经自由空间传送到无源标签，无源标签的天线接收电磁波

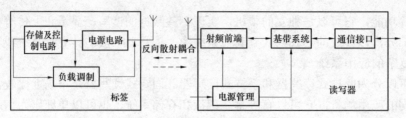

图 5-29　UHF RFID 系统组成

后经过整流、稳压给整个标签电路供电。标签和读写器之间的通信方式采用反向散射耦合方式，反向散射调制是指通过改变标签的天线的阻抗，来实现与读写器之间的通信；一般情况下，标签要发送的信号具有 0 和 1 两种电平，通过一个简单的混频器让发送的信号与中频信号进行调制，经过调制后的信号被送到匹配网络，通过匹配网络改变天线的反射系数，从而完成调制；通过这种方式，在整个通信系统中只有一个发射装置的情况下，却完成了双向数据通信的功能，这在原理上和 ASK 调制很类似。

在实际中，标签天线的匹配网络是在标签内部数字控制部分的控制下，根据所需要发送的数据来改变匹配的。

无源标签具有尺寸小、重量轻、价格低、寿命长等特点，不但在苛刻的环境下还可以可靠地工作，而且不会额外增加无线电噪声，在大量物品需要识别的场合下，无源标签特别适用。与有源电子标签相比，无缘标签必须依赖读写器的功能，因此需要较大的发射功率。

5.3.2　系统硬件设计

1. AS3992 简介

AS3992 射频收发芯片是由奥地利微系统公司（AMS）研制的一款专门用于 UHF 频段（840M～960MHz）RFID 读写器的高集成度芯片。其封装形式为 64 脚 QFN 封装。AS3992 具有集成度高的特点，芯片内集成了接收电路、发送电路、协议转换单元、连接 MCU 的 8 位并行接口或 SPI 串行接口，接收信号自动增益控制和用于测量发射功率的 A/D 转换器等。它还包括完整的模拟前端电路，同时还集成了内部高性能 VCO、密集读写器模式（Dense Reader Mode，DRM）滤波器、发射链路预失真功能。AS3992 的接收灵敏度最高可以达到 –86dBm，芯片内部 VCO 频率调谐范围为 840M～960MHz，完全符合超高频 RFID 标准，其内部高度可配置的模拟前端，能工作于 DSB–ASK、SSB–ASK 以及 PR–ASK 调制模式。芯片支持 AM 和 PM 调制，可以确保在 I/Q 路自动选择时不会存在通信盲点。

AS3992 芯片内部组成框图，如图 5-30 所示。

AS3992 支持的工作模式有 5 种：正常工作模式、待机工作模式、掉电工作模式、临时正常工作模式以及带有 MCU 支持的掉电工作模式。

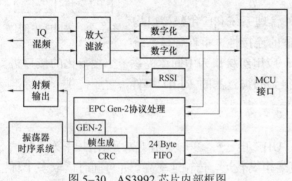

图 5-30　AS3992 芯片内部框图

（1）正常工作模式：当 EN 高电平时就触发正常工作模式，在此模式下所有的射频振荡器、供电稳压器、晶体振荡器、锁相环、以及参考电压系统都处在工作状态。在晶体振荡器稳定之后，CLKSYS 时钟被激活，芯片就处在就绪状态。

（2）待机工作模式：在正常工作模式下将标志位 stby 设置为高电平即进入了待机工作模式，待机工作模式下稳压器、晶体振荡电路、参考电压系统都处在低功耗的状态，PLL 和射频前端电路则处在关闭状态，在待机工作模式中全部寄存器的值仍会保存。

（3）掉电工作模式：掉电工作模式由 EN 的引脚低电平来触发，同时 OAD2 的引脚悬空。

（4）临时正常工作模式（监听模式）：在掉电工作模式中，将 OAD2 的引脚通过 10kΩ 或更小电阻短暂拉低后，在晶振稳定、CLKSYS 可以正常输出以后，AS3992 将等待约 200μs，就进入掉电工作模式。此模式适用于微控制器和 AS3992 都处于掉电模式，当 MCU 需要与 AS3992 通信时，将 EN 拉高，则 AS3992 进入正常模式。

（5）带有 MCU 支持的掉电模式：此模式中 AS3992 其他部分处于掉电状态，但当 EN 为低电平时 VDD_D 仍然输出电压，CLKSYS 输出 60kHz 时钟，在 OAD2 引脚连接 10kΩ 电阻即可使能此模式。

在读写器系统中芯片 AS3992 工作过程如下：

发射信号时，发送到标签的数据由 MCU 转载到 AS3992 的 FIFO 中，AS3992 根据协议对信号进行编码处理，为数据加帧头和 CRC 的校验码，形成数据帧与 PLL 产生的载频信号相混频，调制到射频输出，最后由外部 PA 通过天线发射出去。

AS3392 有低功率高线性输出和大功率输出两种放大输出方式。低功率高线性输出：输出功率约为 0dBm，可用于驱动外部的放大器，输出管脚选用 RFOPX 和 RFONX，输出阻抗为 50Ω，可以使用差分输出或单端输出；大功率输出：输出功率约为 20dBm，可用于天线作用场比较近的情况，外部需接 50Ω 的阻抗匹配电路，也可以使用差分信号输出，差分输出引脚是 RFOUTP_1、RFOUTP_2 和 RFOUTN_1、RFOUTN_2。

接收信号时，接收信号分两路进入芯片里的混频器来进行 I/Q 解调，解调后信号再经过内部放大滤波器的滤波与自动增益控制之后进行数字化，将信号帧头去除，通过 CRC 校验，校验后的正确信号再进行解码，最后完成解码的信号才通过 FIFO 被送到 MCU 中。AS3992 芯片内接收电路为零中频结构，内部结构如图 5–31 所示。

通过芯片内寄存器设置本振载波频率在 860～960MHz 之间。接收信号正交分解成 I/Q 两路信号，如下式所示。

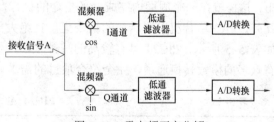

图 5–31　零中频正交分解

I 通道信号 $V_1(t) = A \times \cos(\omega_0 t + \varphi_0)$

Q 通道信号 $V_Q(t) = A \times \sin(\omega_0 t + \varphi_0)$

I/Q 两路信号幅度相等，相位之差为 90°，所以 I/Q 信号的零点交替出现，信号之和为一个常数。两路信号都将被解调，将这两路信号相乘，得到的信号为单极性信号；而后经过滤波器滤除本振载波和高次谐波，再经过基准电压与电压比较器比较的方法，进行信号的 A/D 转换。

AS3992 片内可以配置成差分的输出混频或者单端的输入混频，由引脚 MIX_INP 及 MIX_INN 输入差分信号，且两路信号必须是交流耦合的。通过设置寄存器 Rx Special Setting Register（0A）中的 s_mix 选择位来选择差分还是单端输入。为优化接收电路部分的噪声水平以及动态的输入范围，混频器可以调整输入范围，根据接收电路部分输入信号的不同强度，调节内部的衰减器或增益控制器来获得合适的信号电平。

2. MCU 选择

AS3992 芯片完全支持 ISO 18000–C 协议，能完成协议规定的编解码、组帧和 CRC 校验等，而且还具有与 MCU 的接口，可以通过串口或者并口输出经过协议处理单元处理过后的标签信息，外部 MCU 仅仅只是对标签信息进行处理和必要的控制，因此，对于外部微处理器的要求不高。但是 AS3992 芯片并没有包含 6A 和 6B 的协议处理单元，只是对接收到的信号进行混频和数字化，并且只能通过 MCU 接口直接地、无缓冲地将数字信号输出，协议规定的数据解码以及有效性判定都必须由外部电路去完成，这对 MCU 就有一定的要求。

采用 ISO 18000–6A/B 协议的电子标签返回的标签信息，经 AS3992 芯片处理后，得到一串数据帧码流，AS3992 支持的最大数据长度为 128bit。按照 ISO 18000–6A/B 协议的规定，这些数字信号采用 FM0（即双相间隔编码）的编码方式。反向链路的传输速率为 40kbps 或者 160kbps，允许的误差为 ±15%，因此可以计算出 AS3992 处理后得到的数据帧码流脉冲的最小宽度，假设最小宽度为

$$t_w = \frac{1}{(160 + 160 \times 2) \times 2} = 2.7(\mu s)$$

为了保证外部 MCU 能够正确地对信号进行解码、校验，解码电路所需的采样频率就需要达到一定的值；当 MCU 对数据码流进行解码时，还需要完成采样同步，并对采样数据进行记录保存等功能，所以，为了能够保证接收到的信号在解码的时候不会丢失信息，对所选用的外部 MCU 的指令周期有相应的要求，一般应小于 $t_w/32$。同时，考虑到 AS3992 与 MCU 的通信所需要的 I/O 口和必要的检测电路所占用的 I/O 口，我们选择 Microchip 公司的 PIC24FJ256 作为 MCU。

3. PIC24 简介

PIC24 系列单片机采用改进的哈佛总线结构，程序和数据采用不同的总线，并且程序和数据可以有不同的数据宽度。相对于 MCS–51 系列单片机的单指令流水线结构，PIC 单片机采用两级流水线的取指方式，即一条指令被 CPU 执行时，下一条将要被执行的指令可以被取出，这样就在一个周期内完成一条指令的执行，大大地加快了指令执行的速度，提高了效率；此外，PIC 单片机采用精简的指令集，且绝大部分为单字长的指令，非常方便学习和使用。如表 5–5 所示，PIC24 具有较高的时钟频率，足够大的程序存储器和充裕的 I/O 口，并且拥有众多的模数转换通道，完全符合项目的需求。

表 5–5 PIC24 主 要 特 性

工 作 频 率	DC–32MHz
程序存储器（字节数）	192K
程序存储器（指令数）	67072
数据存储器（字节数）	16384
中断源（软向量/NMI 陷阱）	66（62/4）
I/O 端口	BCDEFG
I/O 总数	51

续表

工 作 频 率	DC–32MHz
可重映射的引脚数	29（28 个 I/O，1 个仅输入）
定时器总数（16 位）	5
定时器 32 位（由 16 位定时器成对组成）	2
可捕捉的输入通道数	9
输出比较/PWM 通道数	9
输入电平变化通知中断	81
UART	4
SPI	3
I²C	3
并行通信（PMP/PSP）	支持
JTAG 边界扫描和编程	支持
10 位模数转换模块（通道数目）	16
模拟比较器数目	3
CTMU 接口	支持
指令集	76 条，多种寻址模式

4. 硬件设计方案和核心电路

本系统所要完成的 UHFRFID 读写器系统共包含 2 部分：读写器核心模块、嵌入式基带控制平台。UHF RFID 嵌入式读写器系统结构功能图如图 5–32 所示。

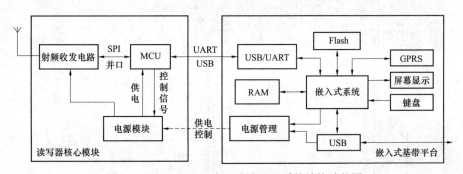

图 5–32　UHF RFID 嵌入式读写器系统结构功能图

UHF RFID 读写器核心模块主要由读写器核心模块硬件电路和软件程序组成。其中读写器核心模块硬件电路主要由三部分组成：射频收发电路、MCU 电路和电源电路。射频收发电路的核心芯片是射频收发芯片 AS3992，主要完成射频信号的产生、锁相、滤波、编/解码、调制/解调、数模转换、自动增益控制、数据通信和 18000–6C 的协议处理等功能；MCU 电路的核心芯片是 PIC24FJ256，主要完成对射频收发芯片的状态控制、射频收发电路的温度和功率检测、射频收发芯片传出的数字信号的处理、实现 18000–6B 协议和对电源电路进行控制，并为外部电路提供通信接口。

AS3992 与 MCU 通过并口方式连接时，AS3992 的八位数据口与 MCU 的数据口相连，另外只需要再将中断、时钟及使能引脚与 MCU 相连即可完成二者之间通信。图 5–33 为读写器系统核心部分电原理图。

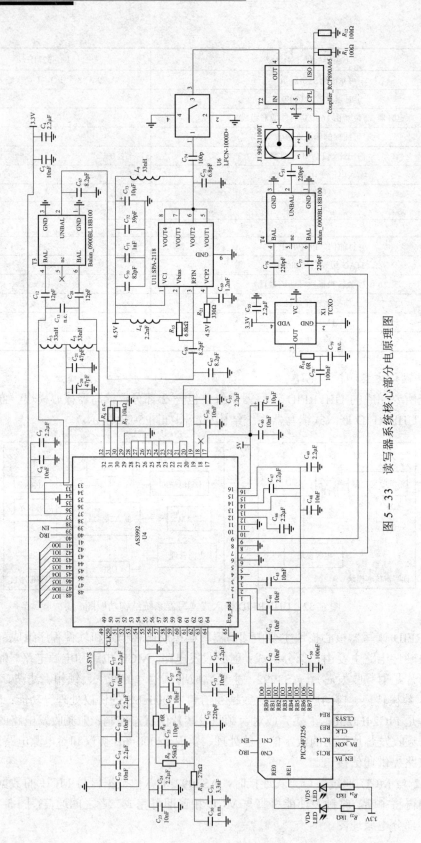

图 5 - 33 读写器系统核心部分电原理图

　　电源电路是将由外部提供的 3～5V 直流电压转换为核心模块所需要的各种电压，并在 MCU 的控制下，提供相应的电流和电压的开关。

　　射频收发电路以射频芯片 AS3992 为核心，外扩有电源模块电路，温补晶振电路，与控制模块的接口电路，与标签进行信息传递的发送电路和接收电路。图 5-34 是射频模块框图。

　　UHF 频段 RFID 协议采用半双工的通信模式，为了确保传递信息的不碰撞性，标签在解调读写器传递过来的指令和信息时不会在同一时间传递反馈数据。UHF 电子标签的工作电源是通过读写器不停地发送没有调制的射频载波来供给的，而在这个过程当中，当有标签传递反馈信息时，读写器也需要进行信息的接收。从通信原理知道，发送和接收信号的同频性，会导致发送信号进入到接收电路中，这样就有可能使得信号强度较小的接收信号被掩盖掉。这里的解决方法通常是在天线之后加入能够分离发送电路和接收电路的环形器、定向耦合器等。

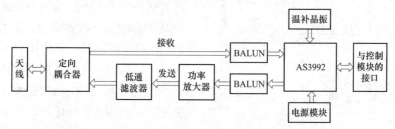

图 5-34　射频模块框图

　　（1）定向耦合器。定向耦合器能够达到读写器的隔离度标准，是超高频系统中应用非常广泛的一种隔离器件。如图 5-35 所示为定向耦合器的框图，它包含有 4 个端口，连接发射电路的输入端口、连接接收电路的隔离端口、连通端口还有耦合端口。理想状态下，从射频芯片出来的射频信号经过发射电路，从输入端口进入定向耦合器，此时隔离端口并不会产生任何反应，也即不会影响到接收电路，最后射频信号经过天线传递出去。同一时间，在天线接受到的标签数据，从耦合端口进入定向耦合器，也不会对输入端产生影响，而是从隔离端口进入接收电路，最后传达到射频芯片。

　　这里采用了一款高性能，贴片型定向耦合器 RCP890A05，电路原理图如图 5-36 所示。

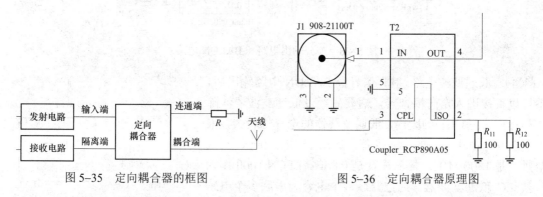

图 5-35　定向耦合器的框图　　　　　　　　图 5-36　定向耦合器原理图

　　（2）功率放大器设计。射频芯片的输出功率原则上是 0dBm，对于大多数的读写器来说，这个功率非常之低了，假如能够读到卡，读写的距离也必然非常近，所以设计中增加了外部功放。

功率放大器是在发射电路的末端，属于发射电路的重要组成元素。射频芯片输出的调制射频信号经过它，会被扩大到所需求的功率值，然后经过天线发送出去，使得一定范围内的标签能够接到足量的数据强度，并且不干扰相邻信道的通信。

采用的功放为 SirenzaMicrodevice 公司出售的 SPA_2118 作为功率放大器。SPA2188 适用频率范围为 810～960MHz，最大增益可达 33dB。SPA_2188 有 8 个引脚，其中引脚 VC1 为电源电压，引脚 Vbias 和 VCP2 为偏置控制引脚。引脚 3 为射频输入引脚，射频输入信号输入前需经过隔直流电容。引脚 5、6、7、8 为射频输出引脚，因为输出信号含有直流分量，需要隔直流电容电路。如图 5-37 所示为功率放大器电路原理图。

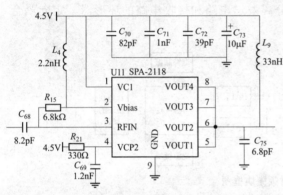

图 5-37　功率放大器电路原理图

（3）差分输出电路和 BALUN 电路。编码和调制后的待发射信号通过 AS3992 射频芯片引脚差分输出，为改善驻波比及提高输出功率和改善非线性特性，信号输出后，先通过 LC 匹配网络，其中电容 L_3、L_5 及电感 C_{12}、C_{28} 构成了 LC 匹配网络的主体，电容值和电感不可更改，而根据系统非线性特性的不同，可对 LC 匹配网络中其他部分进行更改。BALUN 电路用于将平衡信号转换为不平衡信号，反之亦然。此外，它还能提供阻抗变换功能，因而将它命名为平衡—不平衡转换器。使用载功率为 3W 的 0900BL18B100E，用来实现阻抗匹配以及平衡信号和不平衡信号之间的转换，在射频模块的接收电路和发送电路中都会用到此器件。差分输出电路和 BALUN 电路图如图 5-38 所示。

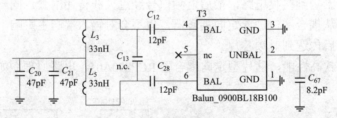

图 5-38　差分输出电路和 BALUN 电路

（4）低通滤波电路。射频信号经 BALUN 电路输出后，不可以直接进入定向耦合器，需要先经过低通滤波器滤除高频噪声。在 UHF 频段内，低通滤波器的选择性较大，根据奥地利微电子公司的官方推荐，选用 LFCN 1000，其截至频率是 1300 MHz，插入损耗是 0.8dB。LFCN 1000 作为一款 LC 低通滤波器，通过并联多个电容和串联多个电感构成。根据电容"阻直流、通交流"的特性和电感"通直流、阻交流、通低频、阻高频"的特性，LFCN 1000 将交

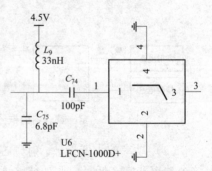

图 5-39　LFCN 1000 电路原理图

流干扰信号利用电感吸收变成磁感和热能，剩余的则被电容旁路到底，有效地抑制了干扰信号额作用，从而在 LFCN 1000 的输出端获得无干扰的输出信号。图 5–39 为 LFCN 1000 原理图，需要注意的是 LFCN 1000 的 1 号引脚为 RF 输入，3 号引脚为 RF 输出，2 号和 4 号引脚为接地。

5.3.3　系统软件的设计

1. 系统主程序模块

读写器系统主程序主要功能是接收计算机管理系统的命令并进行解析，分离其中的参数，发送给系统参数配置模块和协议处理模块进行处理，控制系统的初始化和不同协议的调用。在命令执行完毕后，读写器系统主程序向计算机管理系统返回命令执行结果和标签数据。计算机管理系统还通过本模块对读写器进行参数配置。读写器软件模块结构如图 5–40 所示。

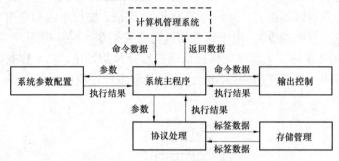

图 5–40　读写器软件模块结构

2. 读写器系统主程序设计

读写器主程序软件主要负责协调系统硬件和软件各模块的工作，实现系统功能。系统主程序软件流程图，如图 5–41 所示。

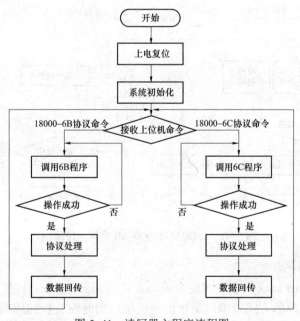

图 5–41　读写器主程序流程图

系统主程序工作过程如下：

（1）上电复位后，进行读写器系统的初始化；

（2）接收上位机指令，并根据指令判断结果调用相应程序；

（3）如果上位机指令选择 ISO/IEC 18000–6B 协议，则调用 6B 协议处理程序；如果选择 ISO/IEC 18000–6C 协议，则调用 6C 协议处理程序；

（4）如果调用协议处理程序成功，则进行协议处理，将处理好的数据回传。如果操作失败，则返回重新调用协议处理程序。

3. ISO/IEC 18000–6B 协议程序设计

ISO/IEC 18000–6B 协议的通信机制基于"读写器先发言"，协议下标签主要有四种状态，关闭、就绪、标识和数据交换。读写器到电子标签的通信过程中射频载波调制选用 ASK 调制方式，调制指数为 11%或者 99%，编码方式采用 Manchester 编码；电子标签到读写器通信过程中采用的是反向散射调制技术，编码方式为 FM0 编码。协议中的指令可分为两种：读写器到电子标签端指令（发射指令），电子标签到读写器端指令（应答指令）。

ISO/IEC 18000–6B 协议主程序完成通信端口选择和初始化、功率控制、协议规定的对标签操作命令的编解码、校验及防碰撞功能。协议处理主程序流程，如图 5–42 所示。

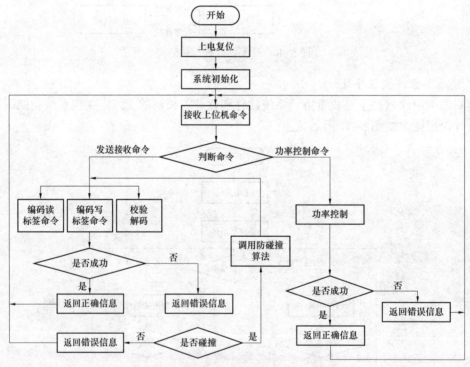

图 5–42　ISO/IEC 18000–6B 协议程序流程

4. Manchester 编码程序

ISO/IEC 18000–6B 协议规定发送指令编码方式为 Manchester 编码，是一种同步时钟编码技术。它提供一种简单的方式给编码简单的二进制序列而没有长的周期和转换级别，因而能防止时钟同步的丢失或来自低频率位移在模拟链接位的错误。协议中规定读写器到电子标签的传输速率为 40kbps 或 10kbps，设计采用 40kps 时，每一位码元的周期为 T=1/40k=25μs，由于 Manchester 码是在一个码元内跳变的，那么高低电平持续时间为 T/2=12.5μs。程序采用定时器中断计数延时的方式，通过改变寄存器内的值来实现 Manchester 编码，用一个位窗内的电平变化来表示逻辑"1"和逻辑"0"，逻辑"0"等效为 Manchester 编码的"01"，逻辑"1"等效为 Manchester 编码的"10"，由程序按字节来进行发送，每循环一次就发送一位编码，由位计数器判断一个字节是否发送完毕。具体的程序流程如图 5–43 所示。

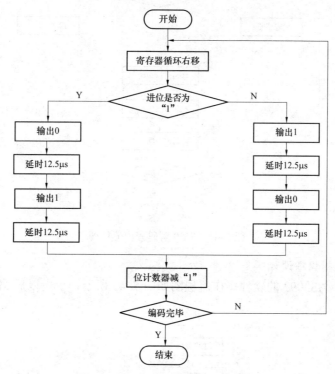

图 5–43　Manchester 编码程序流程图

5. FM0 解码程序

ISO/IEC 18000–6B 协议规定接收指令编码的方式使用 FM0 编码，也称之为双相间隔编码。它用一个位窗内电平变化来表示逻辑，如果电平在位窗起始处就开始翻转，就表示是逻辑"1"；如果电平不但在位窗起始处有翻转，在位窗中间也有翻转，就表示是逻辑"0"。程序按字节接收 FM0 码，每循环一次就接收一位码元，由位计数器判断一字节是否接收完毕。FMO 码解码程序流程图，如图 5–44 所示。

FM0 解码具有以下规律：当检测到有两个连续码元长度为高电平或低电平时，输出解码数据为"1"；两个连续低电平后面将会是高电平，如果仅有一个高电平，输出解码的数据为"0"，相反的，两个连续高电平后面紧跟的将会是低电平，如果只有一个低电平，输出解码的数据也为"0"；当检测到有连续三个电平均为高电平或低电平时，则认定为 FM0 解码过程结束。

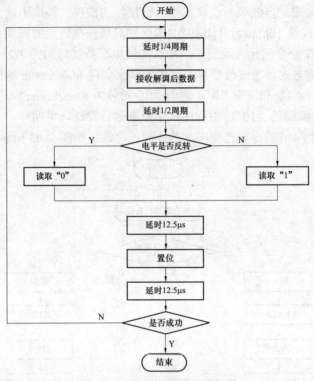

图 5-44　FM0 解码程序流程图

6. AS3992 控制程序设计

射频收发芯片 AS3992 的软件操作流程图如图 5-45 所示，上电以后 MCU 把 AS3992 配

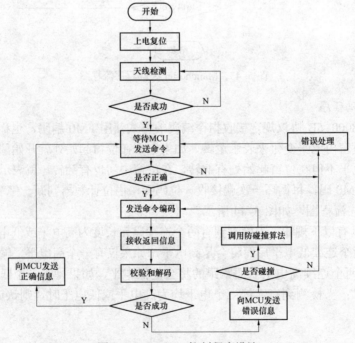

图 5-45　AS3992 控制程序设计

置参数发送到射频收发芯片 AS3992 来进行系统初始化。初始化完毕，检测天线连接正确后，等待主控制器发送来自上位机的控制命令。接收到控制命令后，AS3992 判断命令种类，并产生相应的命令帧格式编码，使用 ASK 调制方式调制到载波上经由天线发送出去。然后等待是否有标签进入天线识别范围内，超过一定时间没有标签进入就是等待超时，返回天线识别范围内无标签的信息；如果有一个标签发回数据，根据检验结果获取相应标签信息；如果探测到天线识别范围内有多个标签，程序将调用防撞算法来读取多个标签的信息。识别过程中返回的标签信息都是由主控制器转发给上位机的，上位机管理软件根据标签信息发出相应的控制命令。

第 6 章

电子标签 RFID 与 AVR 系列单片机接口设计

6.1 基于 EM4100 的 RFID 门禁控制器的设计与实现

一般门禁、"一卡通"消费管理、车辆管理等系统采用低频 125k（120kHz～135kHz）RFID，具有很强的场穿透性，使用不受限制，性能不受环境影响，价格低廉，最大识别距离一般小于 60cm。这里介绍了一种采用读取 EM4100 型 ID 卡和 ATmega16 构成的 125kHz RFID 读写器，电路结构简单，成本极低，非常适合用于门禁系统。

6.1.1 RFID 门禁控制器的系统设计

1. 设计思想

门禁控制器是智能系统的前端，具有自动识别身份、响应服务器指令、向电磁门锁发出指令、发现出入事件等功能，包括：① 电子标签，即身份识别卡，由芯片和内置天线组成，芯片为数据载体，存储标识身份的相关信息，内置天线用于与读卡器间的通信；② RFID 控制，负责读、写电子标签内所包含的信息；RFID 芯片控制射频电路向电子标签发射读取信号，电子标签根据请求返回指定信息，再由 RFID 控制芯片将收到的信息解码后传输到 MCU 上进行后续处理；③ 微控制单元（MicroControlUnit，MCU）控制，负责接服务器指令、向 RFID 发送指令并接收其返回信息，同时还负责发送进出门禁信息及本地日志的处理；④ 电磁门锁，主要功能是接收 MCU 发出的指令进行开关工作；⑤ 门禁管理系统位于管理中心的服务器上，可根据用户需要进行相应的软件模块设计，从而完成对门禁控制器的远程监控管理。

2. 本系统设计方案

本系统由 CPU 模块、键盘模块、门控模块、报警模块、充电监控模块、液晶显示模块、温度传感器模块、读卡模块、通信模块和照明控制模块等，如图 6–1 所示。

系统 CPU 模块构成 1 个主机，读卡模块由 2 个读卡头构成，一个在门外供刷卡用、一个在主机旁用于管理操作。门控锁开锁时供电，平时断电（12V）。8 个按键（AD 转换采样取值）（设置、+、–、↑、↓、确认、返回、说明），每次按下键、刷卡时有蜂鸣器指示。LCD 背光在有按键按下时或刷卡时自动点亮，延时 30s 关闭，门外有人体红外传感器探头，发

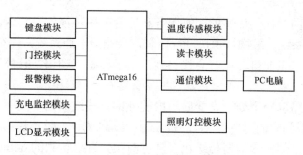

图 6-1　RFID 门禁系统结构框图

现 2m 内有人，自动进入预警状态，如果是在晚上超过 7 点钟，则点亮门前的灯泡照明，报警模块会监测门前动态，具有异常报警作用。

显示模块采用点阵 LCD（128×64），在正常情况下显示系统状态，在设置情况下 LCD 显示系统各个时期的菜单以供选择。

射频卡开锁，开锁时用射频卡放在读卡器上（距离<15cm）即可开锁，如果用非法卡连续刷写次数超过 3 次则报警（报警功能没有添加），这时系统将关闭刷卡器 30 分钟，在 30 分钟后再允许刷卡。

6.1.2　系统硬件设计

1. RFID 门禁系统高频模块和控制模块结构设计

RFID 门禁系统高频模块和控制模块结构框图见图 6-2 所示。主要由四大部分组成，即读写器、电子标签通行卡、天线和上位机通信系统。

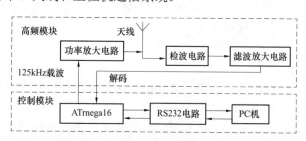

图 6-2　RFID 门禁系统高频模块和控制模块结构框图

读写器是读取或读/写电子标签通行卡信息的设备，主要任务是控制射频模块向标签发射读取信号，并接收标签的应答，对标签的标识信息进行解码，将标识信息连带标签上其他相关信息传输到主机以供处理。一台典型的读写器包含有高频模块（发送器和接收器）、控制单元以及与应答器连接的耦合元件。电子标签通行卡由芯片及内置天线组成，芯片内保存有一定格式的电子数据，放在被识别物体上，作为待识别物品的标识性信息，它是射频识别系统真正的数据载体，内置天线用于和射频天线间进行通信。通常，应答器没有自己的供电电源，只有在读写器的响应范围以内，应答器才是有源的。应答器工作所需的能量，是通过耦合单元（非接触的）传输给应答器的。天线是标签与读写器之间数据传输的载体。通信模块由 RS232 接口将所获得的数据传输给电脑，以便进行系统总体控制和管理。

2. EM4100 芯片简介

EM4100 是瑞士微电子无线射频芯片，采用先进的芯片封装工艺，可作为非接触卡片应用的优良解决方案。同时提供优惠的印刷服务和适合应用环境的异形卡。可广泛用于身份识别，考勤系统，门禁系统，财物标识，过程控制，企业一卡通系统，停车，物流，动物识别，身份识别，识别货品，工业自动化，会议签到，电子标签，超市，仓库管理，人员管理，安防系统，医疗机构等。

EM4100 芯片电路以一个处于交变磁场内的外部天线线圈为电能驱动，并且经由线圈终端 COIL1 从该磁场得到它的时钟频率。另一线圈终端 COIL2 受芯片内部调制器影响，转变为电流型开关调制，以便向读卡器传送包含制造商预先程序排列的 64bit 信息和命令。

芯片在多晶硅片联结状态时施行激光烧写编程，以便在每块芯片上存储唯一的代码。由于 EM4100 逻辑控制核心电量消耗低微，无需提供缓冲电容，仅需一个外部天线线圈即可实现各项功能。同时，芯片内还集成了一个与外部线圈并联的 74pF 谐振电容。其结构及引脚分布如图 6-3 所示。

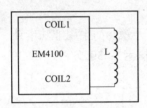 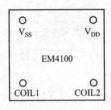

图 6-3　EM4100 结构及引脚分布

EM4100 主要特征：
- 由激光编程烧写的 64bit 存储单元。
- 支持多种数据速率和数据编码格式。
- 片上集成谐振电容。
- 片上集成储能缓冲电容。
- 片上集成电量，电压限制器。
- 片上集成全波整流变换器。
- 使用一个低阻抗调制驱动器，可获得较大的调制深度。
- 频率范围 100kHz～150kHz，典型值 125kHz。
- 芯片尺寸非常小，方便移植应用。
- 芯片功耗极低。

3. 读写器原理设计

读写器 CPU 模块以 AVR 系列单片机 ATmega16 作为微控制器。Atmel 公司的 AVR 是 8 位单片机中第一个真正采用 RSIC 结构的单片机，它采用了大型快速存取寄存器组、快速单周期指令系统以及单级流水线等先进技术，使得 AVR 单片机具有高达 1MLPS/MHz 的高速运行处理能力。

CPU 模块、液晶模块、键盘模块和报警模块等如图 6-4 所示。CPU 的 PB 口做数据线给液晶 LCD 传递显示数据，PC 口做充电、锁控和按键等，射频输入接 PD2（INT0），S1～S10 按键通过中断 INT1 判断。

射频卡读卡头原理见图 6-5 所示。74HC4060 产生 125kHz 信号通过 Q1、Q2 推挽式连接的三极管功率放大电路，放大后的载波信号通过天线发射出去。天线 L1 与电容 C_7 构成串联谐振电路，谐振频率为 125kHz，谐振电路的作用是使天线上获得最大的电流，从而产生最大的磁通量，获得更大的读卡距离。

检波电路由 D1、R_2、R_7 构成，检波电路用来去除 125kHz 载波信号，还原出有用数据信号。R_2、D1、R_7、C_6、C_{10} 构成基本包络检波电路，C_4 为耦合电容，4 输出接到滤波放大电路。滤波放大电路采用集成运放 LM358 对检波后的信号进行滤波整形放大，放大后的信号送入单片机，由单片机对接收到的信号进行解码，从而得到 ID 卡的卡号。

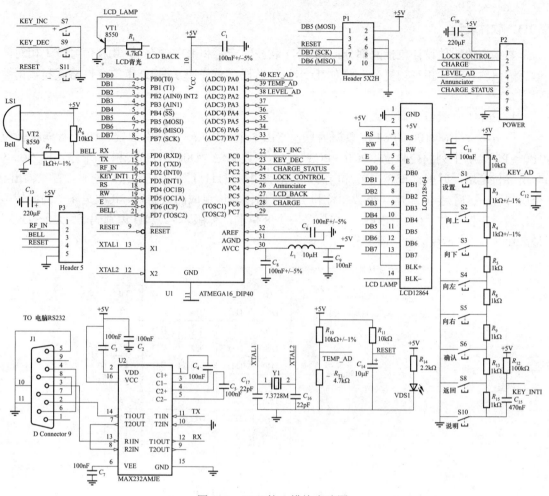

图 6-4　CPU 核心模块电路图

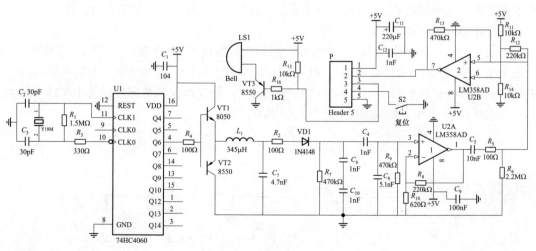

图 6-5　射频卡读卡头原理

6.1.3 软件设计

本系统的软件设计包括两部分：125kHz 载波的产生和 ID 卡解码。载波信号产生相对简单，解码软件设计相对较复杂，要对 ID 卡进行解码，首先应掌握 ID 卡的存储格式和数据编码方式。

1. EM4100 数据存储格式

图 6-6 是 EM4100 的 64 位数据信息，它由 5 个区组成：9 个引导位、10 个行偶校验位"P0～P9"、4 个列偶校验位"PC0～PC3"、40 个数据位"D00～D93"和 1 个停止位 S0。9 个引导位是出厂时就已掩膜在芯片内的，其值为"111111111"，当它输出数据时，首先输出 9 个引导位，然后是 10 组由 4 个数据位和 1 个行偶校验位组成的数据串，其次是 4 个列偶校验位，最后是停止位"0"。"D00～D13"是一个 8 位的晶体版本号或 ID 识别码。"D20～D93"是 8 组 32 位的芯片信息，即卡号。

1	1	1	1	1	1	1	1	1
9 header bits				D00	D01	D02	D03	P0
8 version bits or custorner ID				D10	D11	D12	D13	P1
				D20	D21	D22	D23	P2
				D30	D31	D32	D33	P3
				D40	D41	D42	D43	P4
32 data bits				D50	D51	D52	D53	P5
				D60	D61	D62	D63	P6
				D70	D71	D72	D73	P7
				D80	D81	D82	D83	P8
				D90	D91	D92	D93	P9
				PC0	PC1	PC2	PC3	S0

图 6-6　EM4100 数据存储格式

每当 EM4100 将 64 个信息位传输完毕后，只要 ID 卡仍处于读卡器的工作区域内，它将再次按照图 3 顺序发送 64 位信息，如此重复，直至 ID 卡退出读卡器的有效工作区域。

2. EM4100 数据编码方式

EM4100 采用曼彻斯特编码，如图 6-7 所示。位数据/10 对应着电平下跳，位数据/00 对应着电平上跳。在一串数据传送的数据序列中，两个相邻的位数据传送跳变时间间隔应为 1P。若相邻的位数据极性相同（相邻两位均为/00 或/10），则在两次位数据传送的电平跳变之间，有一次非数据传送的、预备性的（电平）/空跳 0。

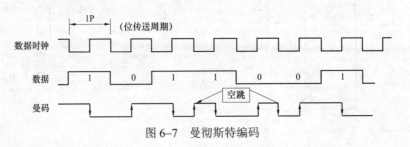

图 6-7　曼彻斯特编码

电平的上跳、下跳和空跳是确定位数据传送特征的判据。在曼彻斯特码调制方式下，EM4100 每传送一位数据的时间是 64 个振荡周期，其值由 RF/n 决定。若载波频率为 125kHz，则每传送一位的时间为振荡周期的 64 分频，即位传送时间是 1P=1/（125kHz×64）=512μs，则半个周期的时间为 256μs。

3. 解码软件设计

ATMEGA16 单片机 T/C1 的输入捕捉功能是 AVR 定时/计数器的一个非常有特点的功能，T/C1 的输入捕捉单元可用于精确捕捉一个外部事件的发生，记录事件发生的时间印记。当一个输入捕捉事件发生时，T/C1 的计数器 TCNT1 中的计数值被写入输入捕捉寄存器 ICR1 中，并置位输入捕获标志位 ICF1，产生中断申请。可通过设置寄存器 TCCR1B 的第 6 位 ICESL 来设定输入捕捉信号触发方式。本系统利用单片机的输入捕捉功能进行解码。由曼彻斯特编码特点可知，每位数据都由半个周期的高电平和半个周期的低电平组成，因此可将一个位数据拆分为两位，即位数据"1"可视为"10"，位数据"0"可视为"01"，则 64 位数据可视为由 128 位组成。为了获得完整且连续存放的 64 位 ID 信息，在此接收两轮完整的 64 位数据，即接收 256 位。则上一轮接收到的停止位后紧跟着的必然是本轮接收到的起始位，据此找出起始同步头。再根据曼码特点获得 ID 卡的有效数据（"10"解码为"1"；"01"解码为"0"）并进行 LCR 校验，若校验无误，则将 ID 卡号输出至 PC 机，并准备下一次的解码；否则，直接准备下一次解码。另外，在程序中首先定义一个数组 bit[256]用来存放接收到的数据；定义一个变量 flag 用来标记 256 位数据接收完成；定义一个变量 error 用来标记校验有错误产生。由于无 ID 卡靠近读卡器的有效工作区时，单片机输入捕捉引脚输入的是高电平，因此在主程序中先设定为下降沿触发，清零计数器 TCNT1，打开 T/C1 的输入捕捉功能。主程序流程图如图 6-8 所示。

在输入捕捉中断程序中定义一个触发沿标志 tr=1（用于表示由下降沿引起的触发），同时定义一个无符号字符型变量 i 用来对接收到的数据个数进行计数，由于无符号字符型数据的取值范围为 0～255，所以当接收完 256 位时，i 的值再次变为 0。接着判断是否为合法跳变，由以上分析可知，电平跳变的时间为 256ms 或 512ms 为合法跳变。本系统使用 8MHz 时钟，T/C1 设置为无预分频，则系统周期为 0.125ms，则 256ms 对应计数值应为 2048，512ms 对应计数值应为 4096。取计数值 TCNT1 小于 5000 为合法跳变依据，若 TCNT1 大于 5000，则认为是由干扰信号产生的非法跳变，并将其忽略，取 TCNT1 介于 3000～5000 之间为 512ms 跳变依据。若为合法跳变，由于是下降沿触发的中断，则认为接收到一位数据"1"；若为合法跳变且 3000 再将输入捕捉触发方式改为上升沿触发，设定触发沿标志 tr=0（用于表示由上升沿引起

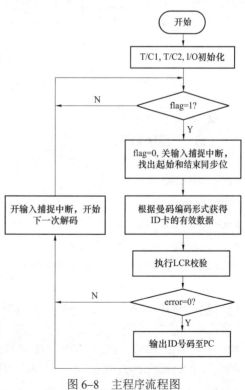

图 6-8　主程序流程图

的触发）。当中断是由上升沿触发时，执行类似操作。图 6-9 为中断处理程序流程图。

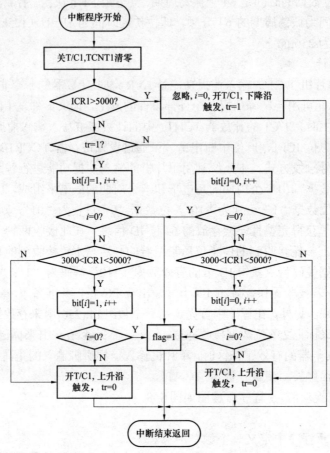

图 6-9　中断处理程序流程图

4. 部分程序清单

（1）主程序如下：

```c
#include<iom16v.h>
#include<macros.h>
#include<stdio.h>
#include"LCD_12864.H"              //LCD 头文件
#include"read_card.H"              //读卡头文件
#define key_inc  (PINC&(1<<PC0))   //按键+,选择日期、时间时用
#define key_dec  (PINC&(1<<PC1))   //按键-,选择日期、时间时用
#define BAUDRATE      9600 //波特率
#define F_CPU         7372800  //晶振频率
#define LCD_LAMP      60  //LCD 默认 30s 后关闭
#define BATTERY_TIME  5    //每十分钟检测一次电池电量
#define ADC_PINA0     0x00  //ADC0      按键 AD    单端通道,不放大
```

```
#define ADC_PINA1          0x01     //ADC1          温度采样
#define ADC_PINA2          0x02     //ADC2          电平电量检测
#define LCD_BACK_ON        PORTC&=~(1<<PC5)
#define LCD_BACK_OFF       PORTC|=(1<<PC5)
#define buzzer_on          PORTD&=~(1<<PD7)
#define buzzer_off         PORTD|=(1<<PD7)
#define charge_on          PORTC&=~(1<<PC6)
#define charge_off         PORTC|=(1<<PC6)
#define LOCK_ON            PORTC&=~(1<<PC3)
#define LOCK_OFF           PORTC|=(1<<PC3)
#define CHARGE_STATUS      (PINC&(1<<PC2))
#define null          0
#define vref          5000     //AD 转换参考电压
#define OVER_FLOW 10//进入菜单设置时,如果在 10s 内没有按下任何键,则自动退出
#pragma data:code
//const uchar manage_card[5]={0x0b,0,0x2d,0x23,0x5f};  //住房卡——当作管理卡
const uchar manage_card[5]={0x33,0,0x7c,0x09,0xb1};     //000 8128945——当作管理
卡
//*****温度测定查表*****
//******温度范围是-30℃～+99℃***
const uint temp_1[130]={
4304,4270,4235,4198,4161,4122,4083,4042,4001,3958,
3914,3870,3824,3778,3731,3683,3635,3585,3535,3484,
3433,3381,3329,3276,3223,3169,3116,3062,3008,2953,
2899,2844,2789,2733,2678,2622,2568,2514,2459,2405,
2353,2299,2248,2196,2145,2095,2045,1996,1948,1901,
1854,1808,1763,1719,1676,1599,1590,1549,1508,1468,
1429,1391,1354,1318,1282,1247,1214,1181,1149,1117,
1087,1057,1028,1000,973,946,920,895,870,846,
823,800,777,755,755,713,692,673,654,632,
617,600,583,567,551,536,521,506,491,478,
465,452,440,428,417,405,394,384,373,364,
271,265,258,252,245,239,233,227,222,216
                    };
//*****************************************
#pragma data:data
uchar card_data[5][5]={
                {0,0,0,0,0},                    //卡 1
                {0,0,0,0,0},                    //卡 2
```

```
                          {0,0,0,0,0},                                    //卡 3
                          {0,0,0,0,0},                                    //卡 4
                          {0,0,0,0,0}                                     //卡 5
                  };
uchar tem[7]={7, 5, 1, 8, 0, 0, 6};        //日期、时间、星期数组
//                  年/月/日 /H /M /S /W
//***目录结构体定义******************************
struct menu_item
{
    short menu_count;
    char *display_string;
    void (*subs)();
    struct menu_item *children_menus;
    struct menu_item *parent_menus;
};
//************结构数组声明*********
struct menu_item main_menu[4];
struct menu_item alarm_menu[2];
struct menu_item infrared_menu[2];
struct menu_item lamp_menu[2];
struct menu_item (*menu_point) = main_menu;
struct menu_item card_main_menu[4];
struct menu_item card_inc_menu[2];
struct menu_item card_dec_menu[2];
struct menu_item (*menu_card) = card_main_menu;
uchar user_choose = 0;
uchar max_items=0;
uint temp_value=0;                          //温度检测 AD 值
//*******************变量定义********************
uchar second_temp=0;                        //秒变量
uchar scan_en=0;                            //主屏扫描标志位
uchar key=0;                                //按键变量
uchar kk=0;                                 //按键按下标志位
uchar auto_return=0;                        //菜单自动返回变量
uchar return_en=0;                          //菜单自动返回标志位
uchar left_right=0;                         //左右键变量
uchar choose_temp=0;                        //子菜单标题变量
uchar return_temp=0;                        //返回临时变量
uchar set_time_temp=0;        //设置时间时菜单变量,如果=1 表示屏显在设置时间菜单
```

```c
uchar twinkling_addr=0x91;                    //设置时间时闪动显示位置变量
uchar inc_card_en=0;                          //添加新卡允许变量
uchar manage_card_inc_en=0;                   //管理卡
uchar cold=0;                                 //温度正负极标志位
uchar temp0=0;                                //温度值变量
uchar xx=88;         //温度更新变量,开机赋一个比较大的数,目的是开机就显示温度
uchar close_read=0;
lcd_back_en=0;                      //LCD 背光计时变量允许
lcd_back_time=0;                              //LCD 背光计时变量
//*******************************************************
void delay_ms (unsigned int m);              //延时
void read_adc(void);                         //按键 ADC 处理
void date_time_display(void);                //时间日期显示
void root_directory(void);                   //引导主画面
void set_menu(void);                         //设置菜单
void clear_screen(void);                     //清屏
void clear_gdram(void);                      //清全部 GDRAM
void select_menu(uchar data1);               //选择菜单时,标志
void time_set_display(void);                 //时间、日期设置显示
uint adc_sampling(uchar adc_input);          //ADC 采样
uchar get_degree(void);                      //温度查表
uchar temperature_check(void);               //室温检测
uchar charge_tem=0;      /每十分钟检测一次电池电量,此变量主要是计时
uint battery_temp=0;                         //电平电压变量
//***********函 数 声 明 区****************
void main_menu_initial(void);                //主菜单初始化
void alarm_menu_initial(void);               //报警菜单初始化
void infrared_menu_initial(void);
void lamp_menu_initial(void);
void menu_initial(void);
void card_main_menu_initial(void);
void card_inc_menu_initial(void);
void card_dec_menu_initial(void);
void show_menu(void);
void date_time_set(void);
void alarm_set(void);
void infrared_set(void);
void lamp_set(void);
void nullsubs(void);
```

```
void twinkling_addr_pro(void);
void lcd_week_pro(void);
void key_inc_dec(void);
void lcd_menu_set(void);
void card_pro(void);
void buzzer_pro(uchar p);
//***********************************************
void inc_new_card(void);                        //添加新卡的处理函数
void query_card(void);                          //查询卡函数
void save_card(void);                           //保存卡时处理函数
void no_save_card(void);                        //取消保存卡时处理函数
void clear_card(void);                          //删除全部卡
void no_clear_card(void);                       //取消删除卡
void card_menu_show(void);                      //管理卡菜单显示
void card_menu_pro(void);                       //管理卡菜单处理
void char_twinkling(uchar data_1);              //字符消隐
//************************************************
void eeprom_write(uint eeprom_address, uchar eeprom_data); //写EEPROM操作
uchar eeprom_read(uint eeprom_address);         //读EEPROM操作
//***********主程序*********************************************************
void main(void)
{
    PORTA=0XF8; //PA0——按键AD;PA1——室内温度AD;PA2——电平电量检测
    PORTB=0XFF;
    PORTC=0XFF;
    PORTD=0XFF;
    DDRA =0XF8; //AD转换时要设为输入、且端口要清0
    DDRB =0XFF;
    DDRC =0b11111000;
    DDRD =0b11110010;    //INT0、INT1、RXD设成输入;TXD设成输出
    TIMSK=(1<<OCIE1A);   //输出比较A匹配中断使能
    TCCR1A=0;
    TCCR1B=0X0D;                            //CTC模式,1024分频
    OCR1A=7200;                             //定时1s
    GICR=(1<<INT1)|(1<<INT0);               //打开外部中断0、1
    MCUCR=(1<<ISC00);    //INT0引脚上任意的逻辑电平变化都将引发中断
    ADCSRA=(1<<ADEN)|0x06; //使能ADC,时钟64分频125kHz和8MHz system clock
    WDTCR=0x0f; //(1<<WDE)|(1<<WDP2)|(1<<WDP1);//打开看门狗,溢出时间为2.1s
    write_com(0x01);                        //清除显示,并且设定地址指针为00H
```

```
menu_initial();                       //菜单数组初始化
send_initial();                       //串口初始化
WDR();                                //喂狗
card_pro();                //读 EEPROM 到 RAM 中
lcd_reset();               //LCD 初始化
write_com(0x90);
buzzer_on;
LCD_BACK_ON;                    //打开 LCD 背光
han_zi_display("  系统正在启动   ");
write_com(0x88);
han_zi_display("    请稍后......");
delay_ms(500);
clear_gdram();          //清除 GDRAM——绘图 RAM
clear_screen();           //清屏
buzzer_off;                //蜂鸣器指示
lcd_back_en=0xaa;                 //打开计时变量
lcd_back_time=0;                      //计时变量清 0
SEI();                           //使能全局中断
while(1)
{
    WDR();                            //喂狗
    if(scan_en==0)  //只有在 scan_en=0 的时候扫描主屏,平时只更新时间
    {
        scan_en=~scan_en;
        clear_screen();
        temp0=temperature_check();  //温度检测
        root_directory();
    }
    if(second_temp!=tem[5]) //每秒钟扫描一次
    {
        second_temp=tem[5];
        date_time_display();
    }
    if(close_read==1)
    {
        if(xx>=5)
        {
            xx=0;
            close_read=0;
```

```
            second_temp=0;
            GICR=((1<<INT1)|(1<<INT0));        //开外部中断 0、1
        }
    }
    if(kk)   //=1 表示有按键按下
    {
        kk=0;
        read_adc();        //AD 转换,取得键值
        buzzer_pro(1);         //蜂鸣器指示
        LCD_BACK_ON;                       //打开 LCD 背光
        lcd_back_en=0xaa;                  //打开计时变量
        lcd_back_time=0;                   //计时变量清 0
        if(key==1)
        {
            GICR&=~(1<<INT0);     //关闭读卡外部中断 0
            lcd_menu_set();       //LCD 菜单设置
            GICR=((1<<INT1)|(1<<INT0));//开外部中断 0、1
        }
        else if(key==8)
        {
            GICR&=~((1<<INT1)|(1<<INT0));          //关闭部中断 0、1
            key=0;
            clear_screen();                        //清屏
            write_com(0x80);
            han_zi_display("    警  告  ");
            write_com(0x88);
            delay_ms(6000);
            scan_en=0;        //主菜单调用允许标志位
            clear_screen();
            GICR=((1<<INT1)|(1<<INT0));        //开外部中断 0、1
        }
        else
        {
            key=0;
            GICR=((1<<INT1)|(1<<INT0));        //开外部中断 0、1
        }
    }
    WDR();                     //喂狗
    if(inc_card_en==0xaa)              //=0xaa 表示调用管理菜单允许
```

```
        {
            inc_card_en=0;
            rev_dat[0]=rev_dat[1]=rev_dat[2]=rev_dat[3]=rev_dat[4]=0xff;
            lcd_dis_num=0;
            card_menu_pro();
            GICR=((1<<INT1)|(1<<INT0));//开外部中断 0、1
        }
        if(charge_tem>=BATTERY_TIME)
        {
            charge_tem=0;
            battery_temp=0;
            WDR();                                              //喂狗
            battery_temp=adc_sampling(ADC_PINA2);        //AD采样电平电量
            if(battery_temp<=3750)       //3750=12V,当电平电压小于12V时,开始充电
            {
                charge_on;
                if(CHARGE_STATUS!=0)
                {
                    buzzer_pro(10);       //蜂鸣器指示
                }
            }
            else if((CHARGE_STATUS==1)||(battery_temp>=4375))
//如果 4375≥14V,表示要关闭充电器
            {
                charge_off;
            }
        }
    }
}
```

（2）读卡中断 INT0 程序：

```
//***********读卡中断 INT0*****************
#pragma interrupt_handler int0_inter:2              //读卡
void int0_inter(void)
{
    uchar i;
    uchar card_num=0;
    card_num=read_card_number();                   //读卡
    if(card_num==0xaa)
    {
```

```
            buzzer_pro(1);                                        //蜂鸣器指示
            LCD_BACK_ON;                                          //打开 LCD 背光
            lcd_back_en=0xaa;                                     //打开计时变量
            lcd_back_time=0;                                      //计时变量清 0
            WDR();                                                //喂狗


    if((manage_card[0]==rev_dat[0])&&(manage_card[1]==rev_dat[1])&&(manage_car
d[2]==rev_dat[2])&&(manage_card[3]==rev_dat[3])&&(manage_card[4]==rev_dat[4])
&&(manage_card_inc_en==0))
        {
            inc_card_en=0xaa;                    //管理卡
            GIFR=(1<<INTF0);
            GICR&=~((1<<INT1)|(1<<INT0));                //关闭外部中断 0、1
            return;
        }
        if(manage_card_inc_en==0xaa)            //添加卡
        {
            manage_card_inc_en=0;
            GIFR=(1<<INTF0);
            GICR&=~(1<<INT0);                    //关闭外部中断 0
            return;
        }
        for(i=0;i<5;i++)
        {

    if((card_data[i][0]==rev_dat[0])&&(card_data[i][1]==rev_dat[1])&&(card_dat
a[i][2]==rev_dat[2])&&(card_data[i][3]==rev_dat[3])&&(card_data[i][4]==rev_da
t[4]))
            {                                                    //卡 1
                GICR&=~((1<<INT1)|(1<<INT0));    //关闭外部中断 0、1
                xx=0;
                WDR();                            //喂狗
                LOCK_ON;                          //开锁
                delay_ms(500);
                LOCK_OFF;
                rev_dat[0]=rev_dat[1]=rev_dat[2]=rev_dat[3]=rev_dat[4]=0xff;
                i=6;
            }
        }
```

```
        close_read=1;
        card_num=0;
        xx=0;
        GICR&=~(1<<INT0);              //关闭外部中断 0
        card_num=0;
    }
    GIFR=(1<<INTF0);
}
```

6.2　基于 TR1000 的 RFID 读卡器设计

6.2.1　915 MHz 射频识别系统结构设计

915MHz 射频识别系统工作的基本原理与一般的射频识别系统相同，同时具有其特有的特点。915MHz 射频读卡器系统组成框图如图 6-10 所示。系统由微控制单元电路、射频读写模块电路、功率放大电路、滤波匹配网络电路、天线、检波电路、串行通信接口和电源等部分组成。

其中串行通信电路负责上位机与读写器的通信，使得系统可通过上位机指令控制读写器的工作过程。一般采用 RS232 接口或 RS485 接口，也可采用 USB 接口。

微控制单元电路是读写器系统的控制模块，负责整个读写器系统工作过程进行控制，内嵌程序实现基带数据指令的发送与接收和多卡状态下的防冲突方案。

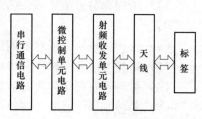

图 6-10　915MHz 射频识别系统框图

射频收发单元电路模块完成对已调制信号的放大、匹配功能以满足天线发射要求，实现上行射频信号的检波和调制以满足射频接收芯片的要求。天线模块完成与标签之间射频信号的发送和接收功能。

系统的基本工作流程是：串行通信接口获得从服务器（或者 PC 机）发送来的数字信号指令并把它在微控制单元中进行存储，而后再转发给射频读写模块，读写模块经过功率放大、滤波匹配等一系列工序把信号进行处理，变成有利于天线发射的载波信号，然后通过发射天线发送超高频射频信号。当射频卡进入发射天线工作区域时产生感应电流，射频卡获得能量被激活；射频卡将自身编码等信息通过卡内置发送天线发送出去；系统接收天线接收到从射频卡发送来的载波信号，经天线调节器传送到读写系统，读写系统对接收的信号进行解调和解码，然后送到后台主系统进行相关处理；主系统根据逻辑运算判断该卡的合法性，针对不同的设定做出相应的处理和控制，发出指令信号控制执行机构动作。

6.2.2　915MHz RFID 的硬件设计

本设计中的硬件结构主要可以分为两部分：主控模块、射频发射模块。由主控模块控制射频收发模块实现 ISO/IEC18000–6TPyeB 协议下的命令的收发功能。

1. 射频读卡器硬件系统功能简介

系统硬件功能框图如图 6-11 所示。

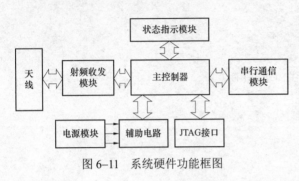

图 6-11　系统硬件功能框图

系统可主要可分为主控模块电路和射频收发电路两部分。主控模块由微控制器及其复位电路、指示装置电路、RS232 通信接口电路、电源电路、JTAG 接口电路及辅助电路组成。

主控制器是系统的核心部分，它负责接收用户命令、对发送信号进行编码和对接收信号进行解码，主控制器与应答器的通信过程经由射频收发模块实现。JTAG（Joint Test Action Group）接口主要用于在线调试以及设置主控制器的熔丝位等。通过串行通信接口可以实现与 PC 机的通信。电源电路完成稳压与电压转换功能，系统提供指示电路用于工作状态指示与报警功能。射频收发模块完成对基带信号的调制发射和解调接收功能。

整个 RFID 系统的通信机制是读卡器先发言机制，即通信过程由读卡器发起。读卡器工作流程如下：

（1）主控制器由串行通信模块从上位机接受命令，并对命令的类型和内容进行判断。

（2）主控制器对接收到的命令进行基带编码。

（3）主控制器将基带码传送给射频收发模块，由射频收发模块完成对信号的调制、放大功能。

（4）由天线模块完成对以调信号的发射。

（5）射频卡对命令操作完毕后，由天线接收射频信号传送给射频收发模块。

（6）射频收发模块完成对射频信号的解调，发送基带数据给主控制器。

（7）主控制器完成基带解码。

（8）主控制器由串行通信模块对上位机进行数据回传。

2.　主控模块电路设计

主控模块的组成部分有微控制器及其复位电路、指示装置电路、RS232 通信接口电路、电源电路及辅助电路。

（1）微控制器及其复位电路。系统选用 AVR 单片机 ATmega64 作为主控制器，它是 Atmel 公司生产的一款高性低功耗的 8 位精简指令集单片机。ATmega64 具有以下特点：

1）很多指令都可以单时钟周期执行，易于 UHF 协议下读写命令通信过程中的时序控制。

2）最高可以外接 16MHz 晶振，能够提供足够的基带数据传输速率。

3）能够比同价位的传统 8051 单片机具有更多的片内资源。

4）64K 字节多次可编程程序存储器。

5）ATmega64 具有很强的抗干扰能力，集成有上电复位电路，使可靠性得到进一步的提高。

微控器及其外围电路以 ATmega64 位核心，其外围电路包括时钟电路、电源保护网络、LED 状态指示电路。图 6-12 为微控器及其外围电路原理图。

AVR 单片机 SECTRL1、SECTRL0、RECTRL1、RECTRL0 四个引脚为射频芯片控制引脚，使其在接收/发射/睡眠模式之间的工作模式进行转换，从而控制其工作状态。可分为以下

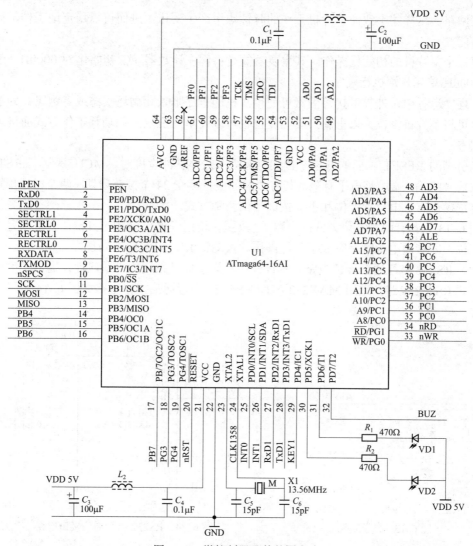

图 6-12 微控制器及其外围电路

几种状态。

1）SECTRL1 为"1"，SECTRL0 为"0"则射频发射模块处于 OOK 发射状态。

2）SECTRL1 为"0"，SECTRL0 为"0"则射频发射模块处于休眠状态。

3）RECTRL1 为"1"，RECTRL0 为"1"则射频接收模块处于 ASK 接收状态。

4）RECTRL1 为"0"，RECTRL0 为"0"则射频接收模块处于休眠状态。

引脚 RXDATA 和 TXMOD 分别为微控器端的基带数据输出和数据输入引脚，是射频模块和控制模块进行通信的通道。

在单片机的外围电路中，上下接电源的电容和电抗组成一个电源保护网络，因为输入的电源为 5V 直流电，里面可能混有不规则的交流电压，如果直接接入单片机的话，可能对某些部件构成损坏，甚至烧掉整个单片机，所以必须对其进行保护。

单片机外部还有一个石英晶振 X1，它的频率为 13.56MHz，用来提供单片机工作的外部时钟，而晶振要工作在一个特定串联谐振频率下，就必须给它两边加两个保护电容，组成并联振荡回路，这样才不致使单片机工作的时钟频率产生变化，进而可以稳定地工作，提高系统的性能。

复位是单片机的初始化操作。其主要功能是将程序计数器 PC 初始化为 0000H，使单片机从 0000H 单元开始执行程序。

在程序运行中，外界干扰等因素可使单片机的程序陷入死循环状态或者跑飞。为了摆脱困境，可将单片机复位，以重新启动。复位也可以使单片机退出低功耗工作方式而进入正常工作状态。

当引脚的 RESET 上面的低电平持续时间大于最小脉冲宽度时，MCU 复位。nRST 引脚是复位信号的输入端，高电平有效。其有效时间应持续在 24 个振荡周期（两个机器周期）以上。复位操作有上电自动复位和手动按键复位两种方式。

图 6–13 为具有两种复位方式的电路，只要电源的上升时间不超过 lms，就可以完成自动上电复位，即接通电源时就完成了复位操作。按动键 Kl，可实现手动复位。

（2）RS232 串行通信接口电路。本设计中，为了提高系统的可适应性，提供了串行通信接口形式 RS232 电路，采用 MAX232 芯片，RS232 串行通信接口电路如图 6–14 所示。

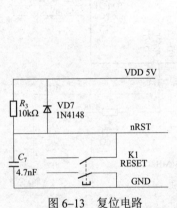

图 6–13 复位电路

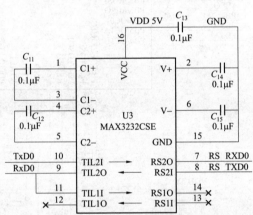

图 6–14 RS232 串行通信接口电路

（3）电源及稳压电路。电源转换：由于系统设计中 AVR 工作所需要的电压为 5V，而射频芯片工作所需要的电压为 3.3V，这就要求对电源进行 5V–3.3V 的转换，在这里选用的芯片为 AS1117–3.3，电压转换电路如下：当接通电源把 5V 电压从 3 脚输入时，发光二极管 VD6 开始发光，而从 2 脚输出的电压即为射频芯片工作时所需要的 3.3V 电压。电压转换电路如图 6–15 所示。

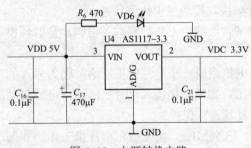

图 6–15 电源转换电路

半导体器件 AS1117 是一个低功耗正电压管理芯片，它的输出电流为 800mA。这个器件在电池电源使用中是一个非常好的选择，可以作为 SCSl 总线和笔记本的主要终端，AS1117 可以转换输出的分别为 2.85V、3V、3.3V 和 5V，本设计中主要用它输出 3.3V 电压供给射频芯片 TR1000 工作。

（4）指示和报警装置电路。单片机应用系统通常采用发光二极管和蜂鸣器来指示系统的状态，它们的驱动电路比较简单、易于实现且价格低廉。

本系统设有 3 个状态指示发光二极管和 1 个蜂鸣器。3 个状态指示发光二极管包括 1 个电源指示和 2 个通信指示，如图 6-16 所示。

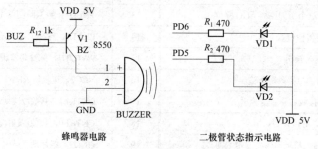

图 6-16　状态指示和报警电路

电源指示发光二极管在接通电源的时候常亮，断开电源熄灭；通信指示发光二极管在通信接口收、发数据时亮，平时处于熄灭状态；蜂鸣器用来报告程序运行时的意外状况，此外也可通过软件设定在读写数据程序使其发出声响。

在软件设计过程中已经实现了让蜂鸣器发出连续声响或者长时间间歇声响的功能。它的鸣响时间可以通过 BUZ 端口的低电平时间加以控制。

当 BUZ 端口处于低电平时，三极管导通，这时电压加在蜂鸣器上，即发出响声。对于二极管状态指示电路当电阻左端处于低电平时，不同的发光二极管导通，显示出通信接口处在数据的接收或发送状态中。如 VD1 发光则表示读写器处于数据发送状态，如 VD2 发光则表示读写器处于数据接收状态。

（5）射频收发电路设计。RFID 读卡器射频电路采用通用无线射频模块来完成射频信号的调制解调，设计了以 TR1000 为核心芯片的 OOK 射频发射电路。为了提高系统的输出功率，以达到更远的读写距离，系统还设计了以 RFZ132 为核心芯片的功率放大电路。ASK 射频接收电路是 TR1000 为核心芯片的 ASK 射频接收电路。

1）TR1000 芯片介绍。TR1000 是一个单片 OOK/ASK 通用无线射频收发器芯片，适合高稳定、小尺寸、低功率、低价格的短距离无线数据通信和无线控制应用。

TR1000 芯片具有以下主要特点。

● 射频调制解调可采用 OOK 和 ASK 两种方式。
● 同时具有调制发送和接收解调两种功能。
● 中心工作频率为 915MHz。
● 工作电源电压为 3.3V。
● 提供最高可达 11.52kbps 的基带速率。
● 接收灵敏度为–95dBm。
● 工作温度范围为–50～+100℃。

可见在调制解调方式、中心工作频率和基带速率等方面来讲，TR1000 符合 ISO/IEC18000–6TypeB 协议的要求。表 6–1 将 TR1000 各引脚功能介绍如下。

表 6–1   **TR1000 引 脚 功 能**

引脚	功　　能	引脚	功　　能
1	GND1，RF 地	11	RREF，外接基准电阻
2	VCC1 发射机输出放大器和接收机基带电路电源	12	THLD2，数据限制器 2 阈值调节
3	AGCCAP，这个引脚控制 AGC 复位	13	THLD1，数据限制器 1 阈值调节
4	PKDET，峰值检波器电容	14	PRATE，脉冲上下沿设置
5	BBOUT，基带输出	15	PWIDTH，脉冲带宽设置
6	CMPNI，内部数据限制器输出	16	VCC2，接收机 RF 部分与发射机振荡器电源
7	RXDATA，接收芯片数据输出	17	CNTRL1，接收/发射/睡眠模式控制
8	TXMOD，发射机调制输出	18	CNTRL0，接收/发射/睡眠模式控制
9	PLFADJ，接收机低通滤波器带宽调节	19	GND3，芯片地
10	GND2，芯片地	20	RFIO，RF 输入输出

本系统以 TR1000 为主要模块设计射频收发模块，可分为射频发射模块和射频接收模块两部分。

2）OOK 射频发射电路。按照 ISO/IEC18000–6TypeB 协议要求，射频信号发射调制采用 OOK 调制方式，这就要求将 TR1000 设置为 OOK 发射状态，即将 SECTRL1 引脚设为 "1"，SECTRL0 引脚设为 "0"。若两引脚都设置为低电平则芯片处于休眠状态。其中引脚 TXMOD 为基带数据调制输入引脚，接受微控制器发出的基带数据信息。引脚 TXMOD 接有一个串联电阻 R_6，可调整电阻值对输出功率进行微调。图 6–17 为 OOK 射频发射电路原理图。

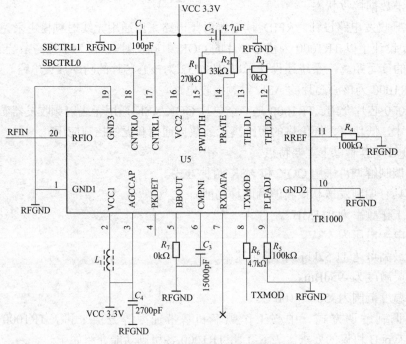

图 6–17　OOK 射频发射电路原理图

3）功率放大电路。由于 TR1000 是一款低功率、短距离无线射频通信芯片，其输出功率有限，读写器的读写距离和读卡器发射功率成正比，也就是说若想提高读卡器的读写距离最有效的方法就是提高读卡器的输出功率。这里采用 MciroDveiec 公司的 RF2132 为核心芯片设计了功率放大电路。

RF2132 是一种高功率、高效率的功率放大器，放大信号频率范围为 800MHz～950MHz，最大可提供 29dB 的功率增益。功率放大电路如图 6-18 所示。

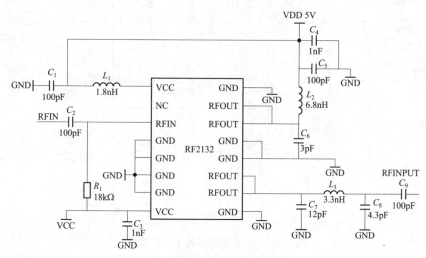

图 6-18 功率放大电路

4）射频接收模块设计。ISO/IEC18000-6TypeB 协议规定，应答射频信号采用反向散射调制技术。反向散射调制波形与 ASK 调制波形类似，这就要求将 TR1000 设置为 ASK 发射状态，即将 SECTRL1 引脚设为"1"，SECTRL0 引脚设为"1"。若两引脚都设置为低电平则芯片处于休眠状态。其中引脚 RXDATA 为基带数据输出引脚，将解调出的基带信息发送给微控制器进行处理。图 6-19 为 ASK 射频接收电路原理图。

引脚 2 通过 RF 铁氧体磁芯 L_1 与电源相连，电源端接一个旁路电容 C_6，起到保护电源的作用。电容 C_2 和 C_3 使用误差在±10%范围内的陶瓷电容，连接引脚 5 和 6 的电容 C_3 是一个耦合电容，当一个外部处理用于 AGC 时，BBOUT 必须用串联电容与外部数据恢复处理器和 CMPIN 相耦合。

RXDATA 可驱动一个 10pF 电容和一个 50kΩ电阻的并联负载，此引脚峰值电流随接收机低通滤波器截止频率增加而增加。在睡眠和发送模式，引脚成高阻态，此引脚在高阻态时，可用一个 1000kΩ的上拉电阻或者下拉电阻确定逻辑电平。

引脚 PLFADJ 用接地电阻调节接收机低通滤波器带宽，引脚 RREF 与地间接一个阻值为 100kΩ的基准电阻，误差范围为±1%，如果 THLD1 和 THLD2 通过一个阻值小于 1.5kΩ的电阻与 RREF 相连，此节点的电容加上 RREF 节点电容不应大于 5pF。引脚 PRATE 电阻接地，t_{pr1} 能用 51kΩ～2000kΩ的电阻设置在 0.1～5μs 的范围。R_4 阻值的大小 $R_4=40t_{pr1}+10.5$，误差范围为±5%，有利于以高数据速率工作。

引脚 15PWIDTH，此引脚设置 RFA1 的接通脉冲宽度 t_{pw1}，由一个接地电阻 R_{pw} 实现。T_{pw1} 能用一个电阻范围为 200～390kΩ的电阻在 0.55～1μs 的范围调节。

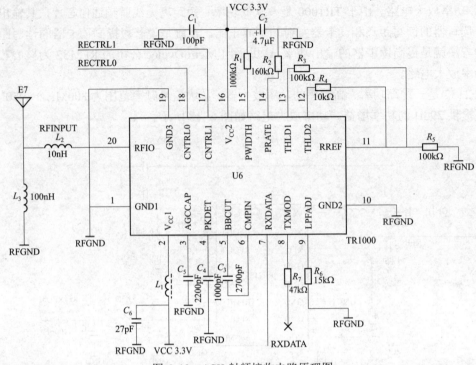

图 6-19　ASK 射频接收电路原理图

6.2.3　读写器软件系统设计

1. 主程序软件设计

系统主程序软件编写采用汇编语言，运用模块化和结构化编程思想。系统主程序构成了一个完整的射频卡读卡器系统，控制每个硬件电路模块的工作状态，协调整个系统的工作流程。

系统主程序实现了与上位机的数据接收和数据发送的串行通信过程，完成了 ISO/IEC18000-6TypeB 协议中规定的对射频卡各种操作。并用编写相关程序实现了 ISO/IEC18000-6TypeB 协议中提出的随机二进制防冲突算法。

系统主程序主要可以分为四部分：串行通信程序，射频卡操作程序，底层程序，防冲突程序。

主程序软件流程图如图 6-20 所示。主程序工作过程如下：

（1）上电复位后，进行系统的初始化。

（2）通过串口接收程序接收上位机发送的指令，并进行判断。

（3）如果为 GROUP_SEELCT 防冲突操作指令则进入防冲突处理过程，如果为单卡操作指令则直接进入读信息、写信息、中止指令等射频卡操作过程。

（4）如果操作成功，则通过串口发送程序进行获取数据的回传；如果操作失败，则返回射频卡操作程序进行指令的重新操作。

系统主程序还包括系统初始化程序，蜂鸣器报警程序，LED 状态指示程序等。其中射频卡操作程序、底层程序、冲突程序完成了 ISO/IEC18000-6TypeB 协议中对指令帧格式、基带编解码、防冲突机制的要求。用软件方式实现了对射频卡操作指令的封装，曼彻斯特码编码和 FMO 码的解码工作，并实现了二进制防冲突算法。

2. 射频卡操作程序设计

射频卡操作程序完成了 ISO/IEC18000–6TypeB 协议里规定的对射频卡操作命令的发送和接收功能。

射频卡操作程序工作过程如下具体程序流程如图 6–21 所示。

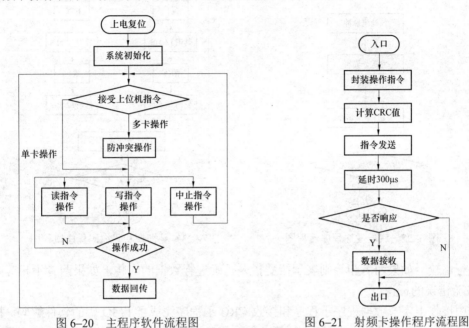

图 6–20　主程序软件流程图　　　　图 6–21　射频卡操作程序流程图

射频卡读写操作程序入口接收上位机通过串口发送的相关数据，入口参数为命令代码、参数长度和参数内容。程序出口将接收到的应答数据给上位机进行数据的回传，出口参数为命令代码、状态标志响应内容和响应长度。

3. 底层程序设计

底层程序设计包括底层发送程序设计、曼彻斯特码编码程序设计、底层接收程序设计、FMO 码解码程序设计和防冲突程序设计。

底层发送程序按照协议中读卡器到射频卡端的指令帧格式进行数据发送，其中发送一字节指令程序完成了曼彻斯特码的软件编码。底层发送程序流程图如图 6–22 所示。

ISO/IEC18000–6TypeB 协议规定读写器到射频卡端指令（发射指令）的编码方式为曼彻斯特编码。

ISO/IEC18000–6TypeB 协议规定基带速率 40kbps，每位码元周期 T=1/40k=25μs，曼彻斯特码的高低电平持续时间 T（m）=12.5μs。程序完成对一字节曼彻斯特码的发送，每一次循环过程发送一位的曼彻斯特编码，由位计数器判断是否发送完毕一字节的曼彻斯特码。曼彻斯特码编码程序流程图如图 6–23 所示。

底层接收程序按照协议中射频卡到读卡器端的指令帧格式进行数据接收，与底层发送程序不同的是应答指令的接收分为接收数据信息和接收 CRC 校验信息两个步骤。在接收完数据信息之后要计算出数据信息的 16 位 CRC 校验码与后来接收到的应答指令中的两字节 CRC 校

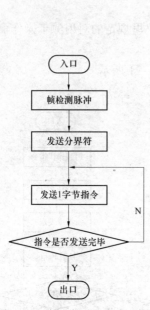

图 6-22 底层发送程序流程图

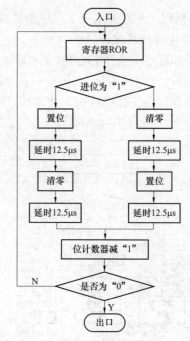

图 6-23 曼彻斯特码编码程序流程图

验码进行比较。如果两者相等则表示接受指令正确进行数据的回传，如果两者不相等则返回 CRC 校验错误的标识。

其中接收 1 字节数据程序子程序和接收 CRC 子程序完成了 FMO 码的软件解码。接收一字节数据程序子程序还包含有 CRC 计算功能。程序流程图如图 6-24 所示。

ISO/IEC18000-6TypeB 协议规定射频卡到读写器端指令（应答指令）的编码方式为 FMO 编码。

程序完成对一字节 FMO 码的接收，每一次循环过程接收一位的 FMO 码，由位计数器判断是否接收完毕一字节的 FMO 码。特别需要指出的是，FMO 码自身的编码规则决定了其自身携带了时钟信息（每位码元之间进行电平跳变）。FMO 码解码程序在接收完一位码元后寻找电平跳变，完成了对 FMO 码时钟信息的提取，大大降低了 FMO 码解码的误码率。FMO 码解码程序流程图如图 6-25 所示。

4. 部分程序代码

（1）起始帧检测程序。

```
PREMBLEDETECT:
PUSH  R17
PUSH  R18
LDI   R16,9
SBI   Porte,7;设置 412μs 延时
LDI   R18,$00      ;1
OUT   CTCR0,R18;  ;1 关闭定时器
OUT   TMISK,R18;   ;1 关闭中断
```

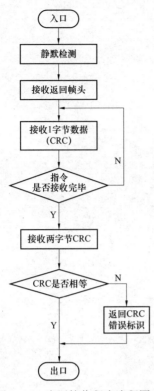

图 6-24　底层接收程序流程图

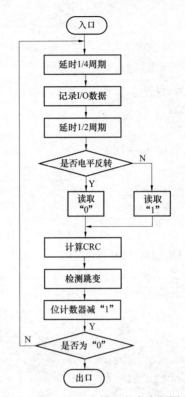

图 6-25　FMO 码解码程序流程图

```
    LDI   R18,$FF      ;1
    OUT   TFIR,R18     ;1;清除溢出标志
    LDI   R18,TIME1
    OUT   TCNT0,R18    ;1;定时器置初值
    LDI   R18,$3       ;1
    OUT   TCCOR,R18    ;1;开启定时器
    CTL                ;1
PREMBLE_DETECT_TIME1:
    IN    R18,TIFR     ;1
    BTS   R18,0        ;1
    BRTC  PREMBLE_DETECT_TIME
    LDI   R18,$0   ;1
    OUT   TCCOR,R18    ;1;关闭定时器
    LDI   R18,$FF      ;1
    OUT   TIFR,R18     ;1;清除溢出标志
PREMBLE:
    BCI   Porte,7
    LDI   R17,56
PREMBLE_D1:
```

```
    DEC    R17
    BRNE    PREMBLE_Dl
    SBI    Porte,7
    LDI    R17,56
PREMBLE_D2:
    DEC    R17
    BRN    EPREMBLE_D2
    DEC    R16
    BRNE    PREMBLE
    POP    R17
    RET
```

（2）DELIMITER 子程序。

```
DELIMITER:    ;1100111010
    SBI    Porte,7
    LDI    R16,56
DELIMITER_D1:
    DEC R16
    BRNE    DELIMITER_D1
    SBI    Porte,7
    LDI    R16,56
DELIMITER_D2:
    DEC    R16
    BRNE    DELIMITER_D2
    CBI    Porte,7
    LDI    R16,56
    DELIMITER_D3:
    DEC    R16
    BRNE    DELIMITER_D3
    CBI    porte,7
    LDI    R16,56
DELIMITER_D 4:
    DEC    R16
    BRNE    DELIMITERD_4
    SBI    Porte,7
    LDI    R16,56
DELIMTIER_D5:
    DEC    R16
    BRNE    DELIMTIER_D5
    SBI    Porte,7
```

```
       LDI   R16,56
DELIMTIER_D6:
       DEC   R16
       BRNE  DELIMTIER_D6
       SBI   Porte,7
       LDI   R16,56
DELIMTIER_D7:
       DEC   R16
       BRNE  DELIMTIER_D7
       CBI   Porte,7
       LDI   R16,56
DELIMITER_D8:
       DEC R16
       BRNE   DELIMITER_D8
       SBI    Porte,7
       LDI    R16,56
DELIMITER_D9:
       DEC    R16
       BRNE   DELIMITER_D9
       CBI    Porte,7
       LDI  R16,56
       DELIMITER_D10:
       DEC    R16
       BRNE   DELIMITER_D10
       RET
```

（3）T_CRC16FUN 子程序。

```
T_CRC16FUN:
     PUSH   A
     PUSH   XL
     PUSH   XH
     PUSH   R7
     PUSH   R18
     MOV    XL, R20
     MOV    XH, R21
     LDI    A, LOW(CRC16_PRESET)
     MOV    R10, A
     LDI    A, HIGH(CRC16_PRESET)
     MOV    R11, A
     LD     A, X+
```

```
    EOR    R10, A      ;异或
    LDI     A, $8
    MOV    R7, A
T_ZCRC16_1:
    MOV     A, R11    ;8次移位
    ROR    A
    ANDI   A, $7F
    MOV    R11,  A
    MOV    A,  R10
    ROR    A
    MOV    R10, A
    BRCC   T_ZCRC16_1
    LDI    A, HIGH(T_POLY16)
    EOR    R11, A
    LDI     A, LOW(T_POLY16)
    EOR    R10, A
T_ZCRC16_2:
    DEC     R7
    BRNE   T_ZCRC16_1
    DEC    R18
    BRNE   T_ZCRC16_0
    POP    R18
    POP    R7
    POP    XH
    POP    XL
    POP    A
    RET
```

6.3 基于 TRC101 的 868MHz 射频识别读写器设计

射频识别技术是一种自 20 世纪 80 年代新兴的自动识别技术。它是利用无线射频方式进行非接触双向数据通信。射频识别（RFID）技术的发展，一方面受到应用需求的驱动，另一方面 RFID 的成功应用反过来又极大促进了应用需求的扩展。从技术角度来说，RFID 技术的发展体现在若干关键技术的突破。从应用角度来说，RFID 技术的发展目的在于不断满足日益增长的应用需求。

近年来，相对于普遍应用的 13.56MHz 射频识别系统，868MHz 射频识别系统有着更多的优点，读写距离远、阅读速度快等，是目前国际上 RFID 产品发展的热点。本节内容就是介绍基于 TRC101 的 868MHz 射频识别系统。

6.3.1　系统设计方案

一个典型的射频识别系统一般由电子标签（射频卡）、读写器（读写器）、上位计算机系统等部分组成。其中电子标签中一般保存有约定格式的编码数据，用以唯一标识标签所附着的物体。

读写器通过天线发送一定频率的射频信号，当电子标签进入读写器的工作范围时，其天线产生感应电流，从而电子标签获得能量被激活并向读写器发送自身编码等信息；读写器接收到来自标签的载波信号，对接收的信号进行调解和解码后发送到上位机进行处理；上位机系统根据逻辑运算判断该标签的合法性，针对不同的设定做出相应的处理和控制，发出指令信号；射频标签的数据解调部分从接收到的射频脉冲中解调出数据并送到控制逻辑，控制逻辑接收指令完成存储、发送数据或其他操作。

868MHz 射频识别系统工作的原理与一般的射频识别系统相同，系统框图如图 6-26 所示，主要由上位机应用系统、串行通信接口、微控制单元电路、射频收发单元电路、天线、电子标签和电源等部分组成。

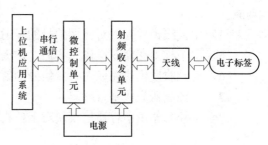

图 6-26　射频识别系统框图

上位机应用系统：负责指挥整个系统的运行，通过串行通信电路（RS232 或 RS485 等）与控制单元相连接，发送给微控制器各种操作指令，并接收来自下位机发送过来的信息。

微控制单元电路：整个系统的大脑，负责对整个读写器工作过程进行控制，内嵌程序实现基带数据指令的发送和接收以及多卡状态下的防冲突方案。

射频收发单元电路：发送接收电路主要由射频芯片、晶振和天线组成。一般射频芯片分为模拟部分和数字部分。模拟部分负责对标签的发送接收操作，发送部分主要完成驱动天线，提供超高频能量载波并根据寄存器的设置对发送数据进行调制；接收部分主要完成对标签发送的信号进行检测和解调并根据寄存器的设定进行处理。数字部分则通过并口和中断与微控制器通信。

电源：负责对整个系统提供工作能量。

电子标签：一般贴在被识别物体上，存储该物体的相关信息。

6.3.2　868MHz RFID 读写器的硬件设计

本设计中的硬件结构主要可以分为以下部分：电源模块、串行通信模块、主控制器、射频收发模块、天线以及一些外围电路。由主控模块控制射频收发模块实现 ISO/IEC18000-6TypeB 协议下的命令的收发功能。读写器系统硬件功能框图如图 6-27 所示。

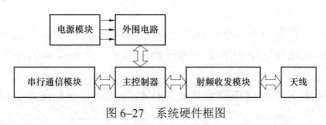

图 6-27　系统硬件框图

　　主控制器是整个系统的核心部分，它负责接收上位机命令、对发送信号进行编码和对接收信号进行解码，主控制器与电子标签的通信经由射频收发模块实现。通过串行通信接口可以实现与上位机的通信过程，从而接收上位机的命令并把读出信息反馈给上位机。电源模块完成稳压与电压转换功能，分别供应给单片机、射频芯片以及其他芯片，以保证其正常工作。射频收发模块完成对基带信号的调制发射和解调接收功能。

　　ISO/IEC18000-6TypeB 协议规定，整个 RFID 系统的通信机制是读写器先发言机制，即通信过程由读写器发起。读写器工作流程：

　　（1）上位机用户发送读写命令，通过串行通信模块传达到主控制器上，由主控制器对命令的类型和内容进行判断。

　　（2）主控制器对接收到的命令进行基带编码。

　　（3）主控制器将基带码传送给射频收发模块，由射频收发模块完成对信号的调制、放大功能。

　　（4）由天线模块完成对已调信号的发射。

　　（5）电子标签在命令操作完毕后，由天线接收射频信号传送给射频收发模块。

　　（6）射频收发模块完成对射频信号的解调，发送基带数据给主控制器。

　　（7）主控制器完成基带解码。

　　（8）主控制器由串行通信模块对上位机进行数据回传，上位机显示数据，以便进行进一步操作。

　　1. 主控模块电路设计

　　主控模块的组成部分有微控制器、RS232 通信接口电路、电源电路及辅助电路。

　　（1）CPU 选择。本系统选用 AVR 单片机 ATmega8 作为主控制器，它是 Atmel 公司生产的一款高性能低功耗的 8 位精简指令集单片机。ATmega8 的优势：

　　1）很多指令都可以单时钟周期执行，易于 UHF 协议下读写命令通信过程中的时序控制。

　　2）最高可以外接 16MHz 晶振，能够提供足够的基带数据传输速率。

　　3）丰富的 I/O 接口可供选用，能够比同价位的传统 8051 单片机具有更多的片内资源。

　　4）具有 8KB 系统内多次可编程 flash 程序存储器。

　　5）ATmega8 具有很强的抗干扰能力，集成有上电复位电路、看门狗，使可靠性得到进一步的提高。

　　（2）电源电路设计。考虑到不同芯片的工作电压，电源电路如图 6-28 所示。

　　电源电路负责整个读写器的供电，稳定的电压是整个系统正常工作的前提条件。在电源电路中，上下接电源的电容和电抗组成一个电源保护网络，因为输入的电源为 5V 直流电，里面可能混有不规则的交流电压，如果直接接入单片机的话，可能对某些部件造成损坏，甚至烧掉整个单片机，所以必须对其进行保护。由于射频芯片 TRC101 的工作电压为 3.3V，而单片机工作电压为 5V，所以这里就应用到了一款变压芯片 LP2980IM5-3.0 来完成这个功能，它是一个低功耗正电压管理芯片，它的输出电流为 800mA。这个器件在电池电源使用中是一个非常好的选择。后面连接的电容和电抗同样也起到了保护和滤波的作用，提高了电路的稳定性和可靠性。

　　（3）主控制器及其外围时钟电路设计。主控制器电路原理如图 6-29 所示。

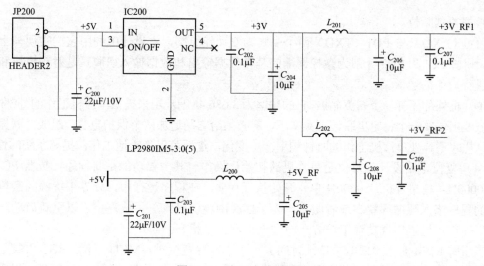

图 6–28　电源电路原理图

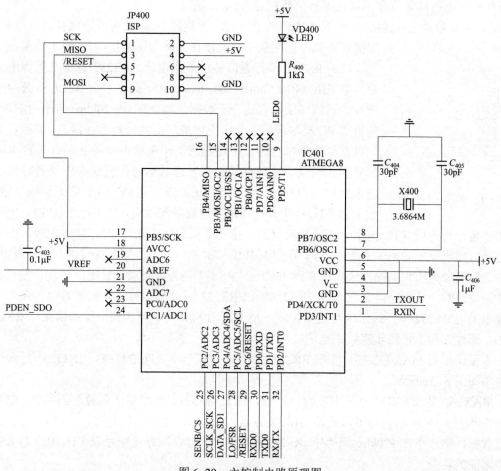

图 6–29　主控制电路原理图

AVR 单片机 PC3、PC4、PCS、PC6 四个引脚为射频芯片控制引脚，通过控制后面的门电路，来选通和初始化 TRC101 以及读写器的接收和发送数据控制。PD2 引脚位是读数据还

267

是写数据的判断位。

PD0（RXD）与 PD1（TXD）两个引脚为双功能引脚，本设计中利用它们实现与上位机通信。引脚 PCl 和 PD3 分别为微控器端的基带数据输出和数据输入引脚，是射频模块和控制模块进行通信的通道。

单片机外部还有一个石英晶振，它的频率为 3.686 4MHz，用来提供单片机工作的外部时钟，而晶振要工作在一个特定串联谐振频率下，就必须给它两边加两个保护电容，组成并联振荡回路，这样才不致使单片机工作的时钟频率产生变化，进而可以稳定地工作，提高系统的性能。

（4）复位电路设计。复位是单片机的初始化操作。其主要功能是将程序计数器 PC 初始化为 0000H，使单片机从 0000H 单元开始执行程序。在程序运行中，外界干扰等因素可使单片机的程序陷入死循环状态或者跑飞。为了摆脱困境，可将单片机复位，以重新启动。复位也可以使单片机退出低功耗工作方式而进入正常工作状态。

当引脚 RESET 上的低电平持续时间大于最小脉冲宽度时，MCU 复位。RST 引脚是复位信号的入射端，高电平有效。其有效时间应持续在 24 个振荡周期（两个机器周期）以上，复位操作有上电自动复位和手动按键复位两种方式。

图 6-30 为复位方式的电路，只要电源的上升时间不超过 1ms，就可以完成自动上电复位，即接通电源时就完成了复位操作。按动键 K1，可实现手动复位。

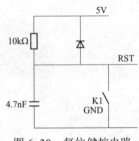

图 6-30　复位健控电路

（5）RS232 串行通信接口电路设计。RS232 标准是美国电子工业协会 EIA（Electronic Industries Association）与 BELL 等公司一起开发的通信协议，它适合于数据传输率在 0～20kbps 范围内的通信。是目前 PC 机与通信工业中应用最广泛的一种串行接口，也被定义为一种在低速率串行通信中增加通信距离的单端标准。典型的 RS232 信号在正负电平之间摆动，在发送数据时，发送端驱动器输出的正电平在+5～+15V 之间，负电平在-5V～-15V 之间。当无数据传输时，线上为 TTL 电平，从开始传送数据到结束，线上电平从 TTL 电平到 RS232 电平再返回 TTL 电平。接收器典型的工作电平在+3V～+12V 与-3V～-12V。由于发送电平与接收电平的差仅为 2V～3V，所以其共模抑制能力差，再加上双绞线上的分布电容，其传送距离最大约为 15m，最高速率为 20kbps。RS232 是为点对点（只用一对收、发设备）通信而设计的，其驱动器负载为 3-7KS2。所以 RS232 适合本地设备之间的通信。在本文的设计中采用 RS232 串行接口进行数据传输。AVR 单片机具有全双工的串行通信接口 RXD 与 TXD，通过它与上位机实现数据通信。

本设计采用 MAX232 芯片实现 RS232 电平与 TTL 电平之间的转换。RS232 串行通信接口电路如图 6-31 所示。

MAX232 是 MAXIM 公司生产的一种 RS232 接口芯片，使用单一电源电压供电，电源电压在 3.0V～5.5V 范围内都可以正常工作，其额定电流为 300mA。只需外接四个 0.1μF 的电容，保证数据传输速率在 120kbps 下保持 RS232 输出电平。可以很方便地完成 TTL 电平与 RS232 电平之间的转换。

图 6-31 中的 TXD0 和 RXD0 分别与单片机串行发送口 TXD 和串行接收口 RXD 相连，TX232_1 和 RX232_1 通过串行数据线分别连接到上位机 COM 口的 RXD（2 脚）和 TXD 端（3 脚）。

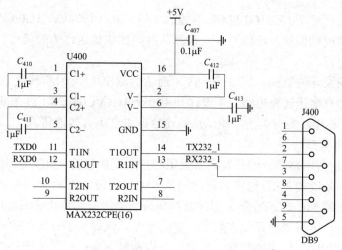

图 6-31　RS232 串行通信接口电路

（6）其他外围控制电路。如图 6-32 所示，其他外围电路主要由两部分构成：组合门电路和电压变换电路。

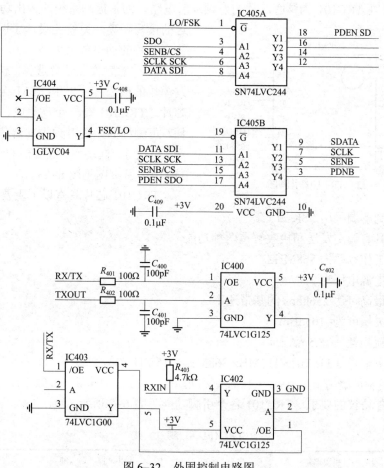

图 6-32　外围控制电路图

组合门电路由两个 74LVC1G125（带选通的非门）和一个 74LVC1G00（带选通的与非门）组成，负责控制向射频模块发送信号以及检测从射频模块传送过来的信号，从而使整个传输过程有条不紊地进行。

由于控制模块发送的数据"1"代表 5V，而从射频模块中"1"代表 3.3V，从而在数据传输中就要求必须有电压转换电路，本设计利用一个 1GLVC04（非门）和两个 SN74LVC244（5V 与 3V 转换）芯片，实现上述功能，从而使数据更准确有效地传输。

2. 射频收发电路设计

RFID 读写器射频电路部分的开发通常采用芯片厂商提供的 RFID 专用读写芯片，这些专用芯片内嵌了对应频段的 RFID 通信协议。如 13.56MHz 频段下的 TI 公司推出的 RI–R6C–001A 和飞利浦公司推出的 MF RC500 等。但超高频频段目前没有芯片供应商推出专用的 RFID 射频读写芯片。这就给读写器的开发带来了一定的难度，也提高了开发的成本。

超高频频段射频读写模块的开发一般可以采用两种方案：一是采用搭建射频电路实现的方法，即用搭建的硬件电路实现射频信号的调制发送与解调接收。二是采用通用无线射频模块来完成射频信号的调制解调。本设计主要采用第二种设计方法来实现射频信号的调制解调工作。

这里采用以 TRC101 为核心芯片的射频发射电路。为了提高系统的输出功率，以达到更远的读写距离，系统还设计了以 LMH6624 为核心芯片的功率放大电路。

（1）射频收发芯片选择。本设计中射频收发模块的核心芯片采用 RFM 公司的 TRC101 芯片。TRC101 是一个高集成、多通道、低功耗、可编程的无线射频收发器芯片，适合高稳定、小尺寸、低功率、低价格的无线数据通信。TRC101 引脚图见图 6–33。

TRC101 芯片具有以下主要特点。

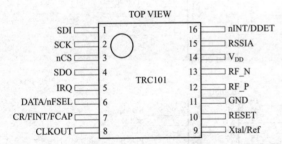

图 6–33　TRC101 引脚图

1）频调制解调采用 FSK 方式。

2）同时具有调制发送和接收解调两种功能。

3）中心工作频率为 868MHz。

4）工作电源电压为 3.3V。

5）提供最高可达 256kbps 的基带速率。

6）接收灵敏度为–105dBm。

7）低电流损耗（<8.5mA）。

8）支持多通道（315MHz/433MHz/868MHz/915MHz）。

可见在调制解调方式、中心工作频率和基带速率等方面来讲，TRC101 符合 ISO/EEC 18000–6TypeB 协议的要求。TRC101 各个引脚功能见表 6–2 所示。

表 6–2　　　　　　　　　　　　　　　　**TRC101 引脚功能**

序　号	引脚名称	引　脚　功　能
1	SDI	SPI 数据入

序　号	引脚名称	引　脚　功　能
2	SCK	SPI 数据锁存
3	nCS	片选输入，选择 SPI 数据传送/接收
4	SDO	SPI 数据出
5	IRQ	中断请求
6	DATA	数据的输入与输出
7	CR	恢复时钟输出
8	CLKOUT	可选主程序时钟输出
9	XTAL	外接 10MHz 晶振电路
10	RESET	复位
11	GND	RF 地
12	RF−P	RF 数据输入输出
13	RF−N	RF 数据输入输出
14	VDD	芯片工作电压
15	RSSIA	模拟 RSSI 输出，可用来检测信号确切强度
16	DDET	有效数据检测

（2）射频模块电路设计。

本系统以 TRC101 为主要模块设计射频收发模块，主要可分为射频收发电路和功率放大电路两部分，如图 6-34 所示。

1）射频收发电路。射频收发电路主要由 TRC101 和一些外围电路组成，图中用到一个 HMC394MS8G 芯片，这是一款带选通的单刀双掷开关芯片，动作非常快、可靠性高、性能稳定，用 AVR 单片机的 RX/TX 引脚控制其 A/B 引脚，就可以实现发送数据（写）和接收数据（读）之间的转换。

系统工作之前，通过主控制器的标准 SPI 接口 PC2、PC3、PC4 引脚连接 TRC101 的 1、2、4 引脚，完成对 TRC101 内部寄存器的初始化。

由于 TRC101 支持多通道的射频芯片，所以在初始化时要对它的内部结构寄存器进行配置，使其基带选择为 868MHz，即将寄存器中的 BAND1 位设为"1"，BAND0 位设为"0"。

2）功率放大电路。由于 TRC101 是一款低功率、近距离无线射频通信芯片，其输出功率有限，通常情况下，读写器的读写距离和读写器发射功率成正比，也就是说若想提高读写器的读写距离最有效的方法就是提高读写器的输出功率。

基于以上原因，本系统中又增加了一款 LMH6624 功率放大器设计了功率放大电路。LMH6624 是一种高功率、高效率的功率放大器，最大可提供 20dB 的功率增益。

3. 系统天线设计

（1）系统天线收发原理。电子标签与读写器之间的数据信息交换，是按照一定的通信协议通过天线系统由电磁波完成的。这就需要对 RFID 射频识别系统的天线收发原理进行分析。由于本系统属于超高频频段的读写器系统，是利用电磁波进行工作的，其工作模式与雷达系

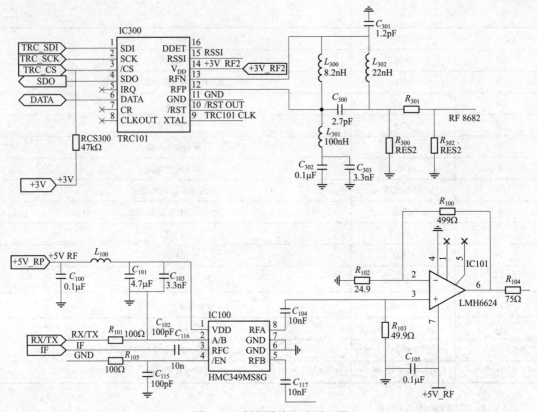

图6-34　射频模块电路原理图

统有些类似。

　　由于一个电基本振子天线产生的辐射场分为近场区和远场区。作用距离 $r<\lambda$（波长）时的辐射场为近场区。对于近场区来讲，它的电场同静电场中的电偶极子的电场相似，磁场同恒定磁场中的电流元相似。对于中高频 RFID 射频识别系统来说，电子标签将在近场区中对天线的辐射特性产生影响，形成负载调制，这就是近距离 RFID 系统的传输机理。

　　根据相关公式得出近场区的电场强度和作用距离的三次方成反比，磁场强度与作用距离的平方成反比，这说明随着距离的增大，电子标签对读卡天线的负载调制作用迅速减弱，这就是中低频 RFID 射频识别系统读写距离难以大幅提高，即作用距离短的主要原因。

　　传输距离 $r>\lambda$（波长）时的辐射场称为远场区。电基本振子天线的远场区具有如下的性质。

　　1）电基本振子的辐射具有方向性，为沿着径向向外辐射的横电磁波，在与振子轴垂直的方向上辐射最强。

　　2）电基本振子辐射场的场强与振子上的电流成正比，与读写距离成反比。对于超高频 RFID 系统，若想取得较远的阅读距离，必须在读写器天线上产生较大的电流，也就是说读写器需要一定的发射功率。

　　电磁波从天线向周围空间发射，会遇到不同的目标。到达目标的高频能量的一部分被目标吸收，转化为其他能量，另外一部分以不同的强度散射到各个方向上去。散射能量的一小部分会返回到发送天线。超高频 RFID 系统用反向散射原理进行数据传输，反射性能会随着频率的上升而增强。根据相关公式推导可得出读写器天线接收到的功率密度 S 可表示为

$$S = \frac{P \times G_1^2 \times G_2 \times \lambda^2}{(4\pi)^2 \times R^4}$$

式中：P 为读写器输出功率；G_1 为发送天线的增益；G_2 为电子标签天线的增益；R 是传输距离；λ 为波长。

可见超高频读写器的读写距离和读写器输出功率、发送天线的增益、电子标签天线的增益成正比关系，与射频卡与天线之间的距离成反比关系。以上的理论研究为 868MHz 读写器的天线设计提供了理论依据。

（2）系统天线设计。考虑到本系统的射频频率为 868MHz，波长约为 34.5cm，同时考虑到制造简便、制造成本、技术成熟度等因素，决定采用半波振子天线阵列作为读写器系统的天线。即将两个简单振子天线按一定的规律排列在一起，并按一定规律给每个天线单元馈电，从而组成阵列天线。实际阵列天线中各阵元都使用同一类型的天线，其馈电幅度、相位及相互位置均有一定的规律性。这样做可以使工艺结构简单，成本低廉、分析计算方便。

考虑到波长为 34.5cm，可将天线长度定为 18cm 左右，按照以上思想设计出的读写器天线具有以下特点：

1）根据天线的方向图乘积定理，多元阵列使得天线的方向图增强，辐射场强增大，获得了更大的场强增益。

2）根据需要可调整阵列数目以得到更好的增益性能，加反射金属板以提高增益。

3）极化方向为水平极化，这就要求电子标签天线的极化方向与之相一致。

4）匹配网络设计原理。匹配网络的设计对应于读写器天线设计。在天线的设计过程中，必须使天线的输入阻抗和同轴电缆的阻抗相匹配，所以在天线设计完成后，需要使用匹配网络进行阻抗匹配。

6.3.3　读写器软件系统设计

1. 软件设计总体方案

模块化编程要完全实现本机所有的技术指标需要大量而有效的程序来实现，烦琐的程序需要采用模块化编程的方法，即将一个大的程序分成若干小的模块，各个模块保持相对的独立性，模块之间只靠少量的出入口参数相联系。这样各个程序模块分别设计，从而使程序的调试、修改和维护都变得比较容易。

结构化编程：各个子程序之间使用结构良好的转移和调用，这样各个模块可有效地组合成一个整体，使流程明确地从一个程序模块转移到下一个程序模块。在这个过程中，要注意严格控制使用任意转移语句。

2. 主程序软件设计

系统主程序软件采用 C 语言编写，运用模块化和结构化编程思想。系统主程序构成了一个完整的读写器系统，控制每个硬件电路模块的工作状态，协调整个系统的工作流程。

系统主程序实现了与上位机的数据接收和数据发送的串行通信过程，完成了 ISO/IEC18000–6TypeB 协议中规定的对电子标签的各种操作。并用编写相关程序实现了协议中提出的随机二进制防冲突算法。

系统主程序主要可以分为四部分：串行通信程序，电子标签操作程序，底层程序，防冲突程序。主程序软件流程图如图 6–35 所示。

主程序工作过程如下。

（1）上电复位后，进行系统的初始化。

（2）通过串口接收程序接收上位机发送的指令，并进行判断。

（3）如果为 GROUP_SELECT 防冲突操作指令则进入防冲突处理过程，如果为单卡操作指令则直接进入读信息、写信息、终止指令等电子标签操作过程。

（4）如果操作成功，则通过串口发送程序进行获取数据的回传；如果操作失败，则返回标签操作程序进行指令的重新操作。

系统主程序还包括系统初始化程序，状态指示程序等。其中电子标签操作程序、底层程序、冲突程序完成了 ISO/IEC18000–6Type B 协议中对指令帧格式、基带编解码、防冲突机制的要求。用软件方式实现了对电子标签操作指令的封装、曼彻斯特码编码和 FMO 码的解码工作，并实现了二进制防冲突算法。

3. 电子标签操作程序设计

电子标签操作程序完成了 ISO/IEC18000–6Type B 协议里规定的对电子标签操作命令的发送和接收功能。电子标签操作程序工作过程如下，具体程序流程如图 6–36 所示。

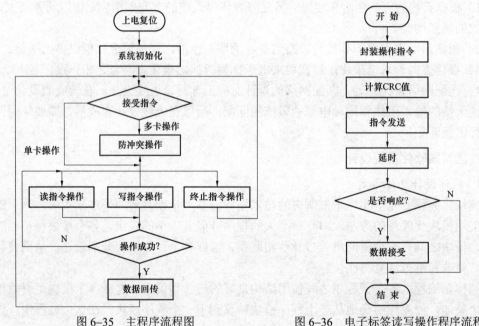

图 6–35 主程序流程图 　　　　图 6–36 电子标签读写操作程序流程图

电子标签读写操作程序入口接收上位机通过串口发送的相关数据，入口参数为命令代码、参数长度和参数内容。程序出口将接收到的应答数据给上位机进行数据的回传，出口参数为命令代码、状态标志响应内容和响应长度。

4. 底层程序设计

读写器系统底层软件主要包括两部分：底层发送程序和底层接收程序。程序严格按照 ISO/IEC18000–6Type B 协议对指令帧格式的要求进行指令的发送和接收。并实现了曼彻斯特码的编码算法和 FMO 码的解码算法。

（1）底层发送程序设计。底层发送程序按照协议中读写器到电子标签端的指令帧格式进行数据发送。程序流程图如图 6–37 所示。其中发送一字节指令程序完成了曼彻斯特码的软件编码。

（2）曼彻斯特码偏码程序设计。ISO/IEC18000–6Type B 协议规定读写器到电子标签端指令（发射指令）的编码方式为曼彻斯特编码。

协议规定基带速率 40kbps，每位码元周期 T=1/40k=25μs，曼彻斯特码的高低电平持续时间 T（m）=12.5μs。程序完成对一字节曼彻斯特码的发送，每一次循环过程发送一位的曼彻斯特编码，由位计数器判断是否发送完一个字节的曼彻斯特码。

曼彻斯特码编码程序流程图如图 6–38 所示。

（3）底层接收程序设计。底层接收程序按照协议中射频卡到读写器端的指令帧格式进行数据接收。

与底层发送程序不同的是应答指令的接收分为接收数据信息和接收 CRC 校验信息两个步骤。在接收完数据信息之后要计算出数据信息的 16 位 CRC 校验码与后来接收到的应答指令中的 2 字节 CRC 校验码进行比较。如果两者相等则表示接收指令正确进行数据的回传，如果两者不相等则返回 CRC 校验错误的标识。

其中接收一字节数据程序子程序和接收 CRC 子程序完成了 FM0 码的软件解码。接收一字节数据程序子程序还包含有 CRC 计算功能。程序流程图如图 6–39 所示。

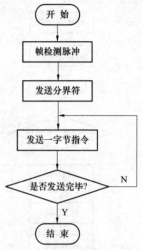

图 6–37　底层发送程序流程图

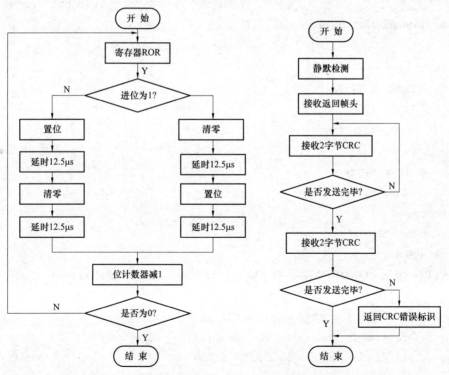

图 6–38　曼彻斯特编码程序流程图　　　图 6–39　底层接收程序流程图

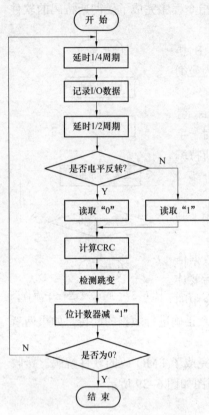

图 6–40　FM0 解码程序流程图

（4）FMO 码解码程序设计。ISO/IEC18000–6Type B 协议规定射频卡到读写器端指令（应答指令）的编码方式为 FMO 编码。

程序完成对一字节 FMO 码的接收，每一次循环过程接收一位的 FMO 码，由位计数器判断是否接收完毕一字节的 FMO 码。特别需要指出的是，FMO 码自身的编码规则决定了其自身携带了时钟信息（每位码元之间进行电平跳变）。FMO 码解码程序在接收完一位码元后寻找电平跳变，完成了对 FMO 码时钟信息的提取，大大降低了 FMO 码解码的误码率。FMO 码解码程序流程图如图 6–40 所示。

5. 部分程序清单

（1）主程序如下。

```
#define  RX_BUFFER_SIZE  32
char rx_buffer[RX_BUFFER_SIZE];
unsigned char rx_wr_index,rx_rd_index,
rx_counter;
bit  rx_buffer_overflow;
#pragma  savereg-
interrupt[USART_RXC] void uart_rx_isr(void)
{
     char status,data;
#asm
    Push  r 26
    Push  r27
    Push  r30
    Push  r31
    In  r26,sreg
    Push  r26
#endasm
status=UCSRA;
data=UDR;
if((status&(FRAMING_ERROR|PARITY_ERROR|DATA_OVERRUN))==0)
{
    rx_buffer[rx_wr_index]=data;
    if(++rx_wr_index==RX_BUFFER_SIZE)rx_wr_index=0;
    if(++rx_counter==RX_BUFFER_SIZE)
    {
    rx_counter=0;
```

```
        rx_buffer_overflow=1;
     };
};
    #asm
       Pop   r26
       Out   sreg,r26
       Pop   r31
       Pop   r30
       Pop   r27
       Pop   r26
    #endasm
}

    #pragma  savereg+
    #ifndef _DEBUG_TERMINAL_IO_
    #define _ALTERNATE_GETCHAR_
    #pragma  used+
    char  getchar(void)
{char data;
    while(rx_counter==0);
    data=rx_buffer[rx_rd_index];
    if(++rx_rd_index==RX_BUFFER_SIZE)rx_rd_index=0;
    #asm("cli")
    -rx_counter;
    #asm("sei")
return data;}
    #pragma  used-
    #endif
    #define  TX_BUFFER_SIZE128
    char tx_buffer[TX_BUFFER_SIZE];
    unsigned  char  tx_wr_index,tx_rd_index,tx_counter;
    #pragma  savereg-
    interrupt[USART_TXC] void  uart_tx_isr(void)
{#asm
    Push   r26
    Push   r27
    Push   r30
    Push   r31
    In     r26,sreg
    Push   r26
```

```
#endasm
if(tx_counter)
{
-tx_counter;
UDR=tx_buffer[tx_rd_index];
if(++tx_rd_index==TX_BUFFER_SIZE)tx_rd_index=0;};
#asm
    Pop    r26
    Out    sreg,r26
    Pop    r31
    Pop    r30
    Pop    r27
    Pop    r26
#endasm
}
    #pragma   savereg+
    #ifndef  _DEBUG_TERMINAL_IO_
    #define  _ALTERNATE_PUTCHAR_
    #pragma  used+
    void putchar(char c)
    {while(tx_counter==TX_BUFFER_SIZE);
    #asm("cli")
    if(tx_counter||((UCSRA&DATA_REGISTER_EMPTY)==0))
    {tx_buffer[tx_wr_index]=c;
    if(++tx_wr_index==TX_BUFFER_SIZE)tx_wr_index=0;
    ++tx_counter;}
else
    UDR=c;
    #asm("sei")
}
    #pragma  used-
#endif
#include<stdio.h>
Void write_trc_101(unsigned int data)
{
    unsigned char i;
    SCLK_SCK=0;//clrsck
    SENB_CS=0;//clrcs
    for(i=0;i<16;i++)
```

```
{SCLK_SCK=0;//clrsck
    if((data&0x8000)!=0)
    PDEN_SDO=1;//setsdo
    else
    PDEN_SDO=0;//clrsdo
    SCLK_SCK=1;//setsck
    data=data<<1;}
    SCLK_SCK=0;//clrsck
    delay_us(1);
    SENB_CS=1;//setcs
    delay_us(5);
}
set_tx_power(unsigned  char  tx_power_atten)
{unsigned int temp;
    SENB_CS=1;//setcs
    PDEN_SDO=1;//FSK/LO=1
    tx_power_atten=(tx_power_atten*2+3)/6;
    temp=0x9930+tx_power_atten;
    write_trc_101(temp);}
void ini  t_tx_modem()//user_tx_freq unit  100kHz
{
    SENB_CS=1;//setcs
    PDEN_SDO=1;//FSK/LO=1
    write_trc_101(0x8020);
    write_trc_101(0x9930);
    write_trc_101(0xa320);
    write_trc_101(0xc0e0);
    write_trc_101(0x8238);
}
#asm("sei")
while(1)
{
    if(rx_counter!=0)
{
        if(rx_buffer[0]='C')
    {
while((rx_counter!=0)&(rx_buffer_overflow==0))
        {
        i++;
```

```
        rx_buffer[i]=getchar();
        delay_ms(1);
        if(i>=16)
        {i=0;
        rx_buffer_overflow=1;
        UCSRB=0X48;
        }
        }
    }
}

    else
    {UCSRB=0X48;
    while(rx_counter)
    {getchar();}
}

    if(rx_buffer_overflow=1)
    {rx_buffer_overflow=0;
    UCSRB=0X48;
    switch(rx_buffer[1])
    {case 'T': ;
    break;
    case 'R': ;
    break;
    case 'Q': ;
    break;
        }
    }
};
```

（2）曼彻斯特编码程序如下。

```
#include<stdio.h>
#include<assert.h>
#include<string.h>
#define M  10     //全局变量
int  j;//指向编码后序列的数组下标
int  i;//输入码字的数组下标
int  length;//求值输入数组的长度
int  Direct_code(charstr0[])//直接编码
{char  dirct_code[2*M];
        memset(dirct_code,0,2*M);
```

```
            dirct_code[0]='0';
            dirct_code[1]='1';
            j=2;
            extern length;
for(i=0;i<length;i++)
    {//循环入口数据
            printf("currentcharacteris: %c",str0[i]);
            //循环处理,0->011->10
            if(str0[i]=='0') {dirct_code[j++]='0';dirct_code[j++]='0';}
            else if(str0[i]=='1') {dirct_code[j++]='1';dirct_code[j++]='1';}
            else {printf("inputerror,exit........");return1;}//输入出错
            //循环处理后数据
            printf("-----");
            printf("afterprocess: %c%c",dirct_code[j-2],dirct_code[j-1]);
                }//结果字符串加上终结符
            dirct_code[j]=0;
            //输出结果
            printf("----------------------------------------");
            printf("Direct_codecodingis: %s",dirct_code);
            return0;
            }
            int Manchester(charstr0[])//曼彻斯特编码
{
    char  Manchester[2*M];
    memset(Manchester,0,2*M);
    Manchester[0]='0';
    Manchester[1]='1';
    j=2;
    extern length;
    for(i=0;i<length;i++)
{printf("currentcharacteris: %c",str0[i]);
        //循环处理,0->01  1->10
        if(str0[i]=='0')  {Manchester[j++]='0';Manchester[j++]='1';}
        else if(str0[i]=='1') {Manchester[j++]='1';Manchester[j++]='0';}
        else {printf("inputerror,exit........");return1;}  //输入出错
        //循环处理后数据
        printf("-----");
        printf("afterprocess: %c%c",Manchester[j-2],Manchester[j-1]);
}
```

```
        printf("---------------------------------------------");
        printf("Manchestercodingis: %s",Manchester);
        return 0;
}

    #define M 10
    #include<stdio.h>
    void main()
    {int i=0;
    int str0[M];
    int str1[2*M];
    printf("pleaseinputthenumberstringuwant: ");
    scanf("%s",str0);
    do
{
        if(str0[i]==0){str1[i]=0;str1[i+1]=1;}
        else if(str0[i]==1){str1[i]=1;str1[i+1]=0;}
        i++;
            }while(str0[i]!=1)
```

第 **7** 章

电子标签 RFID 与 MSP430 系列单片机接口设计

7.1 基于 TRF7960 芯片的 13.56MHz RFID 读写器的设计

射频识别（Radio Frequency Identification，RFID）技术是从 20 世纪 90 年代兴起并逐步走向成熟的一项自动识别技术，它利用无线电射频信号进行非接触的双向通信，达到目标识别和数据交换的目的。它具有快速、高效、可靠、非视距读取和可工作于恶劣环境等优点，它与计算机、网络、通信等技术相结合，被广泛应用于物流管理、公共信息服务等行业，被认为是 21 世纪最具发展潜力的技术之一。本节设计了一款基于 TRF7960 芯片的 13.56MHz RFID 读写器。

7.1.1 读写系统的设计方案

高频射频识别读写器符合 ISO/IEC15693 标准，射频工作频率为 13.56MHz，采用电感耦合的原理。由读写器发射 13.56MHz 的射频载波信号，经 ASK 调制和高频功放，由天线发送出去。接收端通过天线接收来自电子标签的信号，经读写器处理后送 16 位超低功耗单片机 MSP420F449 单片机。软件方面，采用循环冗余校验（CRC）码作为差错控制编码，并采用改进的二进制搜索算法作为防碰撞算法，用来解决两个或两个以上的标签同时进入读写器作用范围的情况。

高频读写器电路主要包括 RFID 模块电路、微控制器电路、串行接口电路、电源电路等。RFID 模块电路的核心器件采用 TI 公司的多协议射频收发芯片 TRF7960。以 16 位超低功耗单片机 MSP430F449 作为微控制器电路的信号处理芯片。读写器的架构图如图 7-1 所示。

7.1.2 读写器硬件电路

1. RFID 模块电路

RFID 模块电路是整个 RFID 系统中的核心电路之一。在考虑了体积、低功耗、多协议支持等多方面的因素，决定采用 TI 公司生产的射频收发芯片 TRF7960。其具有以下几

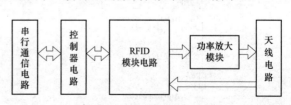

图 7-1 读写器系统架构图

个主要特点。

（1）集成度高：单一频率为13.56MHz的晶体振荡器；可提供RF，RF/2，RF/4三路时钟输出作为外部电路的时钟选择；5mm×5mm的QFN封装。

（2）功耗低：工作电压范围为2.7～5.5V；断电模式下，电流消耗小于1μA，待机电流小于12μA；在工作状态，电流小于10mA。

（3）使用灵活：支持所有ISO协议以及TI的TagitTM应答器产品系列；12位的用户可编程寄存器；支持100mW和200mW两种可选择的输出功率；ASK调制范围为80%～30%；支持8位的并行总线接口和4位的SPI接口；有AM和PM双接收输入通道，对接收到的两路信号使用相对强度检测指示（RSSI）功能，可选择较强的一路解调；可自行设置七种手动或自动使用配置。

RFID模块电路如图7-2所示，采用SPI的通信模式。

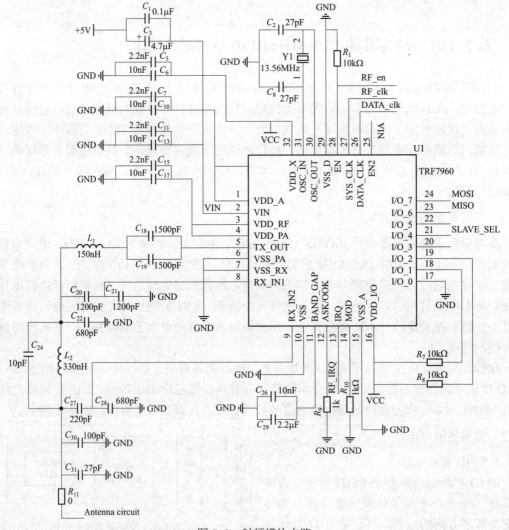

图7-2 射频模块电路

整个模块的工作频率为 13.56MHz，由外接的石英晶体振荡器提供。工作电压为 5V。模块接口电路可以分为两部分：射频信号接口电路和与微控制器相连的数字接口电路。在图 7-2 中，Antenna circuit 接口与天线电路相连接。RF_clk 输出 60kHz 的时钟信号，作为微控制器（MCU）的标准输入时钟。MOST、MISO、SLAVE_SEL 是微控制器与 TRF7960 的 SPI 的通信接口。RFJRQ 为 TRF7960 的中断请求线，当检测到应答器时，向微处理器发出中断请求，提醒微处理器以进行下一步的操作。RF_en 为 TRF7960 的使能控制输入。DATA_clk 为单向时钟控制线，在 TRF7960 接收和发送数据时，时钟由 MCU 控制。为了使射频识别模块的输出功率和阻抗匹配不受影响，在 PCB 布线中，需要注意以下几点：

（1）尽量让滤波电容靠近芯片，特别是 10nF 的电容，这样可以有效滤波。

（2）尽量减少布线地回路，接地过孔要尽量靠近元器件。

（3）两个电感应该放置成 90° 的方向，可以减少它们之间的耦合。

（4）数字地和模拟地最好通过磁珠或电感连接。

（5）在电路芯片底打 9 个孔，让芯片充分接地和散热。

（6）在射频前端，让元器件保持紧凑。保持畅通的输出。

2. 微控制器电路设计

微控制器电路主要实现 ISO/IEC 15693 协议的物理层程序（包括编码、解码、防碰撞、差错控制等）、串口通信程序。另外，可以加一部分外部功能，如设置 LCD 显示程序、在远距离门禁系统中用一个引脚去控制继电器的开关。由于应答器是无源的，微型芯片工作所需要的全部能量必须由读写器供应，因此为了提高系统的整体性能，增大读写距离和读写质量，需要尽量减小微处理器的功耗。故本设计中，微处理器选用美国德州仪器公司（TI）的 16 位超低功耗单片机 MSP430F449。MSP430F449 单片机的特点如下：

（1）超低功耗。1.8~3.6V 的工作电压，可在 1MHz 的时钟条件下运行；耗电电路很低且随模式的不同而不同，在活动模式下为 280μA，待机模式下为 1.1μA，掉电模式（RAM 数据保持）下为 0.1μA；具有 5 种可相互转换节电模式。

（2）强大的处理能力。采用 16 位精简指令集（RISC）结构，150ns 的指令周期；有着一般只有 DSP 中才有的 16 位多功能硬件乘法器、硬件乘加功能等先进的体系结构；27 条简洁的内核指令以及大量的模拟指令。

（3）丰富的片内外设。FLASH 存储器达到 60KB，RAM 达 2KB；另外还有时钟模块、定时器、通信模块、液晶驱动模块、模数转换器等；其时钟模块由高速晶体、低速晶体、数字控制振荡器 DCO、锁频环 FLL 等构成。

（4）系统工作稳定。在工作状态，DCO 可以防止程序跑飞。

3. MSP430F449 单片机电路模块

单片机控制电路如图 7-3 所示。

在图 7-3 中，由 TFR7960 芯片提供 3.3V 的输入电压，微控制器通过 P3.0、P3.1、P3.2 与 RFID 模块电路通信，TXD、RXD 与串行通用接口电路相连，采用上电复位方式，JP3 为 JTAG 下载接口，为了方便电路的调试。此外，P6.3、P6.4 用来控制发光二极管，作为读卡时的声光提示。

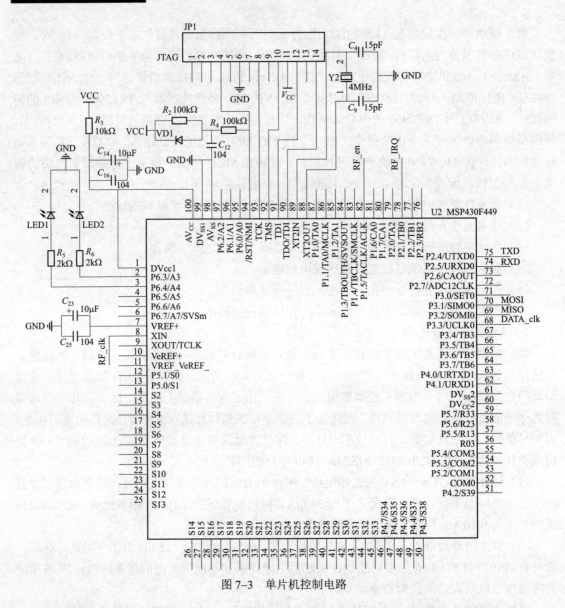

图 7-3　单片机控制电路

4. 串行接口模块电路设计

为了提高系统的可扩展性，在设计中提供了两种形式的串行接口电路：USB 虚拟串口电路和 RS232 接口电路。

（1）USB 虚拟串口电路。采用 USB 接口，主要考虑到这种接口方式越来越广泛。目前，在很多笔记本电脑上已经没有了串口和并口。同时为了能够兼容上位机基于串口的应用程序，采用基于 USB 接口的虚拟串口电路，电路图如图 7-4 所示。

USB 虚拟串口电路的核心器件采用台湾旺久公司开发的 PL2303，用来实现 USB 到 DART 接口的转换。电路的设计很简单，而且公司已经给提供了全面的免费资料，包括典型的应用电路和各种操作系统下的驱动程序。图 7-4 中，JP2 是 DART 接口，连接微控制器的串口。USB1 是 USB 接口，连接 PC 机的 USB 接口。

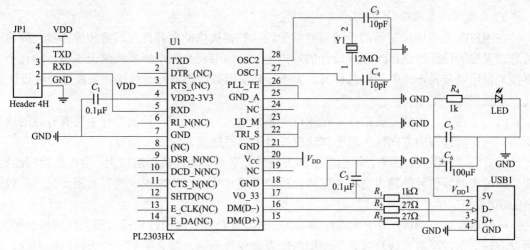

图 7-4 USB 虚拟串口电路

（2）RS232 接口电路。在设计 RS232 串行接口电路的过程中，RS232 电平转换芯片采用 TI 公司的 MAX232A，电路如图 7-5 所示。

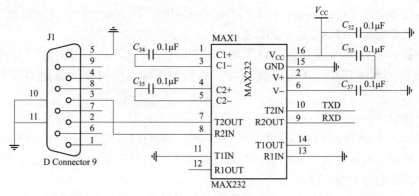

图 7-5 RS232 接口电路

设计时，要特别注意单片机与 MAX232A 的数据串入、串出端口不要混淆，且要使用 MAX232A 上的同一组 TX、RX。

5. 电源模块电路设计

从上面各个模块的分析可知，读写器仅需要 5V 的工作电压，设计中变压器实现 220V 到 15V 的转换，然后采用 LM7805 实现 15V 到 5V 转换，如图 7-6 所示。

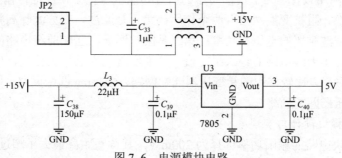

图 7-6 电源模块电路

6. 天线模块电路设计

在 RFID 系统中读写器的天线需要向无源应答器提供能量并在读写器和应答器之间传送信息。天线的设计是 RFID 系统设计的难点之一，本节将介绍电感式系统天线设计的几个主要技术指标以及在设计中如何选材料、大小、品质因数等因素，通过这些来描述天线设计的几个重要步骤：

（1）电感式天线的主要指标。在 RFID 系统中，对于天线设计的指标主要有有效的读写距离、应答器读写的方向性、对于移动应答器的读写速度、电磁干扰等。

有效的读写距离：通常，输出功率和天线的外形对读写距离影响较大。要提高读写距离，就必须增大射频信号的输出功率和保持合适的天线尺寸。一般来说，写有效距离是读有效距离的 70% 左右。

应答器读写方向性：对于无源应答器，它的能量必须全部通过和读写器天线的耦合得到，所以应答器在读写器天线有效磁场范围内的方向放置不同，就会影响穿过天线的磁力线，进而影响能量的耦合和通信的可靠性。由基本的物理基础可知，当应答器与磁力线方向成 90° 时，应答器与读写器天线之间全耦合；当两者平行时，穿过的磁力线最少，方向性最差，读写距离、效果也最差。

应答器的移动速度：读写器执行不同的命令所用的时间也不一样，设计时应尽量满足磁场的有效长度能满足各种速度运动的标签。

电磁干扰：设计天线前首先应该了解当地的一些法律、法规对射频信号的要求；同时要注意安装的周围环境，不能干扰到现有的其他天线；同时要注意磁力线密度对人体的影响。

（2）天线设计。

1）天线尺寸的选择。天线的尺寸不是越多越好，随着尺寸的变大会有一些负面影响如性噪比降低、磁通量盲区增大、天线的匹配难度也增大。大量实践证明，读写器读取的最大距离一般等于天线的对角线长度。

2）天线的品质因数 Q 的设计。天线的性能与天线的品质因数 Q 有关系，Q 值越大，能量的作用距离也就越大。但品质因数与读写器的带宽有如下的关系

$$B = \frac{f}{Q}$$

频率 f 为确定，过高的 Q 值会使读写器的带宽变窄。而在 ISO/IEC15693 协议中规定，对于双副载波的情况，两种副载波频率均在 400kHz 左右，所以要求天线的带宽必须大于 1MHz。

3）天线匹配网络设计。为了使读写器的信号和能量尽量无损耗地传输到天线，需要对天线进行阻抗的变换。阻抗变换网络有两个作用：第一是滤波，充分滤除高频输入电路中的谐波分量，只输出载波频率的电压和功率；第二是阻抗匹配，匹配前级电路的输入输出阻抗，使该阻抗值近似等于天线电路的输入阻抗值，从而实现功率的最大传输，使信号传输过程中的能量损耗达到最小。比较常用的是变压器匹配网路、Gamma 匹配网路、电容匹配网路。在本设计中采用变压器匹配网络。

7. 功率放大模块设计与实现

TRF7960 模块电路的输出功率选择为 200mW，其读写距离最大不超过 10cm，限制了读

写器的应用。因而在信号发射端口到天线之间增加功率放大模块，来增大输出功率，提高卡片的识别距离。射频放大模块电路主要包括功率放大器和匹配滤波网路两部分。

射频功率放大电路的作用是将读写器模块输出的已调信号的功率进行放大，然后输送到天线。一般来说高频功率放大器可工作于 A 类、B 类或 C 类状态，其中 C 类谐振功放输入信号比较大、输出功率大、效率高，因而在本设计中功率放大器工作于 C 类状态。功率放大电路如图 7–7 所示。

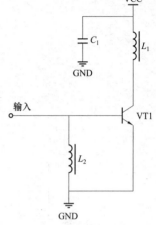

7.1.3　RFID 系统软件设计

软件的设计思路直接影响整个 RFID 系统的性能，软件的多样性直接影响着 RFID 系统的使用范围和灵活性。

1. RFID 系统的工作流程

（1）系统启动后，读写器天线产生连续的频率为 13.56MHz 的 RF 载波信号，产生有效的磁场范围，同时微控制器电路通过 RF_IRQ 引脚监测是否有应答器信号传送到读写器。

（2）一旦处于休眠状态的应答器进入读写器天线的有效磁场范围时，将马上发生电感耦合，13.56MHz 的载波信号通过天线的耦合传到了应答器，为应答器的工作提供了能量。

图 7–7　功率放大电路

（3）应答器中的微控制器接收到能量后开始启动，并根据命令的不同发送对应的握手信息，一般指 UID 号。

（4）读写器系统检测到应答器发送的数据后，对其帧头进行检测，如检测正确，则再次向应答器发送命令，提示握手成功，应答器可以继续发送其他数据。

（5）读写器系统接收完一帧完整信息后，采用循环冗余码（CRC）校验法来判断应答器数据的完整性。

（6）应答器系统同样也采用 CRC 校验法来检测接收到的读写器命令是否完整，正确则进行下一步操作，否则等待，直到验证正确为止。

（7）当读写器获得了所需要的应答器信息后，会提示应答器操作完毕，可以离开读写器天线的有效磁场范围，应答器进入休眠状态。

2. 读写器工作模式和软件功能划分

在设计中，考虑了两种读写器工作模式：自动寻卡模式和指令模式。自动寻卡模式是指读写器有效磁场区域内的应答器在通信时发生碰撞，读写器就工作于防碰撞状态时的模式。在这种模式下，读卡器会自动地阅读有效磁场范围内的所用符合 ISO/IEC15693 协议应答器的 UID 号，并将其传送给上位机，在这种工作模式下，读写器除了响应强制停止工作命令外，不再响应上位机发送的其他操作命令。指令模式是指上位机和读写器采用一问一答的工作方式，读写器一直处于等待命令的状态，只有接收到上位机发送的一个完整的操作命令数据包后，才去执行相应的操作，并将结果返回给上位机。一般来说，指令模式用在对应答器数据块内容进行读写的场合以及读写器联网工作环境中，自动寻卡模式可用在各种环境下读写器性能的测试以及一些不需人工干预的场合。读写器总的工作流程如图 7–8 所示。

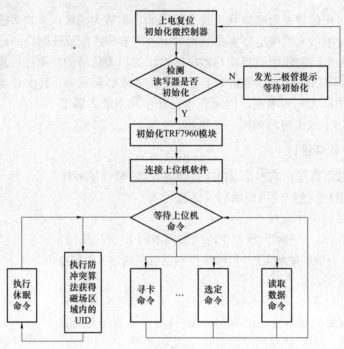

图 7-8 读写器的工作流程

如图 7-8 所示，整个流程分为以下几个部分：

（1）初始化微控制器，复位微控制器，设置低功耗工作模式、看门狗定时器等。

（2）初始化读写器，为读写器设定厂商信息、出厂口期、机器号等信息。在实验室测试中，这些信息可以不写进去。但在实际应用生产中，这些信息是必需的，因为这是生产商跟踪该读写器的唯一信息，同时当读写器工作在网络模式时，这些信息是每台读写器的唯一标识，上位机必须先获得这些信息，然后采用轮询的方式控制读写器。

（3）初始化 TRF7960 的工作模式，根据实际应用情况进行输出使能、编码选择、端口电压、输出功率设置等。

（4）连接上位机软件，写作本设计的主要目的是对 RFID 的一些关键技术进行深入研究，没有着重于 RFID 系统的设计。故没有单独编写上位机界面，直接选用串口调试助手作为上位机软件。

（5）等待上位机命令，包括 ISO/IEC15693 协议的操作命令及读写器的配置命令等。

（6）根据命令，进入相应的工作模式。

读写器软件设计分为两部分。

（1）物理层程序设计，包括 TRF7960 工作模式的配置程序，ISO/IEC15693 物理层协议程序（时域编解码、防碰撞算法、CRC 算法等）。

（2）串口通信协议程序设计，实现读写器与上位机的通信协议。

7.1.4 读写器程序设计

1. 异步串行通信协议程序设计

读写器通过 USB 虚拟串口或者 RS232 接口与上位机实现数据通信，接收上位机的命令来完成相应操作。为了提高通信的可靠性、一致性及提供上位机软件一个统一的编程接口，必须制定一个简单的通信协议。

（1）串行通信接口规格及协议描述。我们设置串口通信接口的波特率为 19 200bps，同时约定数据字节的起始位为 1 个，数据位为 8 个，停止位为 1 个，无奇偶校验。并且在串行通信过程中，最先传输最低有效字节的最低有效位。通信过程如下。

1）上位机首先传送命令给读写器。

2）读写器接收到命令后，执行相应的操作，并将执行结果状态和数据返回给上位机。注意在这里，上位机发送命令时，它的数据块必须符合协议的格式规定，否者读写器将不能识别命令或者返回错误结果。

3）读写器在收到上位机命令后 1s 内，完成命令执行，然后返回结果。在这段时间内，读写器不对上位机发送的数据进行处理。

4）读写器执行命令，得到结果后，将执行结果、响应数据等发送至上位机。至此，一次完整的通信过程结束。

（2）串行通信数据块格式。串行通信的数据块通信格式有两种，分别是上行数据帧（读写器返回给上位机的数据）和下行数据帧（上位机发送给读写器的命令）。读写器上行数据帧结构如下。

数据总的字节数 Len	标志位+信息标志位（16bit）	卡片返回信息	CRC16

例如，当读写器接收到获取卡片信息命令，然后成功读取卡片信息时，将返回如下数据：11 00 0F B5 C4 DS 02 00 00 07 E0 00 00 3F 03 8B 74 81，11 为数据总字节数，即十进制 17，00 0F 为标志位和信息标志位，B5 C4 DS 02 00 00 07 E0 为卡片 UID，00 00 3F 03 8B 为卡片其他信息，最后 74 81 为 CRC16，在获取卡片的 UID 时，卡片的其他信息可不返回。

上位机下行数据帧结构如下。

TRF7960 配置命令	标志位	命令编码	命令内容	CRC16（可选）

（3）串行通信程序设计。微处理器 MSP430F449 芯片中带有两个通用串行同步/异步（USART）通信接口：USART0 和 USART1，每一个都可以独立地与外界电路进行串行通信。这里选择通信接口 USART0 对该模块的所有操作都是通过设置对应的寄存器实现的，寄存器包括 U0CTL、U0TCTL、U0RCTL、U0MCTL、U0BR0、U0BR1 等。在串口通信中，收发数据都采用中断方式，不论接收还是发送数据，都需设置一个中断标志，通过检测中断标志实现数据的收发。寄存器的部分配置程序如下：

```
#include <msp430F44x.h>
void UART0_ init ()
{
  U0TCTL=0X00;      //寄存器清零
  U0TCTL+=SSEL1;    //波特率发生器选择 SMCLK
    U0CTL=0X00;
```

```
U0CTL+=CHAR;      //传输 8 位数据
U0BRO=0X45;//波特率 19 200bps
...
}
```

在异步串口通信过程中，程序不间断地检测 U0RXBUF 和 U0TXBUF 两个缓冲器，来确定数据此时是读还是写。

2. 循环冗余码校验（CRC）程序设计

循环冗余校验 CRC（Cyclic Redundancy Check）是目前 RFID 系统信道编码中应用最广的一种检错方法，它能够以很大的可靠性识别传输错误，并且编码简单，误判概率很低。缺点是不能校正错误。它是由分组线性码演变而来的，应用二元码组，利用除法及余数的原理来作错误侦测。

（1）CRC 校验的原理及校验过程。循环码的"循环"指的是将任一码字的各位左移或右移（闭合），所得新码字任为该编码的另一码字（除全 0），见表 7–1。

表 7–1　　　　　　　　　　　　　　　循　环　码

码字编号	信息码元 a6a5a4	监督码元 a3a2a1a0	码字编号	信息码元 a6a5a4	监督码元 a3a2a1a0
1	000	0000	5	100	1011
2	001	0111	6	101	1100
3	010	1110	7	110	0101
4	011	1001	8	111	0010

从表 7–1 可以看出，除 1 号码字外，移动其他码字的码元，所得码字仍然在表内。比如将 3 号码字左移一位的得 6 号码字，将 5 号码字右移两位所得为 8 号码字。

（2）CRC 校验的程序设计。由 ISO/IEC15693 协议可知，它定义的 CRC 计算符合 ISO/IEC13293 标准，其生成多项式为 CRC–CCITT，CRC 的初始值为 0XFFFF，CRC 校验和计算的电路模型如图 7–9 所示。

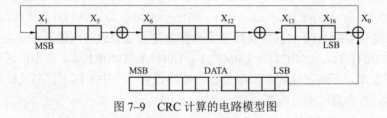

图 7–9　CRC 计算的电路模型图

对于实现 16 位 CRC 校验和的计算主要有两种方法：按位移入算法和查表法。按位移入计算法程序简单，但效率低。查表法则需要事先计算好 512 字节长的数据表，程序效率比较高。为了编写程序简单，本文采用了第一种方法，部分程序如下：

```
/**********************************
*CRC 校验 CRC–CCITT
#define CRC16_POLYNOM  0x8408
```

```
#define CRC16_PRESET  0xFFFF
********** . ************************/
uint CRC16 (unsigned char *cBuffer,uchar iBufLen)
{
uchar i,j;
uint wCrc=CRC16_PRESET;
for (i=0;i<iBufLen;i++)
{
    WCrc^ =(uint)cBuffer[i];
    for (j =0;  j<16;  j++)
    {
        if (wCrc&0x0001)
        wCrc=(wCrc>>1)^CRC16_ POLYNOM;
        else
          wCrc=(wCrc>>1);
    }
}
wCrc=~wCrc;
    return wCrc;
}
```

3. TRF7960 模块程序设计

（1）TRF7960 配置寄存器设置。微控制器通过 SPI 接口与 TRF7960 芯片连接，我们一般涉及到的 TRF7960 寄存器有 17 个，其地址及功能见表 7–2。

表 7–2　　　　　　　　　　　　　　**TRF7960 寄存器地址描述**

地址	寄 存 器	读写方式
主控制寄存器		
0x00	芯片状态控制寄存器	R/W
0x01	ISO 协议控制寄存器	R/W
协议设置寄存器（16～19 地址保留）		
0x02	ISO 14443B 发射选项	R/W
0x03	ISO 14443A 高速率	R/W
0x04	发送定时器设置 EPC 协议（高字节）	R/W
0x05	发送定时器设置 EPC 协议（低字节）	R/W
0x06	发送脉冲长度控制	R/W
0x07	接收无响应控制	R/W
0x08	接收等待时间	R/W
0x09	调节器和 SYS CLK 控制	R/W

续表

地址	寄 存 器	读写方式
	状态寄存器	
0x0C	IRQ 中断状态	R
0x0D	中断屏蔽寄存器	R
0x0E	冲撞位置点	
0x0F	RSSI 及晶振状态	R
	FIFO 寄存器	
0x1C	FIFO 状态	R
0x1D，lE	发送长度控制	R/W
0x1F	FIFO 缓存寄存器	R/W

在编写程序时，首先必须初始化 TRF7960，即对主控制寄存器配置；配置完成后，其他的协议设置寄存器会自动调节。主控制器的配置主要包括工作电压、输出功率、工作协议、编码选择等。如下部分程序所示：

```
void TRF7960_ init()
{
...
TRF7960_put(0x00,0x31);    //+5V 电源供电,200mW 输出功率
TRF7960_put(0x01,0x06);//协议为 ISO 15693,双副载波,4 取 1 编码
...
```

（2）微处理器与 TRF7960 的通信方式。TRF7960 芯片包含并口和串口 SPI 通信接口，在本设计中，选择 SPI，带主从选择模式。

时序图如图 7-10 所示。

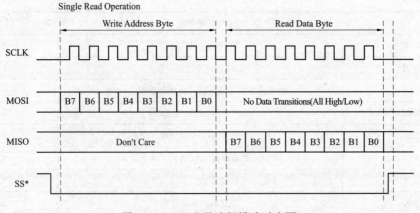

图 7-10　SPI 主从选择模式时序图

从图 7-10 可以看出，在时钟的上升沿，开始写操作。在时钟的下降沿，开始读操作。微控制器 MSP430 支持 SPI 数据格式，从 TRF7960 读出一个字节数据的 MISO 部分程序如下：

```
void SPIReadSingle(unsigned char *pbuf,unsigned char lenght)
{
    while(lenght>0)
    {
      *pbuf=(0x40}*pbuf);
    *pbuf=(0x5f &*pbuf);    //寄存器地址
    TRFWrite=*pbuf;      //发送命令
        clkON;
clkOFF;
    TRFDirIN;                //读取寄存器
        clkON;
    _no_ operation();
      *pbuf=TRFRead;
      clkOFF;
      TRFWrite=0x00;
      TRFDirOUT;
      pbuf++;
    lenght- -;
    }
}
```

在微控制器与射频模块通信程序设计中，有一个寄存器特别需要注意，即 IRQ 状态寄存器。它的读取方式与其他寄存器有所不同，其虚读部分需要延迟 8 个时钟，如图 7-11所示。

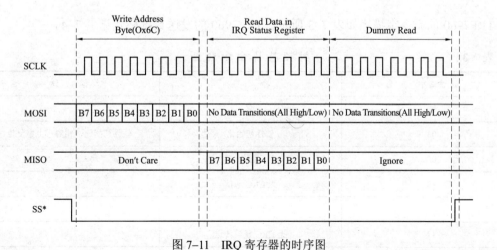

图 7-11　IRQ 寄存器的时序图

（3）TRF7960 数据的接收与发送。TRF7960 射频模块与应答器之间的通信，由射频芯片的内部控制。它为用户准备了两种通信模式：寄存器模式和直接模式。对于前者，数据的通信都通过 FIFO 来完成，不需要微控制器的控制，这种模式程序比较简单，本设计就采用这种模式。而对于直接模式，如果对信号没有特别要求，一般不选这种模式。

TRF7960 射频芯片利用中断方式来实现对应答器的读写。通过中断引脚 IRQ 与微控制器连接，当接收到中断请求时，提示微控制器对 IRQ 寄存器进行查询，以查明中断原因，并作出及时、有效的处理，这对整个 RFID 系统的功能实现是非常重要的，中断处理流程图如图 7–12 所示。

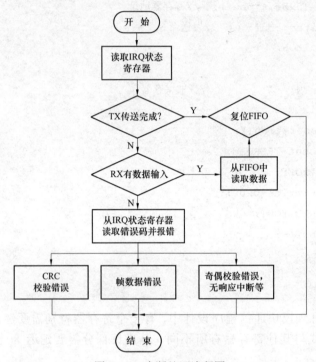

图 7–12　中断处理流程图

TRF7960 的命令字描述如表 7–3 所示。TRF7960 的发送数据格式见表 7–4。

表 7–3　　　　　　　　　　　　　射 频 芯 片 命 令 介 绍

命令字	命 令	描 述
00	空	
03	软件初始化	软件初始化，相对于上电复位
0F	复位	
10	无 CRC 通信	
11	带 CRC 通信	
12	无 CRC 延迟传送	
13	带 CRC 延迟传送	
14	传送下一个时隙	IS015693，Tag–It
16	禁止接收	

续表

命令字	命 令	描 述
17	接收使能	
18	内部 RF 测试	
19	外部 RF 测试	
1A	接收增益调节	

表 7–4　　　　　　　　　　　　　　射频芯片发送数据格式

位	描 述	功 能	地 址	命 令
Bit7	命令控制位	0：地址；1：命令	0	1
Bit6	R/W	0：写；1：读	R/W	0
Bit5	连续模式			0
Bit4～Bit0	地址/命令位 4～0			

通过表 7–4 可以看出，微控制器可以直接发送一系列的命令来控制射频芯片的复位、接收等。

4. 防碰撞算法程序设计

从 ISO/IEC15693 协议的防碰撞原理分析可知，在碰撞位前接收到的数据都是有效数据位，防碰撞算法的思路就是根据这些有效位来添加相应的掩码长度（Mask length）和掩码值（Mask value）作为下次 Inventory（寻卡）命令的参数。这就将问题转变为如何确定每次发送 Inventory 命令时的 Mask length 和 Mask value。

采用改进的二进制搜索算法是可以实现 ISO/IEC15693 协议的防碰撞的，二进制搜索算法适合在大量应答器中，找出单张应答器的场合。

设计采用 16×16 行列扫描的方式实现了防碰撞算法，其中行代表每次扫描开辟的时间槽的个数，列标识扫描需要展开的层数，防碰撞算法流程如图 7–13 所示。

在图 7–13 中，程序首先开辟了 16 个 UID 缓冲区，每个缓冲区对应一个时间槽。第一轮发送 Inventory 命令时，Mask length 和 Mask value 都为 0，这样所有的电子标签必定在这一轮 16 行扫描中的某个行响应。进行 16 行扫描，保存完整的 UID，找出碰撞的行，对碰撞的行列展开，根据已知的行列号，以及确定的有效部分 UID 号，填写对应的掩码值和掩码长度作为下次 Inventory 命令的参数，如此循环 Inventory 命令，直到找到所有的标签，然后再初始化行列号、掩码及掩码长度，进行新的一轮寻卡。可以看出本方法设计的防碰撞算法的时间槽的个数是动态的，随着碰撞出现数目的多少，决定时间槽的数目多少，大大提高了防碰撞的效率。

根据 ISO/IEC 协议，电子标签的 UID 是 64 位，每 4 个 bit 是一个最小扫描单位，每次开辟 16 个时间槽，极限情况下经过 16×16 层行列扫描必能找到一张标签的 UID。

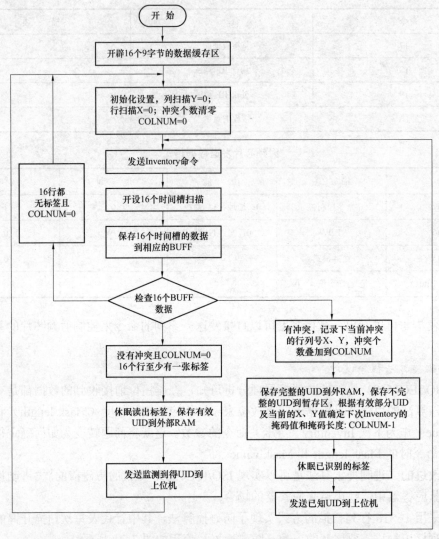

图 7-13　防碰撞算法流程图

7.2　基于 nRF2401A 射频收发芯片的 RFID 系统设计

根据工作频率的不同，RFID 系统大体分为中低频段和高频段两类，典型的工作频率为135kHz、13.56MHz、433MHz、860MHz～960MHz，2.45GHz 和 5.8GHz 等。不同频率 RFID系统的工作距离不同，应用的领域也有差异。低频段的 RFID 技术主要应用于动物识别、工厂数据自动采集系统等领域；13.56MHz 的 RFID 技术已相对成熟，并且大部分以 IC 卡的形式广泛应用于智能交通、门禁、防伪等多个领域，工作距离小于 1m；较高频段的 433MHz RFID技术则被美国国防部用于物流托盘追踪管理；而 RFID 技术中当前研究和推广的重点是高频段的 860MHz～960MHz 的远距离电子标签，有效工作距离达到 3～6m，适用于对物流、供应链的环节进行管理；2.45GHz 和 5.8GHz RFID 技术以有源电子标签的形式应用在集装箱管理、公路收费等领域。

7.2.1　系统整体设计方案

1. 系统基本组成和工作原理

（1）系统主要部分组成。RFID 系统主要包括射频读写器和射频识别标签两部分。标签存储着待识别对象的相关信息，附着在待识别对象上。读写器可以发送射频信号到电子标签，并接收电子标签返回的射频信号，从而获取标签数据信息。

RFID 系统包含了手持式读写器、电子标签、GPRS 和计算机通信网络。其中手持式读写器部分主要包括天线部分、射频信号收发机、数据存储器、数据处理器和 GPRS 模块。整个 RFID 系统如图 7-14 所示。

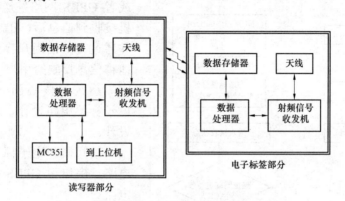

图 7-14　RFID 系统

（2）系统工作原理。电子标签和读写器都使用 nRF2401 作为射频信号的收发器，并采用超低功耗 MSP430 系列单片机作为数据处理器。系统开始工作时，电子标签处于接收状态，读写器处于发送状态。读写器开始发送需要查询的电子标签的号码，然后进入接收状态。所有在工作范围的标签都可以收到这个号码，但是只有号码相同的标签作出响应。该标签进入发送状态，发送几组确认信号后转入接收状态。当读写器接到该确认信号，就完成了对一个标签的查询，进入下一个。如果读写器无法检测到标签的应答信号，认为该标签离开监控范围，此时会触发手持终端的蜂鸣器报警。同时，标签号码和系统时间将通过 GPRS 网络传到远程监控计算机。

电子标签和读写器的程序流程如图 7-15、图 7-16 所示（流程图中的 ACK 为确认信号，buffer 为缓冲寄存器）。

图 7-15　电子程序标签流程图

2. 系统总体设计方案

本系统所涉及的 RFID 系统包含了读写器和电子标签。电子标签和读写器都使用 nRF2401 作为射频信号的收发器，并采用超低功耗 MSP430 系列单片机作为数据处理器。系统开始工作时，电子标签处于接收状态，读写器处于发送状态。读写器开始发送需要查询的电子标签的号

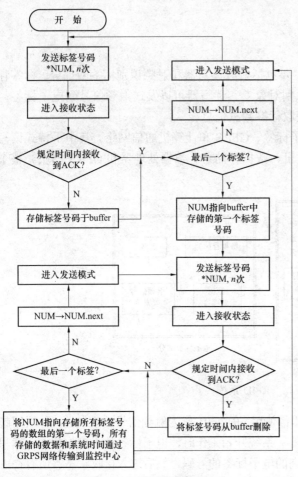

图 7-16　读写器流程图

码，然后进入接收状态。所有在工作范围的标签都可以收到这个号码，但是只有号码相同的标签作出响应。该标签进入发送状态，发送几组确认信号后转入接受状态。当读写器接到该确认信号，就完成了对一个标签的查询，进入下一个。如果读写器无法检测到标签的应答信号，认为该标签离开监控范围。监控信息可以通过串口或者 GPRS 网络发送到监控主机。主机接收到信息后，更新数据库的内容，并通过友好的用户界面，定时或实时地将信息反映给用户。

系统的核心部分包括读写器和电子标签电路设计，防冲突检测算法设计。

读写器和电子标签电路包括电源电路、串口和 GPRS 接口电路、天线电路。

读写器的电源采用 9V 直流输入，通过电平转换芯片产生 5V 和 3.3V 的电压供各个部分使用。和计算机的串口通信选择 RS232 作为通信协议。RS232 的硬件实现简单，因此在传统的设备中有很多采用了这种通信方式。同时，系统选择西门子公司的 GPRS 模块 MC35 实现 GPRS 网络的接入。此时需要在主机端使用同样的模块。电子标签部分要求使用的电源体积小，并且可以使用较长时间，因此选用氧化银电池对系统供电。标签上的天线直接设计在印刷电路板上，提高可靠性。

本系统所涉及的读写器应用场合为单个读写器对应多个标签，所以需要解决的只有标签碰撞问题。系统始终工作在读写器和电子标签的一问一答中。虽然系统用到了多个电子标签，但是由于每个电子标签识别码的不同，每次查询只有一个标签作出回应。这样就使系统工作的任何时刻只有一个查询或者应答信号在发送当中，有效地避免了两类碰撞问题。

除了以上罗列的系统实现起来的一系列需要解决的问题以外，在系统设计初期，各类器件的选型也是一个非常重要的问题，最主要的是控制器和射频收发芯片的选择。系统的主控器是控制模块中的一部分，通过与应用软件相结合，控制了系统各个模块的运行。包括对射频收发机的数据发送与接收；液晶显示器的数据显示以及与计算机之间的数据传输。本课题选择的微控制器，需拥有两个以上的全双工串行口，一个用于主控器与射频收发器之间的数据传输，另一个则用于和计算机的数据通信。该主控芯片必须拥有丰富的串行 I/O 口资源，具有快速可靠的读写能力。同时，由于电子标签应用场合的特殊性，标签上的主控器必须要有相当低的功耗，以保证电池的长期使用。鉴于以上的要求，MSP430 系列单片机作为数据处理器。至于射频收发芯片，主要考虑到项目应用的主要背景一般在 30m 左右的无线数据传输，因此选用 nRF2401 作为射频信号的收发器。

7.2.2　射频收发模块的功能实现

射频收发模块由主控器和射频收发器构成。本系统中，电子标签和读写器端所使用射频收发器都是 nRF2401，主控器使用超低功耗的两款 MSP430 系列的单片机实现。

1. 主控制器部分的设计

主控制器部分设计主要考虑到电子标签的低功耗问题。由于电子标签的应用场合的特殊要求，该部分的电源只能使用体积较小的氧化银电池，并且该部分要一直处在工作状态。因此，选用超低功耗的 MSP430 系列单片机作为主控器。电子标签和读写器所选用的单片机分别为 MSP430 系列的 1101 和 149 作为主控器。

MSP430 系列单片机具有 16 位 RISC 结构，CPU 的 16 个寄存器和常数发生器使 MSP430 微控制器能达到最高的代码效率。灵活的时钟源可以使器件达到最低的功率消耗。数字控制的振荡器（DCO）可使器件从低功耗模式迅速唤醒，在小于 6μs 的时间内被激活到正常的工作方式。MSP430 系列单片机的 16 位定时器是应用于工业控制如纹波计数器、数字化电机控制、电表、水表和手持式仪表等的理想配置，其内置的硬件乘法器大大加强了其功能并提供了软硬件相兼容的范围，提高了数据处理能力。

2. 射频收发芯片 nRF2401A 简介

（1）nRF2401A 特点。nRF2401A 是 Nordic 公司推出的工作于 2.4GHz～2.5GHz 的 ISM（工业、科学和医疗）频段的单片无线收发一体芯片。芯片内置频率合成器、功率放大器、晶体振荡器和调制器等功能模块，只需少量外围元件便可组成射频收发电路。常用于无线鼠标和键盘、无线手持终端、无线频率识别、数字视频、遥控和汽车电子等方面。其主要特点如下：

1）nRF2401A 是一个具有很高集成度的无线通信芯片，低电压、低功耗，采用 0.18μm CMOS 工艺，成本低，整个最低成本的收发系统包括所有的感应器和滤波器都集成在一个芯片内，电压 1.9～3.6V，为了减少电流损耗和成本，nRF2401A 内嵌多数通信特点。

2）nRF2401A 有两种通信模式：Direct Mode（直接模式）和 Shock Burst TM Mode（突发模式）。Direct Mode 的使用与其他传统射频收发器的工作一样，需要通过软件在发送端添加校验码和地址码，在接收端判断是否为本机地址并检查数据是否传输正确；Shock Burst TM Mode 使用芯片内部的先入先出堆栈区，数据可从低速微控制器送入，高速（1Mb/s）发射出去，地址和校验码硬件自动添加和去除，这种模式的优点：① 可使用低速微控制器控制芯片工作；② 减小功耗；③ 射频信号高速发射，抗干扰性强；④ 减小整个系统的平均电流。因此，使用 nRF2401A 芯片特有的 Shock Burst TM Mode 使得系统整体的性能和效率提高。

3）全球开放的 2.4GHz 频段，125 个频道，满足多频及跳频需要。高速率 1Mbps，高于蓝牙，具有高数据吞吐量。极少的外围元件，只需一个晶振和一个电阻。发射功率、工作频率等所有工作参数全部通过软件设置完成。

4）芯片内部设置了专门的稳压电路，使用各种电源包括 DC/DC 开关电源均有很好的通信效果，每个芯片可以通过软件设置最多 40bit 地址，只有收到本机地址时才会输出数据（提供一个中断指示），编程很方便，纠检错是无线通信设计的难点，nRF2401 内置了 CRC 纠检错硬件电路和协议，对于软件开发人员太方便了。nRF2401 的 DuoCeiver 技术可以同时接收两个 nRF2401A 的数据。

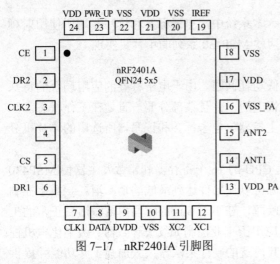

图 7-17　nRF2401A 引脚图

（2）nRF2401A 引脚分布。nRF2401A 拥有 24 个引脚，其引脚分布如图 7-17 所示，其详细的引脚功能可以查看芯片的 Datasheet。这里将重点介绍 nRF2401A 一些比较重要的引脚。

1）PWR_UP：芯片激活端。

2）CE：nRF2401 的发送/接收模式选择端。

3）CS：nRF2401 的配置模式选择端。

4）DR1：频道 1 接收准备好信号输出端。

5）DATA：频道 1 收/发数据端。

6）CLK1：传送数据时钟输入端、频道 1 接收数据时钟输入/输出端。

（3）nRF2401A 工作模式。在本设计中，只使用了频道 1 作为通信频道，因为频道 1 的 DATA 脚是双向的数字 I/O 口，已满足要求，而频道 2 的 DOUT 只能在接收模式中使用，为单向的数字输出口。其中 PWR_UP、CE、CS 三个引脚控制着 nRF2401A 的 4 种工作模式：收发模式、配置模式、空闲模式和关断模式。该三个引脚的功能实现见表 7-5。

表 7-5　　　　　　　　　　　　　　　nRF2401A 的工作模式

工作模式	PWR_UP	CE	CS
收发模式	1	1	0
配置模式	1	0	1
空闲模式	1	0	0
关断模式	0	*	*

收发模式：nRF2401A 的收发模式有 ShockBurst Mode 和 Direct Mode 两种，其具体收发方式由器件配置字决定。本设计采用的是 ShockBurst Mode。

配置模式：nRF2401A 的所有配置工作都是通过 CS、CLK1 和 DATA 三个引脚的控制和一个配置寄存器来完成。将其配置为 ShockBurst 收发模式需要 15 字节的配置字，而将其配置为直接收发模式则只需要 2 字节的配置字。

ShockBurst 的配置字使 nRF2401A 能够处理射频协议，一旦 15 字节的配置字全部传输到 nRF2401A 并使其进入收发模式，只需改变配置字的最低一个字节内容，便可实现接收模式和发送模式之间的切换。

ShockBurst TM 的配置块可以配置以下五个部分。有效数据长度：指定射频数据包中有效数据占用的位数，这使得 nRF2401A 能够区分接收数据包中的有效数据和 CRC 校验码；地址：接收到数据的存储地址，分别对应于接收频道 1 和接收频道 2；地址位数：规定射频数据包中接收点地址占用的位数，这使得 nRF2401A 能够区分地址和数据；CRC 位数：8 位或 16 位 CRC 码选择；CRC 使能：使能 nRF2401 的 CRC 校验功能。表 7–6 为 nRF2401A 的配置字的各个位描述。

表 7–6　　　　　　　　　　　　　nRF2401A 的配置字的各个位描述

	位　置	位　数	名　称	配置功能
猝发模式的配置	143:120	24	TEST	保留
	119:112	8	DATA2_W	通道 2 的有效数据长度
	111:104	8	DATA1_W	通道 1 的有效数据长度
	103:64	40	ADDR2	通道 2 的数据存储地址（最高达 5 字节）
	63:24	40	ADDR1	通道 1 的数据存储地址（最高达 5 字节）
	23:18	6	ADDR_W	接收点地址位数（对应于两个通道）
	17	1	CRC_L	CRC 位数选择
	16	1	CRC_EN	使能 CRC 产生/校验

　　空闲模式：空闲模式的设计，是为了减小 nRF2401A 的平均工作电流损耗，同时保持短的芯片启动时间。在空闲模式下，nRF2401A 内部的部分晶振仍在工作，此时的工作电流跟外部晶振的频率有关，如外部晶振为 4MHz 时工作电流为 12μA，外部晶振为 16MHz 时工作电流为 32μA。在空闲模式下，nRF2401A 片内的配置字内容保持不变。

　　关断模式：在关断模式下，其工作电流减至最小，一般情况下都小于 1μA。关机模式下，nRF2401A 片内的配置字内容不会因为关断模式而被清除，这是该模式与断电状态最大的区别。

　　3. nRF2401A 的功能实现

　　单片机对 nRF2401A 芯片的控制包括在配置模式下对 nRF2401A 的初始化配置、发送数据和接收存储数据。配置字一共 18 字节，发送端和接收端的配置必须匹配，只有配置字的最低位不同。数据包格式包括前缀、地址、有效数据和 CRC。发送数据包时单片机只向 nRF2401A 传送地址和数据，前缀和 CRC 会在 nRF2401A 芯片内部自动加进去。接收数据包时，接收端检测到本机地址的数据包，检验正确后会自动移去前缀、地址和 CRC，将有效数据传送给单片机。下面以读写器端的配置为例，说明 nRF2401A 功能实现的过程。图 7–18 为读写器部分控制器和 nRF2401A 连接图。

　　nRF2401A 从关断模式进入其他模式之前，至少要有 3ms 的时间处在空闲模式。从关断模式进入配置模式的时序图如图 7–19 所示。图中 Tpd2cfgm（time from power down to configure mode）大于 3ms。

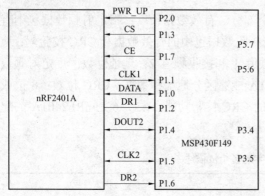

图 7–18 读写器部分控制器和 nRF2401A 连接图

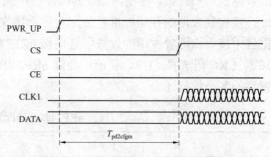

图 7–19 关断模式进入配置模式的时序图

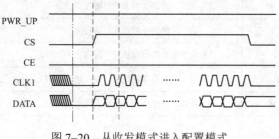

图 7–20 从收发模式进入配置模式

nRF2401A 从收发模式重新进入配置模式的时候，必须改变 CS 和 CE 的电平。即对应单片机的 P1.3 和 P1.7。从收发模式进入配置模式的时序图如图 7–20 所示。

在本系统中，数据的发送和接收都是在 ShockBurstTM 模式下进行的。图 7–21 是该模式下发送数据的时序图。

图 7–21 中 T_d 为 CS 下跳沿到 CE 上升沿的延迟，该值至少为 50ns。$T_{ce2data}$（Minimum delay from CE to data）至少为 5μs。T_s（setup time）和 T_h（hold time）至少为 500ns。当 CE 上跳沿到来后，单片机可以通过控制 CLK1 的电平来控制数据的传输。在每个 CLK1 的上跳沿采集 DATA 上的数据。接收数据的时序图如 7–22 所示。

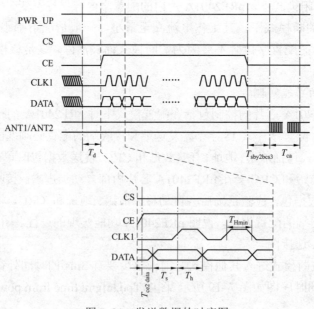

图 7–21 发送数据的时序图

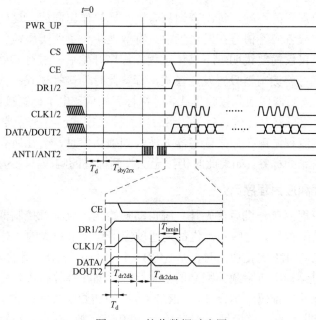

图 7–22　接收数据时序图

图 7–22 中 T_{dr2dk}（Minimum delay from DRI/2 to dk）最小值和 $T_{dk2data}$（Maximum delay from dk to data）的最大值都为 50ns。T_{hmin}（Minimum input dock high）至少为 500ns。当芯片处在接收模式，单片机等待 DR 引脚上跳沿引发的中断。当中断到来时，只要 CE 引脚此刻的值为高电平，即可完成后面的数据接收。在中断服务程序的接收数据流程和发送过程中的数据传输类似。

4. 射频收发器硬件电路介绍

硬件部分主要是围绕射频芯片的 PCB 设计。PCB 设计对 nRF2401A 的整体性能影响很大，所以 PCB 设计是在 nRF2401A 收发系统的开发过程中主要的工作之一。在设计过程中，要考虑到各种电磁干扰，注意调整电阻、电容和电感的位置，特别要注意电容的位置。

nRF2401A 的 PCB 一般都是双层板，底层一般不放置元件，为地层，顶层的空余地方一般都敷上铜，这些敷铜通过过孔与底层的地相连。直流电源及电源滤波电容尽量靠近 VDD 引脚。nRF2401A 的供电电源应通过电容隔开，这样有利于给 nRF2401A 提供稳定的电源。在 PCB 中，尽量多打一些通孔，使顶层和底层的地能够充分接触。值得注意的是，对于采用印刷天线的电子标签，铺铜时应该把天线处避开，不能把天线包括在内，否则天线将不能发射出信号。

5. 防碰撞问题

RFID 中的碰撞问题主要分为两类，一类是标签碰撞（Tag collision）问题，它是由于当读写器天线区域中有多个标签到达时，它们几乎同时响应读写器的指令而发送信号，信号在空间互相干扰而产生的。另一类即读写器碰撞（Reader collision）问题，它产生于同一个物理区域内，存在多个不同的读写器，它们以同一频率同时与区域内的标签通信而引起的冲突。本系统所涉及的读写器应用场合为单个读写器对应多个标签，所以需要解决的只有标签碰撞问题。

系统始终工作在读写器和电子标签的一问一答中。虽然系统用到了多个电子标签，但是由于每个电子标签识别码的不同，每次查询只有一个标签作出回应。这样就使系统工作的任何时刻只有一个查询或者应答信号在发送当中，有效地避免了两类碰撞问题。由于该部分的程序篇幅较长，这里仅仅简要说明一下具体过程：程序开始后，进行初始化，将 nRF2401A 设置为 standby 模式；将读写器设置发送模式，标签此时为接收模式；读写器将标签号码发送出去固定次数后，读写器切换到接收模式，等待标签响应；电子标签接收到自己的号码后，切换到发送模式，向读写器发送确认信息，然后转入接收模式；当读写器收到该确认信息后，一个标签的成功检测流程结束。如果读写器无法收到确认信息，会在所有标签检测完毕后重新检测未收到确认信息的标签，如果此时仍然无法收到标签的响应，认为标签不在监控区域。

7.2.3 软件工作流程和应用程序简介

本系统的工作流程，在开机后首先是系统自动初始化，包括微控制器一些运行方式的规定以及射频收发器的配置等，这些初始化都是通过应用软件来完成的。对 nRF2401 进行配置时，配置字的读取在 CLK1 的正边沿时，从 MSB（最高位）开始，新的配置从 CS 的下降沿开始。本设计中，射频标签所附载的物品的信息已经存储在计算机中，那么读卡器与标签之间的通信信息仅为标签地址码。本设计对 nRF2401A 的初始配置为：频道 2/1 有效数据长均为 0 位；频道 2/1 接收数据存储地址分别为 0x11 和 0x10；接收点地址位为 16 位；仅使用第 1 频道；使用 ShockBurstTM 收发模式；1Mbps 的数据发射率；晶振频率为 16MHz；射频发射功率 P（dBm）=0；通信频率 2.45GHz；发射模式。该部分程序的编写最主要是要配合时序图，完成各种配置字的写入以及正确读写和发送数据。以下核心部分代码，加以简要说明。

```
void WriteByte (unsigned char dd)//按字节写入数据
{
unsigned char i;
  CLK1_POUT;
  DATA_POUT;
  for(i=0; i<8;i++)
    {
    CLK1_ LOW;
    if((dd&0x80) ==0x80)
      {
      DATA_ HIGH;
      }
    else
      {
      DATA_LOW;
    }
  CLK1_HIGH
  dd=dd<<1;
    }
  CLK1_LOW
```

```
void WriteWord(unsigned int dd)//按字写入数据
{
unsigned char i:
CLK1_POUT;
DATA_POUT;
for(i=0; i<16; i++)
    {
    CLK1_ LOW;
    if((dd&0x8000) ==0x8000)
       {
         DATA_HIGH;
}
else
    {
DATA_LOW
    }
CLK1_ HIGH;
dd=dd<<1;
  }
CLK1_LOW
}
void Init 2401 (void) //初始化
{
unsigned int i,tmp;
CS_POUT;
CS_HIGH;  //CS 置 1
for(i=0; i<9;i ++)
  {
tmp=param[i];
WriteWord (tmp);
  }
CS_LOW;    //CS 置 0
}
void Set_ 2401_WR (void)
{
  unsigned int i, tmp;
CS_ POUT;
CS_ HIGH;           //CS 置 1
for(i=0; i<6;i++)
```

```
    {
    tmp=PARAMT3[i];//配置字写入
    WriteWord(tmp);
      }
    }
unsigned char Read_Byte (void)//按字节读
{
unsigned char temp=0;
unsigned char i;
CLK1_ POUT;
DATA_IN;
for(i=0; i<8; i++)
    {
      temp=temp<<1;
      CLK1_HIGH;
      if((P1IN&DATA)==DATA)
          {
          temp=temp|0x01;
          }
      CLK1_ LOW;
      }
CLK1_LOW;
return temp;
unsigned int Read_Word (void)//按字读
{
unsigned int temp=0;
unsigned char i;
CLKl_ POUT;
DATA_ IN;
for(i=0;  i<16;  i++)
    {
      temp=temp<<1;
      CLK1_HIGH;
      if((P1IN&DATA) ==DATA)
          {
        temp=temp|0x01;
          }
      CLK1_LOW;
    }
```

```
CLK1_LOW;

return  temp

}
```

除了 nRF2401A 的配置，读取卡片信息后的处理，也是相当重要的一部分，该部分的程序如下：

```
extern unsigned long int tag buf[IDNUMBER];/tag buffer,tatal 120

extern unsigned long int *save; //tag buf[120]存入指针

extern unsigned long int *send; //tag buf[120]取出指针

extern ID id

extern Reader READER;//读头地址

unsigned int PARAMT5[6]={0x8e08,0x1c08,0x0800,0x7ee7,0x9122,0x0000};

/*读取有效范围被所有的标签的 id*/

void rd_ id (void)

{

    unsigned char wart_ buf[4];

    _DINT();

    CE_ LOW;

    Init_ 2401();

    DR1_IN;

    DR2_IN:

    P1IE|=DR1+DR2

P1IES&=～(DR1+DR2);//上升沿

P1IFG=0x00;

CLK1_LOW;

CLK2_LOW;

CE_HIGH;

_EINT O;//设置为接收状态

CCTLO|=CCIE;

CCRO=TIME_1s;

TACTL|=MCO;//启动定时器 搜寻的时间为1s

OverTimeCounter=0;//超时次数计数器,用于计算超时时间在有限的时间内读取有效范围内所有标签的 id

while (1)

  {

    if(OverTimeCounter>=TIMER_1s)//搜索时间为1s

{

timeout();//超时或者是搜索完毕

    break;

    }
```

```
else
{
if((*send)!=0)    //
{
uart_buf[0]=0x02;
uart_buf[1]=(*send&0xff0000)>>16;
uart_buf[2=(*send&0xffff)>>8;
uart_buf[3]=(*send&0xff);
Uart_Str(4,uart_buf);
*send=0;         //已经发送的 tag_buf 清 0
    }
if(send=&tag_buf[BUF_SIZE-1]) //如果指针指向 tag_ buf[119]
    {
send=tag_buf;    //则重置指针
}
else
    {
send++
        }
        }
    }
}


/*写数据给标签*/
void write_data (void)
unsigned int i;
unsigned char data=0;
unsigned char wart_ txd[5]={0x02,0x05,0x53,0x01,0x03};
if (id.ID_NAME. block_adr>14)
{
Rev_noalldata();
read_ret();
}
   else
{
_DINT()
CE_LOW
Set_2401_WR();  //第 2 通道的接收地址为 007ee79122
```

```
    WriteByte (id.ID_NAME.id1_adr&0x80);//卡号的高字节
    WriteByte (id.ID_NAME.id2_adr);
    WriteByte (id.ID_NAME.id3_adr); //把要写的卡号作为接收的地址,这样保证能对准某个卡进
行写操作
    WriteByte (0xa3) ;//001010 0011   28 h  地址为40bit,5个字节
    NAME. i d2_ adr)
    NAME. id3_ adr)

    if (id.ID_NAME.id3_adr&0x01) ; //读取 id 号最低位,确定发射通道,2ch
    {
    WriteWord(0x6fl5);//0110 1111 0001 1001 发射的频道是 2412
    }
    else
    {
    WriteWord(0x6f05);//0110 1111 0000 1001 发射的频道是 2404
    }
    CS_LOW;//CS 置 0
    DR1_ IN;
    DR2_ IN;
    CLK1_ LOW;
    CLK2_LOW;
    CE_HIGH;
    _EINT O;//设置为接收状态
    CCTLO|=CCIE;
    CCRO=TIME_1s;
    TACTL|=MCO;//启动定时器 搜寻的时间为1s
    OverTimeCounter=0;//超时次数计数器,用于计算超时时间在有限的时间内读取有效范围内所有标
签的 id
    while (1)
    {
    if (PlIN&DR1)    //如果接收到有效标示
    {
    TACTL&=~MCO;
    CE_LOW;
    CS_HIGH;   //CS 置 1
    WriteByte (0x63);  //0110 0011 地址为 24bit,3 个字节
    WriteWord(0x4f24);//0100 1111 0010 0100  250 kb 的发射速率 1 个通道发射频道为
2400+18=2418
    CS_LOW;   //CS 置 0
```

```
CE_HIGH;
WriteByte (id.ID_NAME.id1_ adr) ; //设置接收地址接收地址即为要写卡的卡号
WriteByte (id.ID_NAME.id2_ adr):
 WriteByte(id.ID_AME.id3_ adr); //把要写的卡号作为接收的地址这样保证能对准某个卡进行
                       写操作
  WriteByte (id.ID_ NAME.block_adr+0x80);
WriteByte(READER.dutou_id.rd_drl); //本机的读头地址高字节
WriteByte(READER.dutou_id.rd_adr2); //本机的读头地址低字节
                   //延时约 lms-200 us 一上面指令运行的时间=600 us
for(i=0:i<1000;i++);
CE_LOW;
for(i=0;i<3000;i++)://延时至命令发送完毕,288+200μs
              //精确延时后,发一个数据块
CE_HIGH;
WriteByte (id.ID_AME.id1_ adr) ; //设置接收地址接收地址即为要写卡的卡号
WriteByte (id.ID_AME.id2_ adr);
WriteByte(id.ID NAME.id3_ adr) ;//把要写的卡号作为接收的地址,这样保证能对准某个卡进
行写操作
for (i=0;i<16;i++)
{
WriteByte (id.ID_NAME.Data [ i ]);//把要写的数据发射出去
}
for (i=0:i<1000;i++)
CE_LOW; //设置进入写卡结果等待,
CS_HIGH; //CS 置 1
for (i=0;i<6;i ++)
{
WriteWord(PARAMT5[i]);
}
WriteByte (Oxe7);//接收地址为读头的地址
WriteByte (READER.dutou_id. rd_ adrl) ;//本机的读头地址高字节
WriteByte (READER.dutou_id. rd adr2) ; //本机的读头地址低字节
WriteByte(Ox43);//0100 0011   16bit 的地址 2 个字节的地址
 WriteWord(Ox4f25);//0100 1111 0010 1001  2400+20=2420
CS_LOW;    //CS 置 0
 DR1_IN;
 CE_HIGH;
CCTLO|=CCIE;
 CCRO=TIME_1s;
```

```
TACTL|=MCO;//启动定时器搜寻的时间为1s
OverTimeCounter=0;//超时次数计数器,用于计算超时时间在有限的时间内读取有效范围内所有标
```
签的id
```
while (1)
{
if (P1IN&DR1)          //如果接收到有效标示
  {
data=Read_Word_ 3 (8);
uart_txd[3]=data;
Uart_Str(5,uart_txd);
read_ret();
  return;
}
    else
{
TACTL|=MCO;//启动定时器搜寻的时间为1s
if(OverTimeCounter>=TIMER_1s)//搜索时间为1s
  {
  rev_noalldata() ;  //超时或者是搜索完毕
read_ret();
return;
      }
    }
  }
}
    else
{
TACTL|=MCO;//启动定时器   搜寻的时间为1s
if(OverTimeCounter>=TIME_1s) //搜索时间为1s
  {
no_tag();//超时   或者是搜索完毕
  read_ ret();
  break;
        }
      }
    }
  }
}
/*搜索时间到*/
```

```
void timeout (void)
{
unsigned char txd_buffer[]={0x02,0x00,0x00,0x00};
Uart_ Str(4,txd_buffer);
IEl=URXIEO;
TACTL&=~MCO;
CE_LOW;
P1IE&=~(DRl+DR2);
P1IFG=0;
CLK1_LOW;
CLK2_LOW;
UartReceive0ver=0;
OverTimeFlag=0;
}
/*发通信错误*/
void rev_noalldata(void)
  unsigned char uart_txd[5]={0x02,0x05,0x53,0x02,0x03};
  Uart_Str(5,uart_txd);
}
/*没有找到标签*/
void no_tag(void)
{
  unsigned char uart_txd[5]={0x02,0x05,0x53,0x01,0x03};
Uart_Str(5,uart_txd);
}
/*状态复原,返回到主程序*/
void read_ret(void)
CS_LOW;
CE_LOW
IEl=URXIEO
UartReceive0ver=0;
OverTimeFlag=0;
}
```

7.3 基于 CC1100 的有源 RFID 读写器设计

7.3.1 读写器设计方案

基于 CC1100 的有源 RFID 系统设计方案,其典型工作频率为 433MHz,类型为有源 RFID、读卡器和有源标签的主控芯片均为 TI 公司的 MSP430F2012 单片机,结合 Chipcon 公司推出的无线射频收发芯片 CC1100 和外围元器件构建。

1. 读写器的功能

读写器在 RFID 系统中具有举足轻重的作用，读写器是负责读取或写入电子标签信息的设备，提供各标签和终端跟踪与管理系统之间的连接。它虽然可以采用各种不同尺寸的封装，但通常都很小，以便安装在三脚架或墙上。读写器的功能有三个主要组成部分，第一部分是发送和接收功能，用来与标签和分离的单个物品保持联系，即发射出编码信息，当标签接收到后反馈回信息，读写器接收反馈信息；第二部分是对接收信息进行初始化处理，即将编码信息进行解调，得到可以识别的有用信息；第三部分是链接服务器，用来将信息传送到上位机，实现网络互联。在本设计中，由于是有源标签，读写器还具有标示电池的相关信息，如电量等。

2. 读写器的构成

RFID 读写器的任务是控制射频模块向标签发射读取信号，并接收标签的应答，对标签的对象标识信息进行解码，将对象标识信息连带标签上其他相关信息传输到主机，以供处理。根据应用的不同，读写器可以是手持式或固定式。读写器在 RFID 系统中起到举足轻重的作用，首先，整个系统的发射与接收功能都是通过读写器中的射频收发模块来实现的，因此读写器的频率决定了 RFID 系统的工作频段，也影响了天线的形状；其次，系统的识别距离与读写器的天线功率密切相关，所以可以认为读写器的功率影响射频识别系统的距离。读写器本身从电路实现角度来说，又可划分为两大部分，即射频模块（射频通道）与基带模块。

首先我们分析一下通常情况下主控电路不采用集成芯片时的读写器结构图，如图 7-23 所示。

射频模块实现的任务主要有两项，第一项是实现将读写器欲发往射频标签的命令调制（装载）到射频信号（读写器/射频标签）的射频工作频率上，经由发射天线发送出去。发送出去的射频信号（可能包含有传向标签的命令信息）经过空间传送（照射）到射频标签上，射频标签对发射在其上的射频信号作出响应，形成返回读写器天线的反射回波信号。射频模块的第二项任务即是实现将射频标签返回到读写器的回波信号进行必要的加工处理，并从中解调（卸载）提取出射频标签回送的数据。

基带模块实现的任务也包含两项，第一项是将读写器智能单元（通常为计算机单元 CPU 或 MPU）发出的命令加工（编码）实现

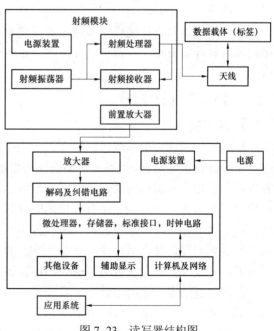

图 7-23　读写器结构图

为便于调制（装载）到射频信号上的编码调制信号。第二项任务即是实现对经过射频模块解调处理的标签回送数据信号进行必要的处理（包含解码），并将处理后的结果送入读写器智能单元。

一般情况下，读写器的智能单元也划归基带模块部分。智能单元从原理上来说，是读写

器的控制核心，从实现角度来说，通常采用嵌入式 MPU，并通过编制相应的 MPU 控制程序对实现收发信号实现智能处理以及与后终应用程序之间的接口 API。

射频模块与基带模块的接口为调制（装载）/解调（卸载），在系统实现中，通常射频模块包括调制/解调部分，并且也包括解调之后对回波小信号的必要加工处理（如放大、整形）等。射频模块的收发分离是采用单天线系统时射频模块必须处理好的一个关键问题。读写器基本组成可分为硬件和软件两部分。从硬件实现角度来看，读写器可有三部分组成：射频通道模块，控制处理模块和天线。射频模块的任务主要有三项，第一项主要是激活射频标签并为其提供能量（这里专指无源标签的应用场合）。第二项是将读写器发往射频标签的命令调制到射频载波信号上，也即 RFID 系统的工作频率上，以便由读写器发射天线发送出去。第三项任务主要是通过解调提取出射频标签回送的数据。除此之外，解决数据冲突机制往往也需要在射频模块中实现。

读写器的软件部分都是生产厂家在产品生产时固化在读写器模块中的，主要集中在智能单元，按功能划分，主要包括以下 3 类软件。

（1）控制软件（Controller）：负责系统的控制与通信，控制天线发射的开启、控制读写器的工作方式、负责与应用系统之间的数据传输和命令交换等功能。启动程序（BootLoader）：主要负责系统启动时导入相应的程序到指定的存储器空间，然后执行导入的程序。

（2）解码组件（Decoder）：负责将指令系统翻译成读写器硬件可以识别的命令，进而实现对读写器的控制操作；将回送的电磁波模拟信号解码成数字信号，进而实现数据解码、防碰撞处理等工作。

（3）读写器的设计是整个系统中的关键组成部分，读写器的设计，分为四大部分：控制模块、射频收发模块、接口模块和天线，重点分析各模块中主控电路的设计、性能以及电路图等。

7.3.2 读写器的电路设计

1．控制模块

控制模块的核心是集成电路以及其外围电路，即单片机电路。一般来说，对于读写器后端有主控计算机的场合，读写器控制模块的作用主要是负责接收来自主控计算机的操作指令，并依据相应指令向编码模块发出特定数据流；同时接收从射频标签返回的应答数据流，并分析提取相关信息；有时也会结合外接的时钟芯片来提供读取时间等辅助信息，或通过显示电路在读写器上直接显示相关的读写进程。由于读写器运算速度远比 PC 要慢，所以一般数据都是传送到后端，并在后端 PC 建立相应信息的数据库便于进一步操作。而对于一些便携式读写器，一般都会有大容量的 Flash 来储存数据，同时留有液晶显示和键盘来方便人机交互。

在低功耗的电子系统设计中，首先考虑的是单片机型号的选择。选择单片机时，不仅要考虑其功能和开发环境，特别要关注单片机本身的功耗和提供的节能措施。MSP430 系列是 TI 公司的产品，是 16 位、超低功耗单片机，特别适合手持设备等低功耗设备的开发，实际上，由于该系列引脚多，内部资源多（具有硬件乘法器），美国德州仪器公司（TI）推出的 MSP430 系列单片机在设计上打破了常规，采用了全新的概念，其突出的优点是低电源电压、超低功耗，非常适合各种功率要求低的应用。MSP430 内部结构图如图 7-24 所示，MSP430F2012 单片机电路图如图 7-25 所示。MSP430F2012 单片机有以下优点。

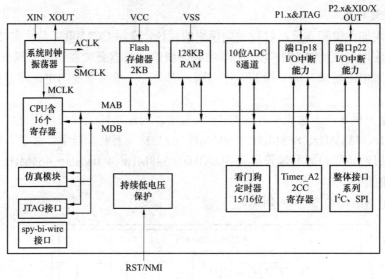

图 7–24　MSP430 内部结构图

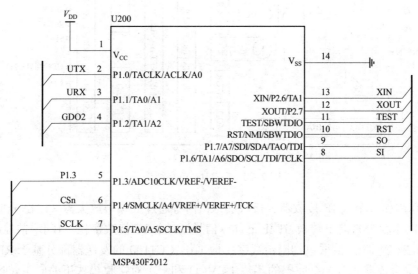

图 7–25　MSP430 电路图

（1）多种省电模式&超低功耗：0.1μA 掉电模式、0.8μA 时钟模式——省去时钟模块、250μA/1MIPS。

（2）内部低速时钟 VLO。

（3）高达 16MHz 的内部 DCO 片内时钟：小于 1μs 时钟唤醒时间，能够更大程度降低功耗。

（4）零功耗随时保持打开的 BOR。

（5）小于 50 nA 端口漏电流。

（6）USI 模块支持 SPI 和 I²C 通信。

（7）10bit 的 ADC。

（8）16bit 的 Timer_A。

（9）超小封装——14 脚封装（QFN，TSSOP，DIP）。

2. 射频收发模块

读写器实现的关键和难点是射频通到模块的设计，选用 CC1100 芯片，它是一种低成本，为低功耗无线应用而设计的 UHF 收发器。射频系统的读写器必须要通过天线来发射能量，形成电磁场，通过电磁场来对电子标签进行识别，因此，天线所形成的电磁场范围就是射频系统的可读区域。

CC1100 是一种低成本真正单片的 UHF 收发器，为低功耗无线应用而设计。电路主要设定为在 315MHz、433MHz、868MHz 和 915MHz 的 ISM（工业，科学和医学）和 SRD（短距离设备）频率波段，也可以容易地设置为 300MHz～348MHz、400MHz～464MHz 和 800MHz～928MHz 的其他频率。

CC1100 电路结构如图 7-26 所示。

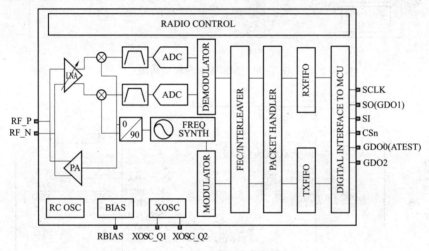

图 7-26　CC1100 电路结构

CC1100 用作一个低 IF 接收器。接收的 RF 信号通过低噪声放大器（LNA）放大，再对中间频率（IF）求积分来向下转换。在 IF 下，I/Q 信号通过 ADC 被数字化。自动增益控制（AGC），细微频率滤波和解调位/数据包均同步数字化地工作。CC1100 的发送器部分基于 RF 频率的直接合成。频率合成器包含一个完整的芯片 LCVCO 和一个对接收模式下的向下转换混频器产生 I 和 QLO 信号的 90 度相移装置。

一块晶体将连接在 XOSC_Q1 和 XOSC_Q2 上。晶体振荡器产生合成器的参考频率，同时为数字部分和 ADC 提供时钟。一个 4 线 SPI 串联接口被用作配置和数据缓冲通路。

数字基带包括频道配置支持，数据包处理及数据缓冲。

RF 收发器集成了一个高度可配置的调制解调器。这个调制解调器支持不同的调制格式，其数据传输率可达 500kbps。通过开启集成在调制解调器上的前向误差校正选项，能使性能得到提升。

CC1100 为数据包处理、数据缓冲、突发数据传输、清晰信道评估、连接质量指示和电磁波激发提供广泛的硬件支持。

CC1100 的主要操作参数和 64 位传输/接收 FIFO（FirstInFirstOut，先进先出堆栈）可通过 SPI（SerialPeripheralInterface，串行外围接口）接口控制。

在一个典型系统里，CC1100 和一个微控制器及若干被动元件一起使用。

（1）CC1100 芯片的基本特性。

1）315MHz、433MHz、868MHz、915MHz 的 ISM（工业，科学和医学）和 SRD（短距离）频段。

2）最高工作速率 500kbps，支持 2-FSK、GFSK 和 MSK 调制方式。

3）高灵敏度（1.2kbps 下-110dBm，1%数据包误码率）。

4）内置硬件 CRC 检错和点对多点通信地址控制。

5）较低的电流消耗（RX 中，15.6mA，2.4kbps，433MHz）。

6）可编程控制的输出功率，对所有的支持频率可达+10dBm。

7）支持低功率电磁波激活（无线唤醒）功能。

8）支持传输前自动清理信道访问（CCA），即载波侦听系统。

9）快速频率变动合成器带来的合适的频率跳跃系统。

10）模块可软件设地址，软件编程非常方便。

11）单独的 64 字节 RX 和 TX 数据 FIFO。

（2）CC1100 的与其他射频芯片相比较的显著特性。

1）体积较小（QLP4×4mm 封装，20 脚）。

2）真正的单片 UHFRF 收发器。

3）较高灵敏度（1.2kbps 下-110dBm，1%数据包误差率）。

4）可编程控制的数据传输率相对高，可达 500kbps。

5）较低的电流消耗（RX 中 15.6mA，2.4kbps，433MHz）。

6）优秀的接收器选择性和模块化性能。

7）极少的外部元件：芯片内频率合成器，不需要外部滤波器或 RF 转换。

8）可编程控制的基带调制解调器。

（3）CC1100 的引脚结构。CC1100 引脚结构如图 7-27 所示，外接引脚介绍如表 7-7 所示。

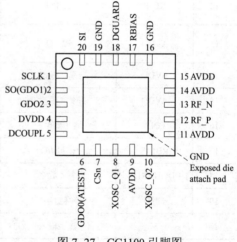

图 7-27　CC1100 引脚图

表 7-7　　　　　　　　　　　CC1100 引脚介绍

编号	引脚名	引脚类型	描　　述
1	SCLK	数字输入	连续配置接口，时钟输入
2	SO（GD01）	数字输出	连续配置接口，数据输出，当 CSn 为高时为可选的一般输出脚
3	GDO2	数字输出	一般用途的数字输出脚： ● 测试信号 ● FIFO 状态信号 ● 时钟输出，从 XOSC 向下分割 ● 连续输入 TX 数据

编号	引脚名	引脚类型	描　　述
4	DVDD	功率（数字）	数字 I/O 和数字中心电压调节器的 1.8～3.6V 数字功率供给输出
5	DCOUPL	功率（数字）	对退耦的 1.6～2.0V 数字功率供给输出。注意：这个引脚只对 CC2500 使用。不能用来对其他设备提供供给电压
6	GDO0（ATEST）	数字 I/O	一般用途的数字输出脚： ● 测试信号 ● FIFO 状态信号 ● 时钟输出，从 XOSC 向下分割 ● 连续输入 TX 数据也用作原型/产品测试的模拟测试 I/O
7	CSn	数字输入	连续配置接口，芯片选择
8	XOSC_Q1	模拟 I/O	晶体振荡器脚 1，或外部时钟输入
9	AVDD	功率（模拟）	1.8～3.6V 模拟功率供给连接
10	XOSC_Q2	模拟 I/O 晶体振荡器脚	—
11	AVDD	功率（模拟）	1.8～3.6V 模拟功率供给连接
12	RF_P	RFI/O	接收模式下对 LNA 的正 RF 输入信号，发送模式下对 LNA 的正 RF 输出信号
13	AVDD	RFI/O	接收模式下对 LNA 的负 RF 输入信号，发送模式下对 LNA 的负 RF 输出信号
14	AVDD	功率（模拟）	1.8～3.6V 模拟功率供给连接
15	AVDD	功率（模拟）	1.8～3.6V 模拟功率供给连接
16	GND	地（模拟）	模拟接地
17	RBIAS	模拟 I/O	参考电流的外部偏阻器
18	DGUARD	功率（数字）	对数字噪声隔离的功率供给连接
19	GND	地（数字）	数字噪声隔离的接地
20	SI	数字输入	连续配置接口，数据输入

3. CC1100 的外围电路

图 7-28 为有源 RFID 系统中 CC1100 在 433MHz 时外围器件组成的电路。左侧为数字接口，与单片机相连进行数据传输和通信，其他引脚与电容、电阻和电感相连，其值都是经过测试得出的标准匹配值。CC1100 采用 1.8～3.6V 电压供电，实际应用中通常标准为 3V，天线的阻抗为 50Ω。

射频识别系统中要实现低功耗仅有硬件设计是不够的，还要有软件配合。要尽量减少 CPU 的全速运行时间即 CPU 长期被置于低功耗模式，整个系统完全靠中断驱动。射频读写时靠开关中断唤醒，CPU 倍频后尽量在短时间内完成对电子标签的射频识别，然后重新恢复时钟并进入低功耗模式。MSP430 处于休眠状态，CC1100 一直处于接受状态，CC1100 接收到数据后 P1.2 产生中断通知 MCU；MSP430 把接收正确的标签的 ID 号和电源电压，通过 RS232 接口发送给计算机，继续睡眠。

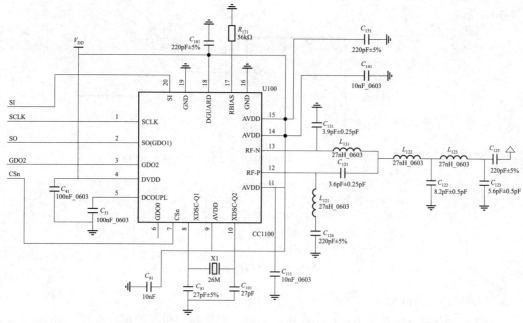

图 7-28　CC1100 外围电路图

4. CC1100 与 MSP430 接口电路设计

射频卡中的存储器主要是用于存储人员的信息（ID 号）和卡片的电压信息，它的容量一般不要求太大，可以节约能耗。本设计中选用可写入射频卡，其存储器的读写访问机制是按字段进行的，采用 EEPROM 工艺。读写器中的接口模块主要是连接计算机的 RS232 口，其实质是一个电压的转换电路，将 MSP430 的 TDO、TDI、TMS、TCK、GND、RST/NMI 引脚的电压与 RS232 的 DB9 电压匹配。

CC1100 与 MSP430 采用的是 SPI 接口连接，SPI（SerialPeripheralInterface，串行外设接口）总线系统是一种同步串行外设接口，允许 MCU 与各种外围设备以串行方式进行通信、数据交换。外围设备包括 FLASHRAM、A/D 转换器、网络控制器、MCU 等。SPI 系统可直接与各个厂家生产的多种标准外围器件直接接口，使用 4 条线：串行时钟线（SCK）、主机输入/从机输出数据线 MISO（Multiple-InputSingle-Output）、主机输出/从机输入数据线 MOSI 和低电平有效的从机选择线 SS。

硬件的接口电路相对简单，主要就是串口的设计。串口，简单地说，就是串行收发数据的接口。串口技术比较简单，但是非常重要。它提供了一种用于数据通信的最简单的标准接口。

5. 串口硬件设计

MSP430F2012 单片机有串口模块，因此可以通过片内的串口与 MSP430 芯片进行接口。SP3220 是一款低功耗的 RS232 驱动芯片，该芯片具有以下特性：

（1）宽电压供电。供电电压为：3.3～5.0V。

（2）上传速率可以达到 235kbps。

（3）低功耗的电流为 1μA。

（4）增强性 ESD 规范。

串口硬件系统框图如图 7-29 所示。电路图如

图 7-29　串口电路

图 7-30 所示。

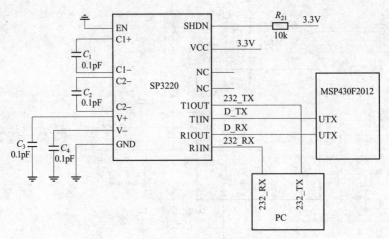

图 7-30　串口电路图

6. MSP430 的 SPI 驱动

MSP430 用标准 SPI 接口和 CC1100 进行通信，标准接口包括两根数据线：MOSI（主机发从机收）和 MISO（从机发主机收），还有时钟线 CLK，主机用 CLK 与从机时钟同步。SPI可以理解为双工方式，因为在发送数据的同时也可以接收数据。SPI 分成主模式和从模式，从模式完全被动，数据的发送完全由主机掌握。

实际上参与工作的都有 4 个寄存器，如图 7-31 所示，主机将数据写入发送缓存UTXBUF、数据并行存入发送移位寄存器，数据一旦写入 UTXBUF，立即从 MOSI 线移位到从机的接收移位缓存，而从机移位缓存中的数据又将其发送移位寄存器中的数据通过MISO 移位到主机的接收移位寄存器，再并行读入接收缓存中。所以利用 SPI 既可以读数据，也可以写数据。

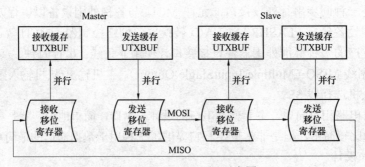

图 7-31　MSP430SPI 示意图

CC1100 共有 20 个引脚，通过 4 线 SPI 兼容接口配置：数据线 SI、SO、时钟线 SCLK，使能线 CSn，这个接口同时用作写和读缓存数据。其中 CSn 可以接到一个 IO 口来模拟时序，而其他 3 个脚连接到主 MCU 的 SPI 接口；通过重复使用 SPI 接口上的 SI、SCLK 和 CSn，使通信的主要状态有一个简单的 3 脚控制：休眠，空闲，RX 和 TX。

CC1100 有两个专用的配置引脚和一个共享引脚，能输出对控制软件有用的内部状态信息。这些引脚能用来对 MCU 产生中断。专用引脚名为 GDO0 和 GDO1。共享引脚为 SPI 接口上的 SO 脚。GDO1/SO 的默认设置为 3 状态输出。通过选择任意其他的控制选项，GDO1/SO 脚将成为一般引脚。当 CSn 为低时，此引脚的功能如一般 SO 脚。在同步和异步连续模式下，处于传输模式时 GDO0 脚被用作连续 TX 数据输入脚。使用 SmartRFStudio 软件用以得到最优寄存器设定和评测性能及功能。

7. 天线设计

读写器天线设计或选择必须满足以下基本条件：天线线圈的电流最大，用于产生最大的磁通量；功率匹配，以最大程度地利用磁通量的可用能量；足够的带宽，保证载波信号的传输，这些信号是用数字信号调制形成。13.56MHz、433MHz、915MHz、2.45GHz 射频识别系统中，都要采用天线。13.56MHz 通常采用的是多匝线圈作为收发天线，利用谐振原理传输能量，从而达到射频识别。433MHz 以上的通常是弹簧式天线、鞭状天线和微带天线。

根据应用场合的不同，RFID 标签通常需要贴在不同类型、不同形状的物体表面，甚至需要嵌入到物体内部。RFID 标签在要求低成本的同时，还要求有高的可靠性。此外，标签天线和读写器天线还分别承担接收能量和发射能量的作用，这些因素对天线的设计提出了严格要求。当前对 RFID 天线的研究主要集中在研究天线结构和环境因素对天线性能的影响上。

天线结构决定了天线方向图、极化方向、阻抗特性、驻波比、天线增益和工作频段等特性。方向性天线由于具有较少回波损耗，比较适合电子标签应用；由于 RFID 标签放置方向不可控，读写器天线必须采取圆极化方式（其天线增益较大）；天线增益和阻抗特性会对 RFID 系统的作用距离产生较大影响；天线的工作频段对天线尺寸以及辐射损耗有较大影响。

7.3.3　RFID 系统有源标签的设计

电子标签又称为射频标签，是射频识别系统真正的数据载体。每个电子标签都有唯一的电子编码，一般附在所要检测的物体上，通过电磁波与读写器进行无线数据交换，具有智能读写和加密通信的功能。一般情况下，电子标签由标签片上天线和标签专用集成芯片（用于保存该标签所在物品的个体信息）组成。其中包括加密逻辑电路、串行 EEPROM（电可擦除及可编程式只读存储器）、微处理器 CPU 以及射频收发及相关电路。

1. 电子标签的结构

标签是 RFID 系统的数据载体，电子标签主要由标签天线（或线圈）、存储器与控制系统的低电集成电路组成，通常我们把存储器和控制系统的低电集成电路用芯片实现，如图 7-32 所示，标签的设计对于 RFID 系统十分重要。

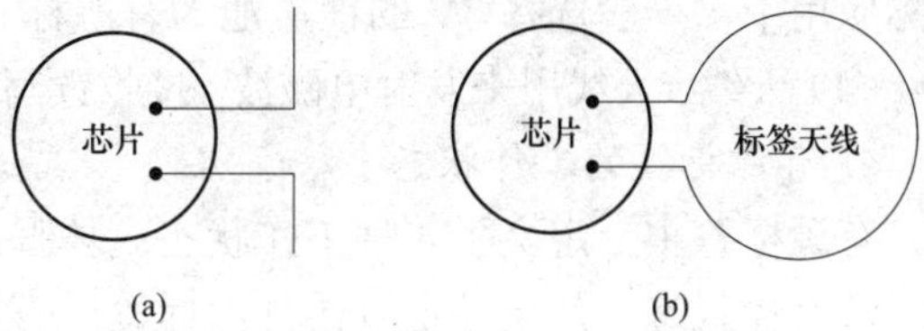

图 7-32 中所示的标签天线以简单的电偶极子和磁偶极子天线表示。标签天线通过芯片上的两个触点与芯片相连。标签芯片由微处理器、存储器、整流电路（AC/DC）、编解码电路等几个部分组成。

图 7-32　电子标签结构示意图

（a）电偶极子天线；（b）磁偶极子天线

通常，在频率较低时（如 HF 及以下）采用的是图 7-32 中所示的磁偶极子天线，天线只在近区场（感应场）工作，并且场强随读写器距离标签的距离增加而急剧减小。

标签天线的设计是在已知芯片两触点输出阻抗的情况下，获得与芯片的最佳匹配，从而可以获得读写器与标签之间的最大识别距离。

2. 有源标签的结构

在有源标签的设计中，标签中的芯片是直接用电池供电的。直接用电池为单片机供电，一个需要注意的问题是更换电池时电池导线的机械接触会产生电源噪声，使单片机复位不完全而产生随机错误操作。因此在选择芯片的时候，必须考虑该项影响因素，而 MSP430F2012 内部集成零功耗欠压复位（BOR）保护功能，可以在电压低于安全操作范围时执行完全复位，恰恰很好地解决了这一技术问题。

以通常的基于 RFID 的电子识别系统来讲，用于标识物体的 RFID 标签总是有较大的使用量，标签的单价直接影响到系统整体造价的高低。虽然主动式 RFID 相比被动式 RFID 具有识别距离远、识别速度快、防冲突性能好等优点，但如果价格差别较大，也会成为应用推广中的障碍。所以，在设计标签的时候，应尽可能降低标签成本。

分析有源 RFID 标签的这些特性要求，形成设计结构框图如图 7-33 所示。

由图 7-33 可以看出，有源标签也可以分为 4 个主要模块：处理控制模块、无线收发模块、电源供电模块和标签天线。

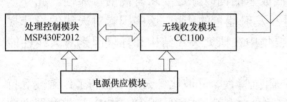

图 7-33　有源 RFID 系统标签结构框图

有源 RFID 系统标签和读写器的不同之处为读写器的能量供给是靠上位机网络的，而有源标签的能量供给则靠电源供应模块。其他部分的电路设计和读写器相同，只不过要选用较小的封装芯片，而且电路板不能太大，否则不方便携带。

3. 有源标签各模块的功能分析

（1）处理控制模块。有源 RFID 标签中的处理控制模块相当于读写器中的控制模块，并且自身也带有存储器，负责制标签卡的操作以及数据的存储和处理，这是有源 RFID 系统标签与无源 RFID 系统标签的根本差别。处理控制模块的作用主要是负责接收来读写器发出的指令，并依据相应指令向无线收发模块发出特定数据流。

（2）无线收发模块。在 RFID 系统中，所有的信息传递都是无线的，无线收发模块和读写器的射频收发模块功能相同，负责有源标签与读卡器之间的信息传输。

（3）电源供给模块。电源供给模块主要是为有源标签提供能量，以保证其正常工作。在实际应用中，一般选择 3V 的锂电池为有源标签供电。

（4）天线。天线用来发射电磁波，接收读写器发过来的编码信号，天线是信息传递的门户。

4. 有源标签的工作状态

有源标签中，定义了 4 种工作状态：休眠态、信号查询态、半休眠态和通信态。

（1）休眠态：是指除定时器外，标签所有部件都停止工作；

（2）信道查询态：是指标签被某事件唤醒后，查询信道上的有效阅读信号；

（3）半休眠态：是指如果与其他标签发生碰撞，暂时休眠一段时间；

（4）通信态：建立与读写器有效的连接，实现数据的传输。

电子标签平时处于休眠状态，当唤醒电路接收到 433MHz 射频信号时，向 MCU 发出唤醒信号，MCU 被唤醒，立即唤醒 RF 模块，进入接收状态，检测 RF 模块有无信号，如无信号，标识电池电量不足。接收到正确信号后，MCU 关闭 RF 模块，使其进入休眠状态，并关闭唤醒电路，设定 8s 延时，防止在同一标识区重复唤醒，MCU 进入休眠状态，定时唤醒后，MCU 打开唤醒电路，进入下一次接收状态。当 1s 内接收到唤醒信号，则再设 10 分钟延时，关闭唤醒电路，防止在同一标识区重复唤醒，在此期间 MCU 和 RFID 处于休眠状态，然后进入接收状态。如图 7–34 为有源标签工作原理机制图。

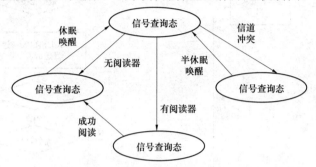

图 7–34　有源 RFID 系统标签工作原理机制图

7.3.4　读写器软件设计

1. 程序流程图

下面的三个图为射频识别系统中的软件流程图，图 7–35 为 CC1100 的工作流程图，图 7–36 为发送程序流程图，图 7–37 为接收程序流程图。

2. 部分软件清单

（1）串口软件设计。初始化程序：初始化程序主要包括时钟初始化、端口初始化和串口初始化。

端口初始化代码如下：

```
voidInit_Port(void)
{
P3DIR=0;//将所有引脚在初始化时设置为输入方式
```

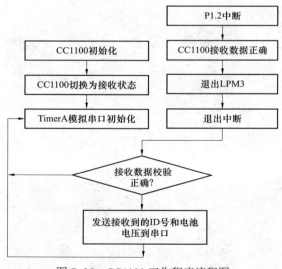

图 7–35　CC1100 工作程序流程图

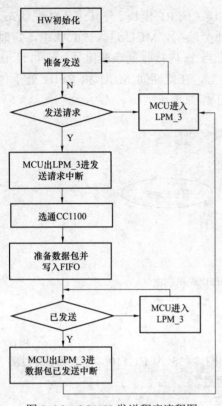

图 7-36　CC1100 发送程序流程图

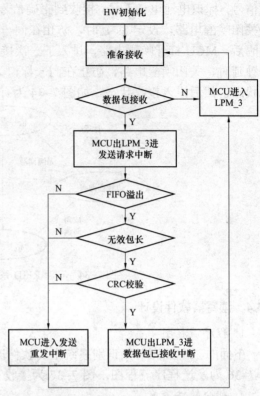

图 7-37　CC1100 接收程序流程图

```
P3SEL=0;//将所有管脚设置为一般I/O方式
return;
}
```

先初始化端口,由于串口 1 的引脚为 P3.6 和 P3.7,因此上面的程序初始化的是 P3 的端口。

下面是串口 1 设置的初始化代码:

```
void Init_UART1(void)
{
//将寄存器的内容清零
U1CTL=0X00;
//数据位为 8bit
U1CTL+=CHAR;


//将寄存器的内容清零
U1CTL=0X00;
//波特率发生器选择 SMCLK
U1TCTL+=SSEL1;
//波特率为 57600
UBR0_1=0X8B;
```

```
UBR1_1=0X00
//调整寄存器
UMCTL_1=0X00;
//使能 UART1 的 TXD 和 RXD
ME2|=UTXE1+URXE1;
//使能 UART1 的 RX 中断
IE2|=URXIE1;
//使能 UART1 的 TX 中断
IE2|=UTXIE1;

//设置 P3.6 为 UART1 的 TXD
P3SEL|=BIT6;
//设置 P3.7 为 UART1 的 TXD
P3SEL|=BIT7;

//P3.6 为输出引脚
P3DIR|=BIT6;
return;
}
```

（2）单片机 MSP430 的核心程序代码如下：

```
    void mAin(void)
{
unsigned char i;
WDTCTL=WDTPW+WDTHOLD;//StopWDT
//设置 DCO 和 VLO
BCSCTL1=CALBC1_8MHz;//DCO8MHz
DCOCTL=CALDCO_8MHz;
BCSCTL3=LFXT1S_2;//VLO->ACLK
IFG1&=~OFIFG;//清除晶振失效标志

TI_CC_SPISetup();//InitializeSPIport
TI_CC_PowerupResetCCxxxx();//ResetCCxxxx
WriteRFSettings();//WriteRFsettingstoconfigreg
TI_CC_SPIWriteBurstReg(TI_CCxxx0_PATABLE,pTable,pTableLen);//WritePATABL
//CC1100 切换为接收状态
TI_CC_SPIStrobe(TI_CCxxx0_SFRX);
TI_CC_SPIStrobe(TI_CCxxx0_SRX);
system_state|=flg_rx_state;
```

```
//GDO2中断使能(CC1100接收完一帧数据后给出下降沿信号)
TI_CC_GDO2_PxIES|=TI_CC_GDO2_PIN;//Intonfallingedge(endofpkt)
TI_CC_GDO2_PxIFG&=~TI_CC_GDO2_PIN;//Clearflag
TI_CC_GDO2_PxIE|=TI_CC_GDO2_PIN;//Enableintonendofpacket


//初始化232串口发送//清缓存
for(i=0;i<6;i++)
{
uart_1_buf[i]=0;
}
uart_1_txrx_length=0;
uart_1_buf_ptr=1;
P1OUT|=TXD;
P1DIR|=TXD;
TACTL=TASSEL_2+MC_2;//SMCLKcontinuousmodeFFFF

_EINT();//开总中断
while(1)
{
LPM3;
_NOP();
if((system_state&flg_rx_finished)||(system_state&flg_rx_error))
{
system_state&=~flg_rx_finished;
system_state&=~flg_rx_error;
_NOP();
//发送到232串口显示接收的数据
sum=rxBuffer[0]+rxBuffer[1]+rxBuffer[2]+rxBuffer[3]+rxBuffer[4];
if(sum==rxBuffer[5])
{
P1IE&=~TI_CC_GDO2_PIN;
//统计个数
if(rxBuffer[1]==0x01)
{
number_of_tag1++;
}
if(rxBuffer[1]==0x02)
{
```

```
number_of_tag2++;
}
if(rxBuffer[1]==0x03)
{
number_of_tag3++;
}

//RS232 发送数据
uart_1_buf_ptr=0;
uart_1_bitcnt=0;
uart_1_txrx_length=2;

uart_1_buf[0]=rxBuffer[1];
//uart_1_buf[1]=rxBuffer[2];
uart_1_buf[1]=rxBuffer[4];

TACCR0=TAR+Bitime*10;
TACCTL0=(CCIS1|OUTMOD0|CCIE);
LPM1;

//uart 发送数据完成
if(system_state&flg_uart_tx_finished)
{
uart_1_txrx_length=0;
uart_1_buf_ptr=1;

system_state&=~flg_uart_tx_finished;
}
P1IE|=TI_CC_GDO2_PIN;


}
}
}
}
```

（3）为射频芯片 CC1100 的内部核心程序代码如下：

```
#include"include.h"
#include"TI_CC_CC1100.h"
voidwriteRFSettings(void)
{
```

```
//433MHzfsk100kbps 滤波器带宽为100kHz
//写寄存器设置
//混频器控制
TI_CC_SPIWriteReg(TI_CCxxx0_FSCTRL1,0x08);
//TI_CC_SPIWriteReg(TI_CCxxx0_FSCTRL0,0x00);
//频率控制
TI_CC_SPIWriteReg(TI_CCxxx0_FREQ2,0x10);
TI_CC_SPIWriteReg(TI_CCxxx0_FREQ1,0xA7);
TI_CC_SPIWriteReg(TI_CCxxx0_FREQ0,0x62);

//调制设置
TI_CC_SPIWriteReg(TI_CCxxx0_MDMCFG4,0x5B);
TI_CC_SPIWriteReg(TI_CCxxx0_MDMCFG3,0xF8);
TI_CC_SPIWriteReg(TI_CCxxx0_MDMCFG2,0x03);

//前端设置
TI_CC_SPIWriteReg(TI_CCxxx0_FREND1,0xb6);
TI_CC_SPIWriteReg(TI_CCxxx0_FREND0,0x10);

//主射频控制状态机设置
TI_CC_SPIWriteReg(TI_CCxxx0_MCSM0,0x18);

//FOCCFG 频率补偿设置
TI_CC_SPIWriteReg(TI_CCxxx0_FOCCFG,0x1d);

//BSCFG 比特同步设置.
TI_CC_SPIWriteReg(TI_CCxxx0_BSCFG,0x1C);

//自动增益控制
TI_CC_SPIWriteReg(TI_CCxxx0_AGCCTRL2,0xC7);
TI_CC_SPIWriteReg(TI_CCxxx0_AGCCTRL1,0x00);
TI_CC_SPIWriteReg(TI_CCxxx0_AGCCTRL0,0xB2);

//频率合成校准
TI_CC_SPIWriteReg(TI_CCxxx0_FSCAL3,0xEA);
TI_CC_SPIWriteReg(TI_CCxxx0_FSCAL2,0x2A);
TI_CC_SPIWriteReg(TI_CCxxx0_FSCAL1,0x00);
TI_CC_SPIWriteReg(TI_CCxxx0_FSCAL0,0x11);
```

```
//GDO 设置 GDO2outputpinconfiguration.
TI_CC_SPIWriteReg(TI_CCxxx0_IOCFG2,0x06);
TI_CC_SPIWriteReg(TI_CCxxx0_IOCFG0,0x2E);//应该为 3 态


//同步字设置
TI_CC_SPIWriteReg(TI_CCxxx0_SYNC1,0x9B);
TI_CC_SPIWriteReg(TI_CCxxx0_SYNC0,0xAD);


//数据包设置
TI_CC_SPIWriteReg(TI_CCxxx0_PKTCTRL1,0x84);//84
TI_CC_SPIWriteReg(TI_CCxxx0_PKTCTRL0,0x45);//default
//PKTLENPacketlength
TI_CC_SPIWriteReg(TI_CCxxx0_PKTLEN,0xff);
//ADDRDeviceaddress
TI_CC_SPIWriteReg(TI_CCxxx0_ADDR,0x00);//default
//CHANNRChannelnumber
TI_CC_SPIWriteReg(TI_CCxxx0_CHANNR,0x00);//default


//FSTEST 频率合成校正
TI_CC_SPIWriteReg(TI_CCxxx0_TEST2,0x88);//default
TI_CC_SPIWriteReg(TI_CCxxx0_TEST1,0x35);//31
TI_CC_SPIWriteReg(TI_CCxxx0_TEST0,0x0B);//default
//初始化时校正频率合成
TI_CC_SPIStrobe(TI_CCxxx0_SCAL);
TI_CC_Wait(500);
TI_CC_SPIStrobe(TI_CCxxx0_SIDLE);
}
```

参 考 文 献

[1] 游战清等. 无线射频识别技术（RFID）理论与应用 [M]. 北京：电子工业出版社，2004.

[2] 刘永，熊兴中，李晓花. RFID 防碰撞技术的研究 [J]. 电信科学，2012（2）：138–141.

[3] 王耀召. 射频识别系统中的防碰撞技术研究 [D]. 西安：西安电子科技大学，2010.

[4] 韩宪明，南敬昌. 基于后退式索引二进制树形搜索的 RFID 防碰撞算法 [J]. 微电子学，2013，43（5）：708–712.

[5] 陈新河. 无线射频识别（RFID）技术发展综述 [J]. 信息技术与标准化，2005（7）：20–24.

[6] 单承赣. RFID 芯片 T5557 及其 FSK 读写器电路设计 [A]. 国外电子元器件，2004（12）：25–28.

[7] 邢亚斌，羊红光，张利民. 超高频 RFID 协议标准的发展与应用 [J]. 河北省科学院学报，2010（2）：55–58.

[8] 程佳威. 高频 RFID 读写器的设计 [D]. 保定：河北农业大学，2013.

[9] 张浩博，张红雨. 应用单片机的手持式 RFID 读卡器设计 [J]. 国外电子元器件，2008（9）：45–49.

[10] 郭帅. 远距离 RFID 读卡器设计 [D]. 大连：大连理工大学，2005.

[11] 张彦航，张军，鲜宁. 基于 IC16F917 单片机的预付费电能表设计 [J]. 微处理机，2014（3）：92–95.

[12] 唐伟伟. 基于 AS3992 多标准的 UHF RFID 读写器系统设计 [D]. 成都：电子科技大学，2011.

[13] 李军，戴瑜兴，谢晓洁. 基于 FM1702SL 的射频卡电能表的设计 [J]. 微计算机信息，2009（2）：49–51.

[14] 李占川. 基于 AS3992 的超高频 RFID 读写器设计与应用 [D]. 南京：南京航空航天大学，2011.

[15] 严雄武，梁楚樵. MIFARE 非接触式 IC 卡读卡器的设计构架研究 [J]. 武汉理工大学学报，2004（12）：89–91.

[16] 张丽. 基于非接触式 IC 卡的智能门禁系统的设计与开发 [D]. 武汉：武汉理工大学，2006.

[17] 敖华等. 基于 AVR 单片机的 125kHz 简易 RFID 读写器设计 [J]. 现代电子技术，2010（7）：111–114.

[18] 范佳林. 915MHz RFID 读卡器设计 [D]. 大连：大连理工大学，2006.

[19] 潘盛辉等. 基于 MSP430 的手持式 RFID 读写器的设计 [J]. 内蒙古大学学报，2010（3）：346–350.

[20] 曹鹏飞. 超高频 RFID 读卡器设计及其通信 [D]. 天津：河北工业大学，2007.

[21] 孙晓东. 基于 nRF2401 的 RFID 系统设计 [D]. 杭州：浙江大学，2008.

[22] 张挺，熊璋，王剑昆，等. 一个面向低功耗设计的 RFID 系统研究与实现 [J]. 小型微型计算机系统，2006（11）：2090–2093.

[23] 李和平，黎福海. 基于 MFRC500 的 Mifare 射频卡读写器设计 [J]. 电测与仪表，2007（9）：61–64.

[24] 边文俊，边疆. 基于 PIC16F877 的 RFID 读写器的硬件设计 [J]. 阴山学刊，2014（2）：45–48.

[25] 温丽. 基于 MSP430 单片机的射频 IC 卡读写系统研究设计与实现 [D]. 武汉：武汉科技大学，2010.

[26] 徐景涛. 基于 RFID 的矿井人员定位射频读写系统的设计 [D]. 焦作：河南理工大学，2008.